LES PLANTES
INDUSTRIELLES

PAR

GUSTAVE HEUZÉ

MEMBRE DE LA SOCIÉTÉ NATIONALE D'AGRICULTURE

INSPECTEUR GÉNÉRAL HONORAIRE DE L'AGRICULTURE

TOME III

Plantes aromatiques, à parfums, à épices
et condimentaires

TROISIÈME ÉDITION — 48 FIGURES

PARIS

LIBRAIRIE AGRICOLE DE LA MAISON RUSTIQUE

26, RUE JACOB, 26

LES PLANTES

INDUSTRIELLES

III

OUVRAGES DU MÊME AUTEUR.

Les Assolements et les systèmes de culture, classification des plantes, leur position dans les assolements, leur succession; les divers systèmes de culture, les forces, les produits moyens; la production et la consommation des engrais; lois et pratique des assolements. 1 vol. in-8º de 536 pages avec de nombreuses figures...................... 9 fr.

Les Matières fertilisantes. Nouvelle édition (*en préparation*).

Plantes alimentaires, comprenant les plantes céréales (blé, seigle, orge, avoine, maïs, riz, millet, sarrazin et céréales des régions équatoriales), les plantes légumineuses (haricot, dolic, fève, lentille, gesse, pois), les plantes des régions intertropicales et les gros légumes (carotte, betterave, etc., etc.). Deux volumes in-8º, ensemble de 1328 pages et 244 gravures, avec un atlas grand in-8º jésus contenant 102 épis de céréales, gravés sur acier, grandeur naturelle.................... 30 »

Les Plantes fourragères. 2 vol. in-18.
    Tome Ier : *Les Plantes à racines et à tubercules, et les Plantes cultivées pour leurs feuilles* : betteraves, carottes, panais, raves, navets, rutabagas, pommes de terre, topinambours, choux à vaches. 4e édit. 1 vol. in-18 de 324 pages et 89 figures.................................... 3. 50
    Tome II : *Les Prairies artificielles* : luzerne, sainfoin, ajonc, raygrass, etc.; trèfle, lupuline, vœsce, etc.; mélanges et feuillards. 4e édit. 1 vol. in-18 de 396 pages et 52 figures........ .... 3. 50

Les Pâturages, les prairies naturelles et les herbages : pâturages permanents et temporaires; classification des prairies naturelles, flore des prairies, création, entretien et irrigation des prairies, fenaison, valeur alimentaire des produits; création des herbages, clôtures et abreuvoirs, soins d'entretien; location des herbages. 3e édit. 1 vol. in-18 de 372 pages et 47 figures............................ 3. 50

Les Plantes industrielles. Nouvelle édition (*en préparation*).

La Pratique de l'agriculture (*en préparation*).

Le Porc, historique, caractères, races; élevage et engraissement; abatage et utilisation, études économiques, 2e édition. 1 vol. in-18 de 322 pages et 50 gravures... 3. 50

Culture du pavot. In-18 de 44 pages............................ 0. 75

Lectures et dictées d'agriculture. In-12 de 128 pages........... 0. 75

Typographie Firmin-Didot et Cª. — Mesnil (Eure).

COURS D'AGRICULTURE PRATIQUE

LES PLANTES INDUSTRIELLES

PAR

GUSTAVE HEUZÉ

MEMBRE DE LA SOCIÉTÉ NATIONALE D'AGRICULTURE
INSPECTEUR GÉNÉRAL HONORAIRE DE L'AGRICULTURE

TOME III

Plantes aromatiques, à parfums, à épices et condimentaires.

TROISIÈME ÉDITION. — 42 FIGURES

PARIS

LIBRAIRIE AGRICOLE DE LA MAISON RUSTIQUE

26, RUE JACOB, 26

1894

AVANT-PROPOS.

Sous le titre de PLANTES INDUSTRIELLES on comprend tous les végétaux annuels ou vivaces, herbacés ou ligneux, dont les produits sont principalement destinés aux arts et aux industries. Quand ils concourent à l'alimentation de l'homme, ils n'y participent que d'une manière secondaire.

La présente édition a été revue et notablement augmentée. Elle comprend quatre volumes renfermant les cultures des plantes suivantes :

TOME I.

Plantes textiles ou filamenteuses. — Plantes de sparterie et de vannerie. — Plantes à carder.

Lin, chanvre commun, cotonnier, corètes, ramie, chanvre d'Australie, de Manille et du Mexique, alfa, papyrus, agave, aloès, roseau canne, bambou, rotang, osier, cardère ou chardon à foulon, etc., etc.

TOME II.

Plantes oléagineuses. — Plantes saponaires. — Plantes tinctoriales. — Plantes tannifères. — Plantes salifères.

Colza, navette, cameline, pavot-œillette, arachide, sésame

ricin, gaude, safran, épine-vinette, garance, curcuma, rocouyer, bois de Brésil, henné, pastel, indigotier, cactus à cochenille, orcanette, arbres à huile et à suif, sumac, écorces à tanin, salicor, etc., etc.

TOME III.

Plantes aromatiques. — Plantes à parfums. Plantes à épices et condimentaires.

Houblon, anis, coriandre, fenouil, angélique, rosier, jasmin, tubéreuse, cassie, héliotrope, géranium rosat, menthe, lavande, vanille, benjoin, citronnelle, myrrhe, vétiver, patchouli, bois de santal, eucalyptus, benjoin, myrrhe, poivrier, cannellier, giroflier, muscadier, moutarde, etc., etc.

TOME IV.

Plantes narcotiques. — Plantes saccharifères. — Plantes speudo-alimentaires. — Plantes gommorésineuses. — Plantes médicinales. — Plantes funéraires.

Tabac, pavot à opium, canne à sucre, betterave saccharine, caféier, thé, chicorée à café, cacaoyer, coco, camphrier, baumes, cachou, gingembre, gutta-percha, caoutchouc, kinu, réglisse, rhubarbe, absinthe, guimauve, quinquina, camomille, cardamone, aloès, immortelle d'Orient, coïx lacryma, etc., etc.

Les plantes mentionnées dans cet ouvrage sont très nombreuses ; elles complètent celles décrites dans les volumes portant les titres suivants : Les pâturages, *Les prairies* naturelles *et les herbages, Les plantes fourragères et Les plantes alimentaires.*

Versailles, le 15 octobre 1893.

TABLE DES CHAPITRES

DU TOME TROISIÈME.

~~~~~~

PREMIÈRE PARTIE

PLANTES AROMATIQUES

PREMIÈRE DIVISION

DEUXIÈME DIVISION

TROISIÈME DIVISION

DEUXIÈME PARTIE

PLANTES A PARFUMS

PREMIÈRE DIVISION

Plantes cultivées pour leurs fruits.

DEUXIÈME DIVISION

Plantes cultivées pour leurs fleurs.

TROISIÈME DIVISION

Plantes cultivées pour leurs parties herbacées vertes ou sèches.

QUATRIÈME DIVISION

Plantes cultivées pour leur résine.

CINQUIÈME DIVISION

Plantes cultivées pour leurs parties ligneuses.

SIXIÈME DIVISION

Plantes cultivées pour leurs racines.

———

TROISIÈME PARTIE

PLANTES A ÉPICES ET CONDIMENTAIRES

PREMIÈRE DIVISION

Plantes cultivées pour leurs fruits ou graines.

DEUXIÈME DIVISION

TROISIÈME DIVISION

QUATRIÈME DIVISION

LES
PLANTES INDUSTRIELLES

PREMIÈRE PARTIE

LES PLANTES AROMATIQUES.

Les *plantes aromatiques* sont celles qui produisent des semences ou des fruits qu'on utilise pour rendre la bière plus tonique, pour fabriquer des liqueurs ou aromatiser certains aliments.

Les végétaux qui appartiennent à cette division sont d'une culture facile. Ils occupent annuellement une surface assez étendue dans l'Europe centrale.

Le houblon est incontestablement la plante qui est la plus importante et qui est la plus difficile à récolter, parce que les temps pluvieux nuisent très sensiblement à la qualité des cônes qu'il produit. Aussi se trouve-t-on dans la nécessité, dans les contrées tout à fait septentrionales, de leu faire subir parfois l'action de la vapeur de soufre pour éviter qu'ils prennent une nuance brune après qu'ils ont été desséchés.

J'ai divisé les plantes aromatiques en trois classes, selon qu'elles sont cultivées pour leurs fruits, leurs graines ou leurs parties herbacées.

PREMIÈRE DIVISION.

PLANTES CULTIVÉES POUR LEURS FRUITS.

CHAPITRE UNIQUE.

HOUBLON.

HUMULUS LUPULUS, L. LUPULUS SCANDENS, LAM.

Plante dicotylédone de la famille des Cannabinées.

Anglais. — Hop.
Allemand. — Hopfen.
Hollandais. — Hopp.
Danois. — Haudhumle.

Suédois. — Humbla.
Italien. — Lapulo.
Espagnol. — Lupulo.
Hongrois. — Kromlo.

Historique. — Climat. — Données statistiques. — Mode de végétation. — Variétés. — Composition. — Terrain. — Préparation du terrain. — Mode de multiplication. — Exécution de la plantation. — Espacement des pieds. — Engrais nécessaire. — Soins d'entretien pendant la première année. — Taille annuelle. — Perches. — Pose des perches ou perchage. — Fil de fer. — Soins d'entretien. — Insectes nuisibles. — Agents atmosphériques nuisibles. — Maladies et altérations. — Récolte. — Dessiccation. — Ensachement. — Conservation du houblon. — Conservation des perches. — Durée d'une houblonnière. — Produit par hectare. — Capitaux engagés dans la culture du houblon. — Variétés de houblon du commerce. — Valeur commerciale. — Usages des produits.

Historique.

La culture du houblon est très ancienne en Europe. Son introduction dans les Flandres se perd dans la nuit des temps. D'après les chartes des plus anciennes abbayes, elle était pratiquée au temps des Carlovingiens. En 1404, le duc

Jean de Bourgogne, comte de Flandres, fonda une distribu-
tion annuelle de médailles d'or ornées d'une couronne de
cônes de houblon, en faveur des cultivateurs qui exposaient
annuellement les plus beaux produits fournis par cette
plante. Le houblon a été signalé pour la première fois en
France dans une donation faite en 768 par Pépin le Bref.

Cette culture était florissante au XIVᵉ siècle en Bohême.

En 1346, l'empereur Charles IV réduisit les droits qu'on
avait établis sur les bières de houblon des Pays-Bas.

Ce fut sous le règne d'Elizabeth que le houblon fut introduit dans les brasseries anglaises et que la culture fut importée de Flandre en Angleterre, dans le comté de Kent.
La culture de cette plante industrielle fut favorisée en 1552,
par Édouard VI, et en 1603 par le Parlement, qui refusa de
satisfaire ceux qui réclamaient sa prohibition depuis 1442.
C'est en 1733 qu'on l'expérimenta pour la première fois en
Irlande.

En 1881, la culture du houblon occupait en Angleterre
une surface de 26,000 hectares dont 16,590 dans le comté
de Kent, 3,707 dans le comté de Sussex, 2,375 dans le comté
d'Herefordshire, 1,079 dans le comté de Worcestershire et
et 940 dans le comté de Surrey.

En 1710, la reine Anne imposa le houblon importé
en Angleterre d'un droit de 60 c. par kilog. En 1734,
George II frappa d'un impôt de 20 c. par kilog. le houblon
qu'on y récoltait. Ce droit d'accise appelé *duty* (devoir)
s'élevait à 19 fr. 80 par 45 kilog.; il a rapporté à la Tré-
sorerie, en 1859, 8,210,000 fr. Ce droit avait été aboli en
1861, mais il a été imposé de nouveau à partir de 1866.

La culture du houblon a pris naissance au commencement du siècle actuel dans la Lorraine et les Vosges. Elle a
été exécutée en 1800 pour la première fois, dans l'ancienne
Alsace, à Leutenheim par Jacques Muntzinger. C'est en
1815 seulement qu'elle a été tentée pour la première fois à

Bischwiller par Arlen. Cette culture a été introduite dans la Bourgogne, en 1836, par Victor Noël, de Beire Le Châtel (Côte-d'Or).

Le houblon est cultivé en Angleterre, en Belgique, dans les Pays-Bas, la Bavière, la Saxe, la Silésie, la Poméranie, le Mecklembourg, le Brandebourg, le grand-duché de Bade, la France et dans l'Amérique du Nord.

En Angleterre, sa culture a principalement lieu dans les comtés de Kent, Sussex, Herefordshire, Surrey, Worcestershire et Hantshire.

En Belgique, elle est en usage aux environs d'Alost, Poperingue, Asche, Teralphène, Jupille et Angleur, près Liège. Leeuwen-Hoeck regardait au xviie siècle les houblons des environs de Liège comme les plus beaux de l'Europe.

Les houblons les plus renommés de la Bohême sont récoltés à Saaz, Auscha, Falkenau et Leitmeritz ; ceux de la Saxe à Heidelberg, à Seehof et à Schwetzingen sont aussi très recherchés.

Les houblons de Bavière les plus estimés sont ceux de Spalt, d'Eichstett, Stirn, Weingardtin, Absberg, Rainsberg, Pleinfeld, d'Hespruck et de Laugenzenn. Dans le Wurtemberg on recherche les houblons de Rottembourg.

Les houblons les plus renommés du Palatinat proviennent de Sandhauser, Schwezingen, Waldorf et Offersheim.

En Alsace, on cultive le houblon près de Haguenau, Bischwiller Oberhoffen, Schweighausen, Kurtzenhausen et Brumath.

En France, le houblon est principalement cultivé dans les Vosges, à Rambervillers ; dans la Lorraine, aux environs de Toul, Nancy, Lunéville et Gerbevillers ; dans la Flandre, aux environs de Bailleul, Bousies, Steenwoode, Boesche et Hazebrouck ; dans la Bourgogne, à Beire le Châtel et dans les cantons de Mirebeau, Is-sur-Tille, Selongey, Seurre,

Grancey, Recey-sur-Ource, Fontaine-Française et Dijon et sur divers points de la Franche-Comté.

La production totale s'est élevée en 1888 à plus de 12,000 quintaux métriques.

Dans le Palatinat, chaque brasseur a une houblonnière.

On cultive le houblon avec succès à Madère, en Australie, à la Nouvelle-Zélande, à la Tasmanie.

Climat.

Le houblon, cette *vigne du Nord*, cette plante si belle, si délicate et si capricieuse, appartient à l'agriculture des climats tempérés. Ainsi, pour produire abondamment et fournir des cônes de bonne qualité, il faut qu'il végète dans un climat à la fois chaud et humide et qu'un beau ciel et un air pur favorisent à la fin de l'été ou au commencement de l'automne leur maturité.

Les localités très humides ou chargées en août et septembre de brumes épaisses, comme les contrées trop sèches, lui sont contraires : elles arrêtent son développement ou l'obligent à produire des cônes peu développés ou peu aromatiques.

Le climat de la Bavière ou de la Bohême est en général excellent. Ainsi, les houblons qu'on récolte à Spalt et Hespruck dans la Franconie, à Rottembourg sur le Necker et dans les contrées de l'Éger et de l'Elbe, sont renommés pour leur parfaite qualité.

Le climat brumeux de l'Angleterre convient très bien au houblon, parce que l'été y est souvent très beau. Les houblonnières que j'ai vues dans les comtés de Kent et de Surrey m'ont frappé par la belle végétation et la productivité des pieds qui les composent.

Cette plante a besoin d'une notable quantité d'eau pendant l'été; c'est pourquoi les orages fréquents ne lui sont pas nuisibles. L'abbé Bertholon a constaté que la récolte du houblon a été mauvaise en 1833, 1835, 1837, 1842, parce que les orages y ont été peu nombreux ; qu'elle a été satisfaisante en 1834 et 1838, années pendant lesquelles les orages ont été assez fréquents ; enfin, qu'elle a été très bonne et régulièrement en 1836, 1839, 1840 et 1841, à cause de la constance des orages.

Mais il ne suffit pas que le climat soit doux et plutôt humide que sec ; il faut aussi qu'il n'y règne pas des vents impétueux ou que les changements de température n'y soient pas très brusques.

Les Vosges, la Lorraine, la Flandre, la Bourgogne et la Franche-Comté sont, en France, les localités les plus favorables au houblon.

Données statistiques.

La France ne produit pas tout le houblon qu'elle emploie. En 1857, elle a importé les quantités suivantes :

Provenances.	Quantités.
Allemagne..................	849,024 kilog.
Belgique....................	373,103 —
États-Unis.................	22,591 —
Autres pays	5,977 —
	1,250,695 kilog.
Les exportations avaient atteint....	124,291 kilog.

Les importations faites en 1834 n'avaient pas dépassé 696,932 kilogr.

Le houblon occupait en France, en 1840, 826 hectares et en 1882, 2,050 hectares. Ses produits, qui avaient été de 888,000 kilog. en 1840, se sont élevés en 1882 à 2,953,400 kilog.

Les départements qui renferment les cultures les plus importantes sont les suivants :

Nord.....................	1,200	hectares.
Meurthe-et-Moselle...........	919	—
Côte-d'Or..................	1,400	—
Vosges	165	—
Aisne....................	146	—

Voici les superficies que le houblon occupe à l'étranger :

Allemagne..................	50,000	hectares.
Angleterre..................	32,000	—
Belgique...................	4,000	—
États-Unis.................	16,000	—

Mode de végétation.

Le houblon présente une souche ligneuse et vivace ; ses racines sont rampantes et munies d'yeux qui donnent naissance à des jets plus ou moins nombreux. Les tiges sont annuelles, grimpantes et s'enroulent de gauche à droite ; elles sont tordues, un peu anguleuses et âpres parce qu'elles sont couvertes de petits crochets. Les feuilles sont opposées, pétiolées et insérées ordinairement au nombre de deux sur des nœuds distants les uns des autres de $0^m,30$ à $0^m,50$; elles sont rugueuses en dessus, palmées et dentées en scie ; les inférieures sont grandes et présentent cinq lobes aigus ; les supérieures sont plus petites et à trois divisions souvent peu apparentes.

Le houblon est dioïque. Les *fleurs mâles* présentent un calice à cinq folioles sans corolle ; elles sont blanchâtres, disposées en grappes à l'aisselle des feuilles ; après leur épanouissement, qui a lieu en juillet et en août, elles se fanent et tombent. — Les *fleurs femelles* sont composées d'une simple écaille ; elles sont réunies et imbriquées en une sorte de cône oblong ou presque carré ; les cônes sont placés par deux à l'aisselle d'une grande bractée foliacée (fig. 1).

Chacune des écailles composant les cônes porte à la base

un suc résineux, jaune doré ou rougeâtre, amer et très aromatique. Les granules qui le composent ne sont visibles qu'après le complet épanouissement des fleurs femelles : ils

Fig. 1. — Rameau de houblon portant des cônes.

forment la poussière à odeur pénétrante que Yves et Planche ont appelée *lupuline* et que M. Payen a nommée *secrétion jaune du houblon*.

Le houblon commence à végéter vers la fin de février

ou au commencement de mars, et ses côues mûrissent en septembre ou octobre, époque à laquelle ses tiges et ses feuilles se dessèchent.

Cette plante végète très rapidement quand l'air est lourd, le temps orageux, et lorsque la température est élevée pendant les nuits. Il n'est pas rare de la voir pousser de $0^m,06$ à $0^m,10$ et même $0^m,14$ par 24 heures.

Les tiges des houblons, dans la plupart des houblonnières de la France, de l'Allemagne et de l'Angleterre, grimpent en s'enroulant jusqu'au sommet de perches ayant 4 à 7 mètres de hauteur. Quand elles ont atteint la partie supérieure de ces tuteurs, elles retombent en vertes girandoles et forment des allées étroites, sombres et très pittoresques. Alors les grappes, d'abord vertes, prennent une couleur jaunâtre ou dorée et répandent vers le soir, quand la brise les agite, une odeur forte mais agréable.

On a souvent répété que les tiges du houblon cultivé atteignaient 10 mètres de hauteur. Je n'ai point encore observé des tiges aussi élevées.

Variétés.

Le houblon a produit plusieurs variétés qui se distinguent les unes des autres par la coloration de leurs tiges, la forme, la grosseur et la couleur de leurs cônes, et aussi par leur précocité ou leur maturité tardive.

En général, chaque contrée a ses variétés spéciales. Voici les variétés qu'on cultive dans les pays où il existe des houblonnières :

A. *Bohême.*

Houblon rouge.
— vert.
— blanc.
— jaune.

B. *Pays-Bas.*

Houblon blanc.
— vert.
— gris.

1.

C. *Bavière.*   E. *Angleterre.*

Houblon blanc.

Houblon rouge.   —   jaune.

—   vert.   —   ·vert.

—   spalter.   —   rouge.

D. *Saxe.*   F. *France.*

Houblon rouge.   Houblon de Spalt.

—   vert.   —   précoce.

—   blanc.   —   tardif.

1° Le *houblon rouge* a des sarments vigoureux, rudes, très cannelés, rougeâtres ou vert violacé ; ses cônes sont oblongs ou ovales, comprimés sur deux faces, carrés à leur base, attachés à un long pédoncule et d'un jaune clair très vif, avec des taches rougeâtres.

Cette variété mûrit à la fin d'août ou dans la première quinzaine de septembre ; ses cônes sont chargés de lupuline et très estimés. On reproche à cette variété de ne pas bien réussir sur les sols argileux ou humides.

2° Le *houblon blanc* a des sarments verts très développés et très sillonnés ; ses cônes sont moyens, allongés, très carrés à leur base et d'un vert très pâle.

Cette variété est un peu plus hâtive que la précédente, mais la lupuline qu'elle produit est moins fine et moins abondante ; en outre, elle a une odeur moins pénétrante. Néanmoins elle est estimée dans le nord de l'Allemagne et en Angleterre, où elle est cultivée sous le nom de *houblon flamand.*

3° Le *houblon vert* a des sarments verts, des cônes verdâtres plus globuleux et plus petits que ceux des variétés précédentes.

Cette variété est plus tardive que le houblon rouge. L'arome de la lupuline, quoique plus fort, est moins agréable. Nonobstant elle n'exige pas des terres spéciales, est peu attaquée par les insectes, et les cônes qu'elle produit perdent moins en poids que les autres par la dessiccation.

4° Le *houblon jaune* a des sarments vert clair, des cônes petits, ronds et d'un beau jaune doré.

Cette variété est assez hâtive et vigoureuse, mais ses produits sont moins estimés que les cônes des houblons rouges et blancs.

Ces quatre principales races ont produit des sous-variétés qui en diffèrent par la forme de leurs cônes et leur précocité. Ainsi, on connaît en Saxe deux variétés de houblon blanc : 1° le *houblon blanc à cônes allongés;* 2° le *houblon blanc à cônes globuleux.* La première est très productive, mais ses cônes laissent un peu à désirer quant à leur qualité. On la cultive à Alost (Belgique), à Farnham et dans le comté de Sussex (Angleterre). La dernière race est un peu plus précoce, et si elle est moins productive, elle fournit des cônes ayant plus de valeur. Elle est cultivée à Poperingue (Belgique) et aux environs de Steenwoode (Nord).

On a depuis longtemps compris la nécessité de distinguer les variétés de houblon suivant l'époque de la maturité de leurs cônes. Ainsi, il y a un siècle, on cultivait en Angleterre plusieurs variétés hâtives ou tardives dans le but de prolonger la cueillette des cônes pendant vingt jours environ. Dans le Wurtemberg, on cultive deux variétés précoces et trois variétés tardives. Les premières ont des branches latérales, courtes, et comprennent : 1° le *houblon à sarments rouges;* 2° le *houblon à sarments demi-rouges.* Les secondes, remarquables par leurs longues branches latérales, présentent : 1° le *houblon à sarments verts;* 2° le *houblon à sarments vert-bleu;* 3° le *houblon à sarments rayés de rouge.*

En général, les variétés tardives mûrissent leurs cônes douze à quinze jours après les races hâtives.

La variété qu'on cultive en Lorraine vient d'Allemagne; elle dérive du houblon vert. Il en est de même du *houblon de Spalt* qu'on désigne souvent sous le nom de *houblon de Bavière*, et qui se distingue de la variété-type par une précocité de plus de quinze jours. Cette race produit des cônes gros, arrondis et d'un vert-jaune.

Le *houblon de Bohême* est précoce et très estimé, mais il craint la sécheresse. Les principales variétés sont : 1° le *rosffocfen*, ou houblon rouge, qu'on emploie de préférence dans la bière de garde ; 2° le *grün*, ou houblon vert, qui sert à aromatiser la bière ordinaire et qu'on importe en France sous différents noms. Ce dernier houblon est de qualité inférieure.

Le comté de Kent et le comté de Sussex cultivent principalement les variétés suivantes : 1° Le *golding* appelé *roi des houblons;* ses cônes sont très aromatiques. Cette variété exige des perches très élevées. Elle a produit une sous-race dite *houblon blanc hâtif de golding.* 2° Le *grape* est très ancien et très répandu ; il a produit deux sous-variétés : le *whitebine grape* et le *Cooper's white grape.* 3° Le *jones* produit des cônes de qualité un peu secondaire, mais comme il n'exige pas des perches très longues, il permet d'utiliser celles que le vent a brisées et qui sont trop courtes pour les autres houblons.

On cultive en Belgique trois variétés : le *kertebelle*, à cônes dorés ; le *groenbelle*, à cônes verts ; le *cornoelhop*, à cônes blancs, qui est le plus estimé.

Le houblon qu'on nomme en Saxe *houblon long carré* est tardif et a des sarments rougeâtres. Cette sous-variété était très estimée en Irlande, en 1757, parce qu'elle est productive et très rustique. Ses cônes ont une nuance roussâtre.

En général, plus le houblon fleurit de bonne heure sous un beau soleil et plus ses cônes contiennent de lupuline.

Composition.

En général, on constate dans les houblonnières ayant une belle végétation, par 100 kilog. de cônes récoltés :

200 à 250 kilog. de feuilles.
300 à 350 — de tiges.

Les tiges, les feuilles et les cônes du houblon contiennent une assez forte proportion de chaux et de potasse. D'après M. Nesbit et M. Brazier, 100 parties sèches donnent :

	NESBIT.		BRAZIER.	
Tiges.........	3,74 de cendres.		5,75 de cendres.	
Feuilles.......	13,60	—	23,45	—
Cônes.........	9,87	—	8,38	—

Les cendres contiennent, d'après M. Nesbit :

	Tiges.	Feuilles.	Cônes.
Chaux......................	38,73	49,67	15,98
Potasse....................	25,85	14,95	25,18
Magnésie...................	4,10	2,39	5,77
Soude......................	»	0,39	»
Chlorure de potassium..........	9,64	»	1,67
— de sodium...........	6,47	9,49	7,24
Silice.....................	6,07	12,14	21,50
Acide sulfurique..............	3,44	5,04	5,41
— phosphorique...........	6,80	2,42	9,80
Phosphate de fer.............	0,40	3,51	7,45
	100,00	100,00	100,00

Les cendres du *golding* cultivé dans le comté de Kent renferment, suivant M. Brazier :

	Tiges.	Feuilles.	Cônes.
Chlorure de soude.............	5,75	2,08	2,31
— de potasse...........	4,25	7,00	1,90
Potasse.....................	16,79	2,36	25,53
Chaux......................	43,66	54,63	21,73
Magnésie...................	10,12	7,16	7,14
Oxyde de fer...............	1,04	0,86	1,81
Acide phosphorique...........	11,26	4,24	18,16
— sulfurique..............	2,61	3,51	5,31
Silice.....................	4,52	18,16	16,11
	100,00	100,00	100,00

Les analyses qui précèdent diffèrent complètement les unes des autres. Ce fait n'a rien d'étonnant, M. Brazier a constaté que les cendres du golding, cultivé dans le comté de Sussex, contenait les éléments ci-après :

	Tiges.	Feuilles.	Cônes.
Chlorure de soude............	5,07	4,79	3,08
Soude......................	2,00	0,20	»
Chlorure de potasse..........	»	»	0,34
Potasse....................	31,66	12,95	38,26
Chaux.....................	35,46	44,97	15,10
Magnésie	6,59	7,60	6,49
Oxyde de fer	0,82	0,81	1,51
Acide phosphorique..........	10,10	5,86	18,71
— sulfurique.............	2,55	3,09	3,67
Silice	5,75	19,73	12,84
	100,00	100,00	100,00

Ces diverses analyses prouvent une fois de plus l'influence que le sol, par sa nature et les engrais qu'on lui applique, exercent sur la végétation du houblon.

D'après M. Payen, 100 parties contiennent en azote :

	Parties fraîches.	Parties sèches.
Tiges................	0,61	0,70
Feuilles.............	1,30	1,51
Cônes...............	8,82	9,80

Si 100 kilog. de cônes secs sont fournis, en moyenne, par 350 kilog. de tiges séchées et 260 kilog. de feuilles sèches, si l'hectare comprend 2.500 pieds et s'il produit en moyenne 800 kilog. de cônes, le houblon enlèvera chaque année à la couche arable :

	Chaux.	Potasse.	Azote.
800 kil. de cônes..	12 kil. 62	29 kil. 86	78 kil. 40
2080 — feuilles...	120 — 70	36 — 33	31 — 40
2800 — tiges.....	40 — 55	27 — 06	18 — 60
Totaux....	173 kil. 87	83 kil. 25	128 kil. 25

Ces résultats prouvent combien il est utile, quand on veut établir une houblonnière, de choisir un sol calcaire riche en sels alcalins et en humus.

Suivant Sprengel, le houblon nouvellement récolté contient les substances suivantes :

Substances solubles dans l'eau..................	1,460
— — dans une lessive alcaline ..	14,432
Cire, résine et matière verte.................	6,720
Fibre végétale...........................	9,588
Eau....................................	73,800
	100.000

La lupuline est une poussière jaune, granuleuse, onctueuse ; elle ressemble au pollen des végétaux ; elle n'est ni acide ni alcaline, et sa saveur est d'une amertume franche. L'iode la colore en bleu. Elle doit l'odeur qu'elle laisse échapper à une huile essentielle, pénétrante et narcotique qui y existe dans la proportion de 1 à 2 pour 100. Cette substance est une véritable matière active ; c'est à elle qu'est dû l'effet soporifique de la bière. Elle a surtout l'avantage de prolonger sa conservation.

Suivant MM. Payen et Chevalier, elle est composée de cellulose, résine, matières azotées, substance amère, matière grasse, acétate d'ammoniaque, soufre, silice, sulfate et malate de potasse, chlorure de potassium, oxyde de fer et phosphate et carbonate de chaux.

Les mêmes expérimentateurs ont trouvé que la lupuline existait dans les cônes desséchés dans les rapports suivants :

Houblon de Poperingue.........	18,00	pour 100
— d'Amérique...........	17,90	—
— des Vosges..........	11,00	—
— d'Angleterre	10,00	—
— de Lunéville	10,00	—
— de Liége............	9,00	—

Houblon d'Alost..............   8,10 pour 100
   —   de Spalt.............   8,00   —
   —   de Toul.............   8,00   —

Dans tous les houblons analysés on a trouvé que les matières étrangères étaient toujours en raison inverse de la quantité de lupuline qu'on y avait constatée. Ainsi, les houblons de Belgique et de l'Amérique contiennent 14 et 12 pour 100 de matières étrangères, et 60 à 70 pour 100 d'écailles, tandis que les houblons de Spalt et de Lunéville n'en renferment que 4 et même 2 pour 100.

Il serait utile de répéter ces analyses, et de constater en même temps les proportions dans lesquelles existent *l'huile essentielle*, la *résine* et la *matière amère*.

Terrain.

NATURE. — Le houblon est une plante exigeante. Il doit être cultivé sur des terres qui ne soient pas trop tenaces, ni trop légères, parce qu'il redoute un excès d'humidité ou un excès de sécheresse.

Les terres qui lui conviennent le mieux sont celles qui sont profondes, fertiles, fraîches sans être humides, et qui contiennent une notable proportion de carbonate de chaux, de silice et d'argile. Il réussit très bien sur les sables noirs, riches en humus, sur les terres d'alluvions à sous-sol perméable, et sur les terrains argilo-siliceux, silico-argileux ou calcaire-argileux.

Il végète mal sur les terres purement sablonneuses ou cailloteuses et sur les sols argileux à sous-sol glaiseux ou compact. Lorsqu'il croît sur des sols froids et humides, ses racines sont susceptibles de pourrir; s'il persiste, il y donne des produits qui laissent beaucoup à désirer quant à leur quantité et à leur qualité.

En général, les terres de consistance moyenne, profondes, saines et riches sont regardées à bon droit comme les plus favorables au houblon, parce que les cônes y sont plus nombreux et plus aromatiques.

Les terres tourbeuses assainies lui conviennent aussi, quoiqu'il y soit sujet à la rouille.

Les terres, par leur nature et leurs propriétés physiques, exercent une influence considérable sur la forme des cônes et la coloration et la qualité de la lupuline. Ainsi, les houblons qu'on plante dans des terrains froids, argileux, humides et pauvres, produisent toujours, quelle que soit la variété cultivée, des cônes plus arrondis et plus serrés que les houblons qu'on cultive dans des terres douces, chaudes, perméables et riches. En outre, la lupuline qu'on observe à la base des écailles des premiers cônes, est toujours grosse, rougeâtre et moins aromatique. Il n'en est pas de même de la poussière que présentent les cônes récoltés sur les seconds terrains; elle est jaune safrané, fine, abondante, et laisse échapper un arome très prononcé.

SITUATION. — Le houblon se plaît dans les vallées et les plaines et à la base des collines ou sur le versant de coteaux abrités des vents du nord, du nord-est et du nord-ouest par des élévations, des habitations ou des forêts.

En Angleterre, la plupart des houblonnières sont entourées de haies vives, élevées et bien touffues. Ces abris les préservent des vents froids et violents pendant l'automne, et ils les protègent en été contre les hâles ou les courants d'air chaud. On ne doit pas oublier que le houblon veut de l'air et du soleil, et que les ouragans renversent les perches et brisent les tiges et les ramifications.

Les houblonnières situées dans des vallées basses, où l'air est sans cesse chargé d'humidité, produisent souvent une très grande quantité de cônes, mais ceux-ci y acquièrent difficilement une bonne qualité. Les vallées qu'on doit choisir de préférence sont celles qui sont bien aérées et exposées à l'action vivifiante du soleil.

Il faut aussi éviter d'établir une houblonnière sur un terrain très voisin d'une rivière, d'un fleuve ou d'un étang, ou situé le long d'une route très fréquentée. Dans le premier cas, les cônes subissent à la fin de l'été l'action des brouillards intenses et souvent prolongés, ou des gelées blanches ; dans le second, la poussière que le vent enlève à la route se dépose sur les écailles des cônes et diminue leur qualité, leur arome et leur valeur vénale.

EXPOSITION. — Le houblon demande beaucoup d'air, de chaleur et de soleil, mais il redoute les vents froids, humides et violents. Aussi se trouve-t-on dans la nécessité de choisir de préférence à tous autres les terrains exposés au sud, au sud-est ou au sud-ouest, et d'opérer les plantations de manière que les *lignes soient dans la direction du sud ou du midi*. Alors, le houblon est éclairé par le soleil pendant la plus grande partie du jour.

Si la houblonnière était exposée à l'est ou à l'ouest, elle ne profiterait de l'influence bienfaisante du soleil que pendant quelques heures le matin ou le soir.

Préparation du terrain.

Le sol sur lequel on veut établir une houblonnière peut être préparé de deux manières : 1° on peut y pratiquer un défoncement à bras ou à la charrue sur toute son étendue ; 2° on peut se contenter d'y ouvrir des tranchées parallèles.

DÉFONCEMENT EN PLEIN. — Lorsque le terrain est peu profond et qu'il repose sur un sous-sol siliceux, calcaire ou marneux, il faut, si la houblonnière doit occuper le sol pendant longtemps, le défoncer jusqu'à $0^m,50$, $0^m,70$ et même $0^m,80$ de profondeur, selon que cette opération doit être faite à bras ou à l'aide de la charrue.

Un défoncement exécuté jusqu'à $0^m,70$ de profondeur est coûteux, mais il n'est pas exagéré, parce que le houblon a de fortes racines pivotantes. Plus les racines de cette plante pénètrent profondément dans le sol et mieux elles résistent aux grandes sécheresses.

En Flandre, où les terres sont situées sur des sous-sols perméables, on ne défonce pas ordinairement les terrains qu'on destine au houblon au delà de $0^m,40$ à $0^m,50$.

Le défoncement à bras s'opère par tranches successives de $0^m,75$, $0^m,90$ à 1 mèt. de largeur comme s'il était question d'arracher une garancière. En agissant ainsi on mêle complètement une partie plus ou moins épaisse du sous-sol avec la couche arable. Pendant l'opération on enlève avec soin les pierres ou les racines des plantes indigènes nuisibles qui peuvent exister.

Quand on emploie la charrue pour exécuter cette importante opération, on laboure à $0^m,25$ ou $0^m,30$ de profondeur avec une forte charrue ordinaire attelée de quatre animaux, qu'on fait suivre immédiatement par une seconde charrue de même force ou par une charrue sous-sol traînée par deux chevaux placés l'un devant l'autre. Ces deux opérations, exécutées simultanément, remplacent dans plusieurs circonstances, lorsqu'elles sont bien exécutées, un défoncement moyen fait par des journaliers. Il est essentiel que la charrue fouilleuse soit très solide, puisqu'elle doit pénétrer le plus possible dans le sous-sol.

Le défoncement en plein exécuté à bras ou avec deux charrues doit être fait en automne lorsque les pluies ont pénétré la couche arable et le sous-sol et par un beau temps.

On peut répéter le défoncement pratiqué à l'aide de la charrue après les grandes gelées à glace. Alors, il est nécessaire, si on veut que le sous-sol soit régulièrement ameubli, d'opérer ce second travail en suivant une direction opposée à celle qu'on avait adoptée pendant le premier défoncement.

On complète la préparation du sol en ravalant la surface au moyen de la herse ou d'un scarificateur.

Le défoncement en plein exécuté à bras coûte de 3 à 5 fr. l'are, suivant la profondeur à laquelle on l'exécute et la nature du sous-sol.

DÉFONCEMENT PARTIEL. — On peut se dispenser de défoncer en plein les terres sur lesquelles on veut établir une houblonnière quand la couche arable est de consistance moyenne et qu'elle repose sur un sous-sol perméable. Alors, on se borne ou à pratiquer des fosses à des distances déterminées ou à creuser des rigoles parallèles et espacées plus ou moins les unes des autres, suivant la distance à laquelle les pieds de houblon doivent être plantés.

Dans les deux cas, on trace à l'aide d'une charrue, des enrayures de manière que l'espace existant entre deux d'entre elles représente l'écartement des pieds de houblon. Quand ce premier travail est terminé, on marque avec une pioche les endroits où les trous doivent être ouverts, ou bien on fait creuser à la pioche et à la pelle des fosses dans la direction des enrayures. Celles-ci doivent naturellement occuper la partie médiane des rigoles.

Les trous doivent avoir au minimum $0^m,50$ de diamètre sur $0^m,50$ de profondeur.

Les fosses ne doivent pas avoir moins de $0^m,75$ de largeur sur $0^m,50$ de profondeur.

Quand ces trous ou ces fosses ont été creusés, on les abandonne à eux-mêmes pour que le sous-sol subisse l'influence de l'air, des gels et des dégels.

Au moment de la plantation, on les remplit de terre et de fumier. On a soin que l'engrais ne soit pas placé hors de la portée des racines des jeunes plantes.

On le met de manière qu'il soit au niveau du trou ou de la rigole.

Ces travaux doivent être faits par un beau temps en automne ou pendant l'hiver lorsque les gelées ne sont pas très intenses. On peut aussi les exécuter pendant l'été, entre la fenaison et la moisson.

Quand on ouvre des fosses sur une terre à sous-sol imperméable, il faut les creuser suivant la ligne de plus grande pente afin qu'elles servent, pendant l'automne et l'hiver, de rigoles d'écoulement aux eaux surabondantes.

Lorsqu'on veut établir une houblonnière sur un terrain à sous-sol imperméable et très humide l'hiver, on doit, avant d'opérer le défoncement, l'entourer d'un fossé profond. La berge ou ados de cette rigole d'assainissement doit exister sur le terrain qu'on veut planter.

Mode de multiplication.

Le houblon se propage de trois manières : 1° par graines, 2° par boutures ou replants, 3° par boutures enracinées.

GRAINES. — Lorsqu'on veut multiplier le houblon par graines avec l'intention d'obtenir des variétés ou plus productives ou plus précoces, on plante dans la houblonnière quelques pieds mâles. Alors, et alors seulement, il y a possibilité de recueillir annuellement des graines sur les pieds femelles qui végètent dans leur voisinage.

Les graines que fournit le houblon ressemblent, quant à leur grosseur et à leur forme, à la graine de millet à épi ou millet des oiseaux, mais elles en diffèrent par leur coloration, qui est jaune-brun.

Ces graines doivent être semées sur une couche tiède en mars ou avril.

Le plant qu'on en obtient est mis en place à la fin de mai ou pendant le mois de juin de l'année suivante.

A la seconde année, on peut savoir si on a gagné une nouvelle variété. Le plus ordinairement, la plupart des pieds ainsi obtenus appartiennent au houblon sauvage, es-

pèce commune en France dans les haies ou les bois établis
sur des sols un peu argileux ou calcaires et toujours frais
pendant l'été.

BOUTURES OU REPLANTS. — Les boutures qui servent à
propager le houblon cultivé proviennent de l'opération dite
taille ou *châtrage*, qu'on pratique tous les ans au printemps
dans les anciennes houblonnières.

On doit choisir de préférence les pousses qu'on enlève
avec une portion de la souche sur les pieds vigoureux et
sains et qui présentent quelques radicelles.

Ces boutures doivent avoir trois à quatre nœuds ou trois
à quatre yeux, $0^m,12$ à $0^m,15$ de longueur et la grosseur
d'un crayon ordinaire. Plus les boutures sont fortes et vigoureuses, et plus leur reprise est assurée.

Lorsque ces boutures doivent être expédiées à une
grande distance et rester par conséquent plusieurs jours sans
être mises en place, il faut les couvrir de mousse humide ou
de sable frais pour éviter que l'air ne les dessèche.

En Alsace et dans le Palatinat les boutures bien choisis
se vendent de 0 fr. 75 à 1 fr. le 100. Ce prix est aussi celui
auquel on les vend dans la Souabe et la Bavière.

BOUTURES ENRACINÉES OU PROVINS. — Plusieurs cultivateurs ne plantent que des boutures enracinées. Cette
manière d'agir est rationnelle en ce qu'elle permet de compter sur une réussite plus complète.

Alors, au lieu de mettre en place définitive les boutures
qu'on obtient en opérant la taille, on les plante à $0^m,20$ ou
$0^m,35$ de distance en tout sens, sur un endroit frais, dans
un jardin ou dans un champ très voisin d'un cours d'eau.
L'humidité du sol, en favorisant le développement des racines, permet aux jeunes plantes de végéter beaucoup plus
vigoureusement que si les boutures avaient été mises en
place sur le terrain où la houblonnière doit être établie.

Les provins ont un autre avantage ; ils sont productifs

pendant l'automne qui suit leur mise en place. Les pieds de houblon qui proviennent de boutures simples ne produisent presque rien pendant la première année de leur végétation.

Les bons plants ont une chevelure abondante et ils sont jaunâtres extérieurement et blanchâtres intérieurement. On doit rejeter les plants qui présentent des taches noires ou noirâtres, parce qu'ils sont sujets à devenir chancreux.

ÉPOQUE DE LA MISE EN PLACE DES BOUTURES. — La mise en place des boutures se fait à l'époque à laquelle on opère la taille des anciens pieds, c'est-à-dire de la fin de février au 15 avril au plus tard.

On a proposé d'opérer cette plantation en automne ; cette saison est moins favorable que le mois de mars, parce qu'elle expose pendant l'hiver les boutures et les anciens pieds à l'action des fortes gelées à glace.

On ne doit pas l'exécuter après le 15 avril ; à cette époque les pousses du houblon commencent à sortir de terre.

Exécution de la plantation.

Lorsque le moment d'effectuer la mise en place des boutures est arrivé, on termine le remplissage des fosses ou des rigoles avec de la bonne terre ou du terreau. Cette opération est bien faite lorsque la bonne terre est en surélévation de la fosse de $0^m,10$ à $0^m,15$. Cet exhaussement est destiné à combler entièrement les trous lorsque la terre remuée aura perdu l'excès de volume qu'elle avait acquis par suite de son foisonnement.

Si le terrain a été défoncé en plein, on exécute la plantation en se servant d'un cordeau à nœuds. Alors on le tend dans la direction du sud et on marque la place des plants sur le sol en implantant des petits piquets devant chaque nœud. Ces points de repère sont plus ou moins éloignés les uns des autres selon le nombre de boutures qu'on doit planter par hectare.

Lorsque la première rangée, qui doit être située à 3, 5 ou 6 mètres du bord du champ, si ce dernier est entouré par une haie vive ou des arbres de haute futaie, a été tracée, on s'occupe de la garnir de pieds ou de boutures de l'houblon. Alors, un ouvrier accompagné d'une femme ou d'un enfant fait un trou sur la place occupée par le premier piquet; ce trou doit avoir $0^m,10$ à $0^m,15$ de profondeur selon la manière d'être du plant; aussitôt que cette petite fosse a été faite, l'ouvrier reçoit deux plants de l'aide, les met verticalement dans le trou en ayant soin de les éloigner l'un de l'autre de $0^m,10$ à $0^m,12$. Puis il les couvre de terre et tasse celle-ci à l'entour des boutures. On peut aussi planter en se servant d'un plantoir.

Quand on plante des boutures, on les place en terre de manière que leur extrémité supérieure soit en contre-bas de la surface du sol de plusieurs centimètres. Lorsqu'on met en place des provins, c'est-à-dire des boutures ayant végété pendant une année, on a soin de les planter dans une position analogue à celle qu'ils avaient dans la pépinière.

On continue ainsi la plantation jusqu'à l'extrémité de la ligne tracée.

Quand cette première rangée a été plantée, on déplace le cordeau et on le tend de nouveau à $1^m,65$, $1^m,80$ ou 2 mètres de distance. Cette seconde ligne est plantée comme la précédente.

Toutefois, il est nécessaire que les pieds de la 2ᵉ rangée ne soient pas placés vis-à-vis des boutures déjà plantées. Si on agissait ainsi, les houblons seraient alignés dans le sens de la longueur et de la largeur de la pièce. Alors la houblonnière aurait l'aspect que présente la figure 2.

Cette disposition n'est pas favorable, car le soleil ne

peut agir avec autant de facilité que lorsqu'on a adopté la plantation en quinconce représentée par la figure 3.

Sud

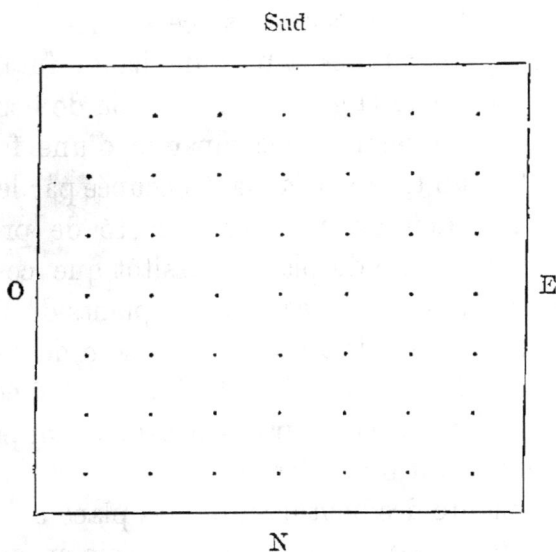

Fig. 2. — Plantation en allées ou en carrés.

Sud

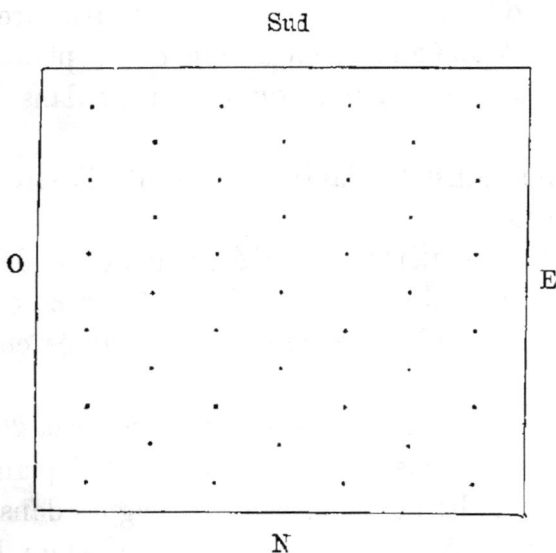

Fig. 3. — Plantation en triangles ou en quinconce.

Dans ce dernier mode de plantation les houblons présentent des ruelles qui font face au sud-est, sud, sud-ouest, nord-ouest, nord et nord-est et qui permettent à l'air et à la lumière d'agir à l'intérieur de la houblonnière dans toutes les directions.

La plantation faite suivant des lignes qui se coupent à angle droit n'offre que quatre ruelles : celles du sud, de l'ouest, du nord et de l'est.

Les houblons recevront donc beaucoup plus d'air et de lumière lorsqu'ils auront été plantés en quinconce que quand leur plantation aura été faite en carrés.

Espacement des pieds.

La distance à laquelle on plante le houblon varie entre $1^m,65$ et $2^m,50$, selon la fertilité du terrain.

En Alsace, les houblons sont ordinairement plantés à la distance de $1^m,65$; en Angleterre, ils sont espacés en tous sens de $1^m,70$.

En Flandre, on les espace les uns des autres de 2 mètres.

Erath, s'appuyant sur ce principe, que ce n'est pas le nombre de pieds par hectare qui fait la richesse du produit, mais bien un espacement convenable qui permet le libre accès de l'air et de la lumière, fait observer que les houblons plantés en plaine exigent un plus grand espacement que les houblons qu'on met en place sur des terrains inclinés. Aussi propose-t-il de les espacer de $1^m,45$ à $1^m,60$ quand la pente du sol est de 2 mètres au moins et de les planter à une distance de $1^m,75$ sur les terrains horizontaux. Ces conseils sont judicieux.

Le tableau suivant indique le nombre de plants que présente un hectare et la surface occupée par chaque pied de houblon quand la plantation est faite à une distance de $1^m,50$ à 2 mètres :

Distance entre les pieds.	Nombre de pieds par hectare.	Surface occupée par chaque pied.
1m 50	4,000	2m 50
1 60	3,906	2 56
1 70	3,460	2 90
1 80	3,086	3 24
1 90	2,770	3 61
2	2,500	4 00

L'espacement des pieds varie en Angleterre entre 1m,82 et 2m,13. Cette plus grande distance est commandée par la nature brumeuse du climat de cette partie de l'Europe; elle permet au soleil de mieux agir sur le sol et les houblons.

Dans la Campine, on trace les lignes à 3 mètres et on plante les plants sur les lignes à 1 mètre de distance les uns des autres. On agit ainsi pour que les houblons aient beaucoup d'air et de lumière et qu'on puisse labourer les intervalles des lignes avec la charrue.

Voici le nombre de pieds qu'on observe de nos jours dans les départements où le houblon est cultivé sur d'importantes surfaces :

Pas-de-Calais.	5,000	pieds
Vosges.	4,089	—
Indre-et-Loire	3,980	—
Haute-Saône.	3,940	—
Meurthe-et-Moselle	3,699	—
Aisne	3,734	—
Côte-d'Or.	3,646	—
Nord.	3,380	—

Le houblon blanc demande moins d'espace et de surface que les houblons rouge et vert.

En Bohême, on compte, en moyenne, 4, 000 pieds par hectare.

En Angleterre, ce nombre varie entre 3, 000 et 3, 200.

Plantation de pieds mâles.

En Angleterre, on est dans l'habitude de planter çà et là et à des distances régulières quelques pieds mâles. On a constaté depuis longtemps que ces houblons, dont le nombre n'excède pas un pour cent des pieds femelles, rendent ces derniers plus productifs. On leur attribue aussi l'avantage de hâter la maturité des cônes et d'accroître leur qualité.

Engrais nécessaire.

Le houblon est très épuisant ; c'est pour ce motif qu'on ne doit adopter sa culture que lorsqu'on peut l'exécuter sur des terres riches et disposer annuellement d'une quantité suffisante de fumier à demi décomposé ou d'engrais animal très riche en azote, en acide phosphorique et en alcalis.

A défaut de fumier, on emploie des crottins de moutons, des chiffons de laine, de la drèche, de la fiente de pigeons et de volailles, des boues de ville, des tourteaux, etc.

On applique ces engrais avant ou au moment de la plantation et on les renouvelle tous les ans à l'époque de la taille ou au plus tard après deux années.

Les fumiers à demi décomposés, les crottins de moutons, les fientes de volailles, le terreau, etc., rendent la végétation du houblon très active ; sous leur influence les tiges se développent vigoureusement et les feuilles s'élargissent et prennent une teinte plus foncée.

Ces engrais doivent être appliqués dans une forte proportion, mais à une dose moins considérable au début de la culture que la quantité indiquée par M. de Gasparin. Cet auteur propose de fumer la houblonnière la première année à raison de 129,000 kilog. de fumier par hectare ou 51 kilog.

par chaque pied de houblon , et de compléter cette fumure par 20, 000 kilog. de fumier appliqués tous les ans.

L'expérience permet de dire qu'il faut enfouir annuellement de 10 à 12 kilog. seulement de fumier par chaque pied de houblon, soit 25,000 à 32,000 kilog. de fumier par hectare.

Mathieu de Dombasle, depuis 1829 jusqu'en 1835, a appliqué chaque année pour 59 fr. 54 d'engrais par hectare et a obtenu en moyennne 919 kilog. de houblon ; M. Hüffel, de Haguenau, a dépensé par hectare en acquisition d'engrais, depuis 1832 jusqu'en 1843, 202 fr. 80, et il a récolté sur la même surface 3,257 kilog. de houblon.

En accordant au fumier une valeur de 10 fr. les 1,000 kilog., on trouve que la fumure annuelle s'élevait :

	Par hectare.	*Par pied.*
A Roville, à..........	6,000 kilog.	2 kilog. 400
A Haguenau, à........	20,000 —	8 —

Ces résultats sont très intéressants parce que les produits obtenus correspondent dans les deux exemples à la quantité de fumier appliquée. Ainsi,

A Roville, l'engrais : produit :: 100 : 15,

A Haguenau, l'engrais : produit :: 100 : 52.

J'ajouterai qu'il n'est pas utile d'appliquer annuellement au delà de 20,000 à 25,000 kilog. de fumier par hectare. Lorsque l'engrais est employé en excès, il nuit à la floraison et à la qualité des cônes ou des *cloches*.

Voici les éléments qu'une récolte de 1,500 kilog. de cônes enlève au sol et à l'atmosphère :

Azote...................	250 kilog.
Potasse.................	200 —
Chaux..................	400 —
Acide phosphorique........	50 —

2.

Ces données suffiront pour déterminer les engrais qu'il faut appliquer chaque année.

Soin d'entretien pendant la première année.

BINAGES. — Pendant la première année, on donne deux ou trois binages, dans le but d'entretenir la surface de la houblonnière toujours meuble et exempte de mauvaises herbes.

Pendant ces opérations que l'on exécute à bras à l'aide d'une binette longue et étroite ou d'une houe à cheval, on a soin de ne pas endommager les racines des houblons ou des provins.

POSE DES TUTEURS. — Au mois de mai, on implante à 0^m,10 ou 0^m,15 de chaque houblon un tuteur de 1^m,50 à 2 mètres de hauteur. Ces échalas sont destinés à soutenir les tiges, qui ne prennent pas ordinairement un grand développement pendant la première année.

BUTTAGE. — A chaque binage, on ramène un peu de terre à la base des pieds. Ce buttage maintient plus de fraîcheur autour des racines et favorise le développement des tiges.

En automne, on répète cette opération après l'enlèvement des tiges pour préserver les pieds de houblon contre le froid.

LIAGE DES TIGES. — Pendant les mois de juin et de juillet, on attache les pousses aux tuteurs à l'aide de quelques brins de jonc ou de paille de seigle préalablement trempée dans l'eau, en ayant soin de les diriger de gauche à droite.

PURINAGE. — On active la végétation de plantes chétives ou des houblons qui ont des feuilles jaunâtres en les arrosant plusieurs fois pendant le cours de leur végétation avec du purin ayant fermenté et additionné d'eau. Le premier arrosage se fait aussitôt après la plantation.

ENLÈVEMENT DES TIGES. — Au mois d'octobre on coupe les tiges à 0^m,30 au-dessus du sol et on les réunit en bottes pour les employer comme combustible.

Culture simultanée pendant la première année.

Le produit du houblon étant presque nul la première année, on utilise le terrain en plantant entre les lignes des pommes de terre ou des choux pommés ou en semant des fèves, des haricots ou des betteraves. Ces plantes, par leur produit, payent une petite partie des frais de la plantation. Les binages qu'elles exigent contribuent aussi à l'ameublissement et au nettoiement de la houblonnière.

Taille annuelle.

Chaque année, à la fin de l'hiver, c'est-à-dire au mois de mars ou d'avril, on exécute, à partir de la troisième année, l'opération que l'on nomme taille ou châtrage et qui a pour but de réduire les jets du houblon à un nombre limité. Sans cette opération les tiges seraient très nombreuses sur chaque pied, elles se nuiraient mutuellement, épuiseraient la souche au détriment de l'avenir de la houblonnière et leurs cônes laisseraient beaucoup à désirer quant à leur nombre, leur grosseur et leur qualité.

C'est lorsque la végétation se ranime et qu'on n'a plus à craindre de fortes gelées qu'on pratique cette importante et délicate opération. On doit la terminer au moment où les pousses commencent à sortir de terre. Le plus ordinairement on l'opère à la fin de mars ou au commencement d'avril. Voici comment on l'exécute (fig. 4) :

Par une belle journée, avec la bêche ou la binette, on creuse autour de chaque pied de houblon sur un diamètre de $0^m,35$ à $0^m,45$, pour le déchausser jusqu'aux grosses racines et mettre à nu les bourgeons ou les jets. On doit agir avec précaution, afin de ne pas couper ou déchirer les racines et les pousses. Souvent on termine ce déchaussement en enlevant avec la main la terre qui couvre les racines sur lesquelles les jets se sont développés. Ces derniers sont blancs et ont de $0^m,10$ à $0^m,16$ de longueur (1).

A mesure que les ouvriers déchaussent les pieds de houblon, on opère l'enlèvement de tous les jets, à l'exception de 2 à 3 jets et des pousses qui portaient les tiges fruitières l'année précédente.

L'ouvrier chargé de supprimer les pousses inutiles doit

Fig. 4. — Pieds de houblon ayant été taillés et ne présentant
que deux jeunes pousses.

être muni d'une bonne serpette à lame étroite et courbée à son sommet ou d'un couteau bien tranchant. Il importe, en effet, que les bourgeons radiculaires soient séparés de bas en haut le plus près possible des racines, et que les sections soient bien nettes et les racines non déchirées.

Quand tous les jets inutiles ont été supprimés, on conserve intactes les pousses qui ont été choisies. Quoi qu'il en soit, chaque pied ne doit pas produire au delà de 2 à 3 tiges si on veut que ces pousses s'élèvent jusqu'au sommet des perches.

_____

(1) Les pousses blanches du houblon sont très comestibles. On les mange comme des asperges à la sauce blanche ou à l'huile et au vinaigre.

En outre, on débarrasse la souche des racines latérales, qui se développeraient au détriment de la vigueur des tiges qu'elle doit produire, et de toutes les parties chancreuses qu'on y observe. Quand on opère ces derniers travaux, on dit qu'on procède au *nettoiement du plant*.

Les pieds chétifs, malades ou endommagés par les animaux doivent être taillés moins sévèrement. On ne doit y supprimer que les parties altérées et les racines qui peuvent produire des pousses au détriment de la souche mère.

Aussitôt qu'un pied a été taillé on couvre les racines d'un peu de terre sur laquelle on applique ensuite du fumier, des chiffons de laine, du tourteau, du terreau, du superphosphate de chaux, du nitrate de soude, du nitrate de potasse ou du sulfate d'ammoniaque. On termine le chaussage des souches en couvrant l'engrais d'une nouvelle couche de terre.

En Alsace, on remplace le fumier par du terreau qu'on a préparé une année à l'avance. Ce terreau a l'avantage de ne pas favoriser l'existence et la multiplication des insectes.

Perches ou tuteurs.

NATURE ET LONGUEUR. — L'élévation à laquelle parviennent les tiges quand le houblon est bien cultivé oblige à les soutenir à partir de la seconde année, à l'aide de perches ou tuteurs.

La longueur des perches varie suivant les localités, c'est-à-dire selon la variété cultivée, la nature et la richesse du sol et le climat sous lequel est située la houblonnière.

Dans les terres pauvres et sèches, les perches ont seulement de 5 à 6 mètres de longueur; en Lorraine, cette dimension atteint de 7 à 8 mètres; à Haguenau, on est forcé d'en avoir qui ont 10 et même 12 mètres de longueur.

Ces perches sont en bois de chêne, de châtaignier,

d'aulne, de mélèze ou d'épicéa. Les premières sont plus résistantes, mais elles sont plus lourdes et plus coûteuses que les secondes. Quant aux perches de châtaignier, elles sont supérieures aux perches de chêne; si on en emploie peu, c'est qu'elles se vendent très cher et qu'elles n'ont pas toujours une longueur de 10 à 12 mètres. Les perches de saule et de peuplier sont cassantes et peu durables.

Dans la Campine, les perches ont $0^m,50$ de circonférence au gros bout. Celles qu'on emploie à Alost ont souvent $0^m,15$ de diamètre à leur partie inférieure.

Les perches, quelle que soit l'essence à laquelle elles appartiennent, sont coupées, ébranchées et écorcées à l'époque de la sève du printemps, c'est-à-dire au mois de mai et de juin.

L'écorçage augmente notablement leur durée, empêche les insectes de se multiplier sur les perches et le tan qu'il fournit permet de livrer celles-ci à meilleur marché; on le paye par 100 perches de 1 fr. 50 à 2 francs.

On termine la préparation des perches en les appointant et en les carbonisant sur une longueur d'un mètre. Ce charbonnage empêche que leur pointe pourrisse aussi facilement en terre. L'affilage se paye de 0 fr. 75 à 1 fr. le 100 de perches.

On augmente la durée de la partie qu'on fiche en terre en l'enduisant, après qu'elle a été carbonisée, de 3 à 4 couches épaisses de goudron ou de créosote commune.

PRIX DES PERCHES. — Les perches de bois bien droites, fortes et longues, en chêne, en châtaignier ou en sapin, augmentent de valeur d'année en année.

Il y a trente ans on payait en Lorraine les perches de chêne de 7 à 8 mètres de longueur rendues sur place, de 40 à 50 fr. le 100. Aujourd'hui, elles valent de 70 à 80 fr.

On trouve à acheter en Alsace et en Suisse des perches de sapin (*Abies*) de 10 à 12 mètres de longueur au prix de

90 à 110 fr. le 100. Les perches de pin maritime ne valent que 70 à 80 fr.; mais elles ne sont jamais aussi droites, aussi régulières que celles qu'on extrait des bois composés d'épicea ou de sapin argenté.

DURÉES DES PERCHES. — La durée des perches varie suivant leur nature et leur qualité et selon aussi le terrain où elles sont plantées.

En général, une perche de chêne ou de sapin épicéa ayant son extrémité bien carbonisée dure de dix à douze années; c'est donc un dixième environ qu'on doit remplacer annuellement.

Si l'hectare comprend 2.500 pieds, on aura à remplacer tous les ans environ $1/10$, soit 250 perches.

Mathieu de Dombasle s'est trompé lorsqu'il a dit qu'il fallait renouveler les perches de chêne tous les trois ans.

Pose des perches ou perchage.

La mise en place des perches, opération que l'on désigne quelquefois sous le nom de *perchage*, se fait au printemps, un mois environ après la taille.

Avant de planter les anciennes perches, on les retaille en pointe, si leur gros bout s'est arrondi ou s'il est pourri.

La plantation exige au moins deux ouvriers. L'un d'eux, armé d'un *pal*, barre de fer ronde, ayant $1^m,30$ de longueur et terminée à sa partie inférieure par un renflement pointu, est chargé de faire les trous. Ceux-ci doivent être verticaux, avoir de $0^m,65$ à 1^m de profondeur, suivant la longueur des perches, et être pratiqués à l'ouest et à $0^m,20$ ou $0^m,30$ de chaque pied de houblon.

Quand le premier trou a été fait, le second ouvrier saisit une perche, la dresse verticalement, se place à cheval et un peu en arrière du pied de houblon, élève la perche au-dessus du trou et l'y chasse avec force. Si la pointe ne touche pas le fond de l'ouverture, il l'élève de nouveau au-dessus du sol et la chasse une seconde fois dans le trou. Quand la pointe porte à fond, il consolide la perche en pilonnant la terre et en entourant ensuite sa base d'un monticule de terre.

Les perches ayant 8 à 12 mètres de longueur doivent être bien assujetties, afin qu'elles ne soient pas renversées par les grands vents à l'époque où elles semblent fléchir sous le poids des rameaux et des cônes.

Les autres perches sont plantées de la même manière. On doit les aligner avec soin pour qu'elles forment des ruelles ou allées régulières et bien droites.

Au bout de dix jours, on visite les perches les unes après les autres pour s'assurer de leur solidité, et on pilonne de nouveau la terre qui les environne, si leur fixité laisse à désirer.

La pose des perches, exécutée à la tâche, coûte de 1 fr. 25 c. à 2 fr. 80 c. le 100, selon leur longueur.

En Angleterre, dans le comté de Kent, on implante souvent 2 à 3 perches autour des pieds. Quand on agit ainsi, il faut implanter les perches de manière que les tiges qui forment une sorte de touffe puissent subir l'action du soleil.

Fil de fer.

Depuis longtemps on a tenté en Angleterre de remplacer les perches par des lignes horizontales de fil de fer (fig. 5). Ce moyen a été adopté pour la première fois en France, en 1824, par M. Carez, de Toul (Meurthe), mais c'est M. Denis qui l'a proposé le premier aux agriculteurs de la Lorraine, de l'Alsace et des Vosges. Il est économique et expose mieux les ramifications et les cônes à l'action du soleil et de l'air.

Ce procédé consiste à enfoncer en terre aux extrémités des lignes et dans leur direction, à 1^m,50 environ des premiers et derniers pieds de houblon, de forts piquets en chêne de 1^m à 1^m,30 de longueur. Ces piquets doivent excéder la surface du sol de 0^m,16 à 0^m,30, être inclinés du dedans en dehors de la houblonnière, et avoir leur tête garnie d'une virole en fer.

Lorsque les piquets ont été plantés, on les perce avec une mèche de 0^m,01 de largeur et on engage dans le trou ainsi pratiqué un fort piton muni à son extrémité inférieure d'un large écrou. Alors, on les réunit deux à deux en y attachant

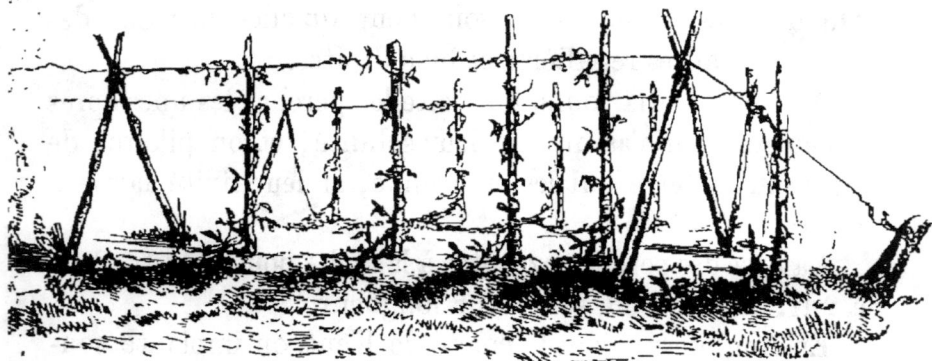

Fig. 5. — Houblons soutenus par des fils de fer horizontaux.

solidement les extrémités d'un fil de fer tendu sur la terre parallèlement à la ligne du houblon.

Ce second travail exécuté, on construit de simples chevalets en réunissant deux perches de 2^m,30 à 2^m,65 de longueur à l'aide d'un petit boulon à écrou ou d'un bout de fil de fer s'enroulant trois ou quatre fois autour des pieux. Ces perches doivent avoir de 0^m,05 à 0^m,07 de diamètre, se croiser et se réunir à 2 mètres environ de leur partie supérieure. Quand deux chevalets ont été préparés, on les couche sur le sol et sous le fil de fer, on écarte leurs extrémités et on engage ce dernier dans leurs fourchements supérieurs. Alors, on les dresse obliquement en les rapprochant l'un et l'autre

le plus près possible des deux piquets auxquels ont été
fixés les extrémités du fil de fer. En agissant ainsi, on élève
la ligne de fer et on lui donne toute la rigidité et la résis-
tance qu'elle doit avoir. Quand cette ligne a été bien ten-
due, on plante un échalas de 3 mètres de longueur près de
chaque pied de houblon. Ces tuteurs une fois placés doivent
correspondre par leur extrémité supérieure au fil de fer, et
le dépasser de $0^m,08$ à $0^m,10$. On les fixe à la ligne de fer
avec un lien d'osier.

On termine la pose des fils en les graissant avec un morceau de lard. Cette opération, qu'on répète chaque année
après la cueillette des cônes, les préserve de l'action des
agents atmosphériques et les empêche de rouiller.

La longueur des lignes ne doit pas excéder 100 mètres.
Les lignes trop longues entravent la circulation des hommes
et des voitures au moment de la récolte ou lorsqu'il est
question d'appliquer du fumier.

Les fils de fer qu'il convient d'employer portent les n°s 16,
18, 19 et 22.

1 kilogr.	du n° 16	représente	environ	30	mètres.
1	—	18	—	19	—
1	—	19	—	16	—
1	—	22	—	6	—

Le n° 16 sert à attacher les échalas aux fils horizontaux.

Les n°s 18 et 19 sont ceux qui forment les lignes horizontales destinées à supporter les tiges du houblon.

Le n° 22 peut servir à faire des crochets destinés à remplacer les pitons.

Mathieu de Dombasle estime les dépenses que nécessite
l'emploi des fils de fer à 350 fr. seulement par hectare, et
donne à ces supports une durée moyenne de dix années.

L'emploi des perches nécessite, d'après les faits rapportés
ci-dessus, une dépense annuelle de 250 fr. par hectare.

M. Berthier de Roville ayant expérimenté comparativement
et les perches et le fil de fer, a constaté que ces procédés
occasionnaient par hectare les dépenses suivantes, lorsqu'on
comptait sur cette surface 3,670 pieds de houblon :

	Fils de fer.	Perches.
Dépenses premières.....	440 fr. 40	2202 fr. 00
Frais annuels.........	108 26	469 76

La différence en faveur de l'emploi du fil de fer s'établit
ainsi :

Dépenses premières.............	1761 fr. 60
Frais annuels..................	361 50
Total..........	2123 fr. 10

Les frais annuels, après dix années de culture, offrent
donc une économie de 3,615 francs.

En présence de ces résultats, on doit regretter que les
conseils de Denis, Berthier et Mathieu de Dombasle n'aient
point été suivis par les agriculteurs qui cultivent en France
le houblon.

J'ajouterai à ces avantages que le système des fils de fer
expose bien moins que les perches les houblons à l'action
des vents orageux et de la grêle.

Les partisans des houblonnières garnies de perches ont
avancé que les cônes des houblons soutenus par des fils de
fer sont toujours plus blanchâtres et moins aromatiques,
parce qu'ils ne subissent pas autant que les cônes des autres
houblons l'action du soleil et de la lumière ; cette opinion
n'a pas été justifiée.

M. Stromayer a remplacé avec succès, en Alsace, les fils
de fer horizontaux par les fils de fer verticaux et obliques
(fig. 6). Ce système exige l'emploi d'une grande échelle
double pour pouvoir accrocher et décrocher les fils de fer

verticaux ou obliques aux fils de fer horizontaux fixés aux sommets des perches-poteaux éloignées les unes des autres de 5 mètres.

M. Lesne, à Brancourt (Aisne) a essayé de remplacer les

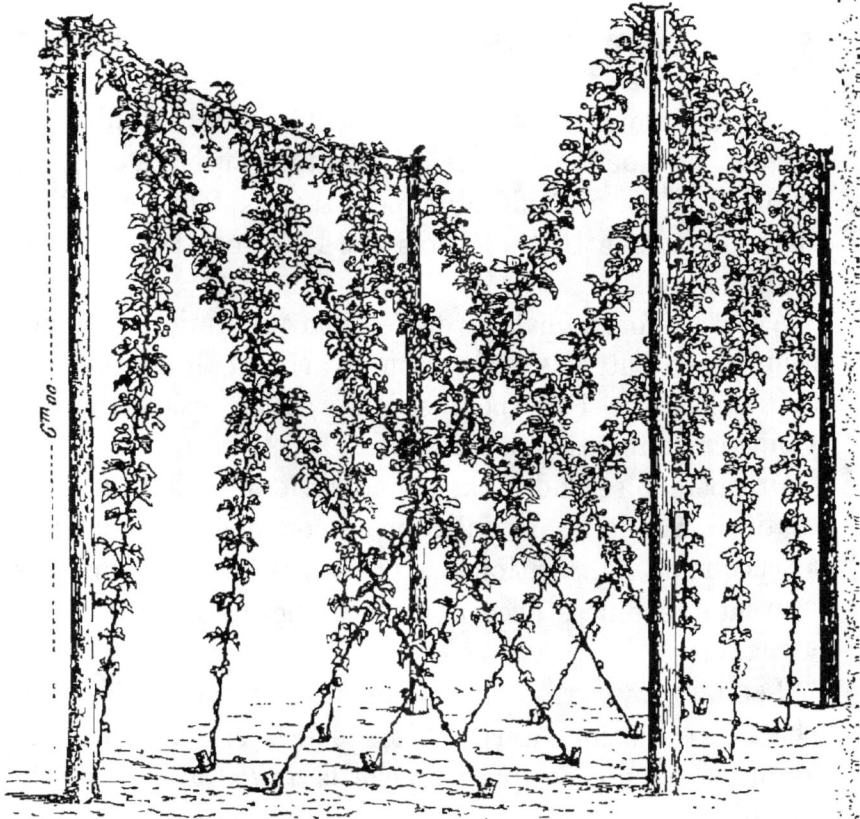

Fig. 6. — Houblons soutenus par des fils de fer verticaux
et obliques.

fils de fer par des ficelles goudronnées qui reposaient tous les 2ᵐ,60 sur de petites perches de 1ᵐ,70 d'élévation. Ainsi soutenu, le houblon a produit par are 28 kil. 500 de cônes. Ses voisins qui avaient des houblons soutenus par des perches ordinaires n'ont récolté que 20 à 23 kil. 150 de cônes.

par are. M. Lesne dit avoir constaté que le houblon soutenu par son système subit plus complètement l'action de la chaleur parce qu'il est plus rapproché du sol.

Soins d'entretien.

Avant et après la pose des perches on donne au sol un labour à la houe fourchue, au louchet ou à la charrue.

Quand la couche arable a été ameublie après la taille, on exécute, lorsque le perchage est terminé, un binage ; puis, on divise le sol à l'aide d'un petit scarificateur, opération qu'on renouvelle toutes les fois que les circonstances l'exigent.

Avant les fortes chaleurs de l'été, on raffermit les perches inclinées, on butte les pieds et on les arrose si le sol manque de fraîcheur, et si on peut exécuter cette opération sans s'imposer de fortes dépenses.

On opère le second binage pendant le mois de juin, et le troisième vers la fin de juillet ou au commencement d'août, à l'époque de l'apparition des premières fleurs. Les ruelles peuvent être binées avec la houe à cheval dans toutes les directions.

TAILLE EN VERT. — Au commencement de mai ou au plus tôt vers la fin d'avril, et lorsque les jets sont sortis de terre, on exécute ce que j'appelle la *taille en vert*. Cette opération consiste à supprimer tous les jets qui excèdent le nombre de tiges que chaque pied doit présenter.

Quelquefois on répète cette taille une seconde fois au bout de quinze jours, quand des pousses nouvelles apparaissent.

Le nombre de jets qu'on laisse aux houblons varie suivant la force des pieds et la fertilité du sol. Ordinairement on ne laisse que deux ou trois tiges aux pieds vigoureux et une seule aux houblons chétifs. On conserve toujours les pousses les plus belles et les plus fortes.

LIAGE OU ACCOLAGE. — Quand les pousses sont assez longues pour faire le tour complet des perches qui doivent les soutenir, on les attache avec du jonc ou de la paille de seigle mouillée.

Cette opération est longue et délicate, et ne doit être confiée qu'à des femmes très adroites et intelligentes. Il faut éviter de l'opérer le matin ou pendant la pluie, parce que alors les jeunes tiges, étant chargées d'humidité, sont très cassantes. C'est au milieu du jour, quand les pousses ont repris, sous l'influence de la chaleur, toute leur souplesse, qu'on doit l'exécuter.

On peut gêner la croissance des tiges si on les attache sans attention. Il faut les soutenir en les fixant de manière qu'elles tournent autour des perches d'orient en occident, c'est-à-dire selon le cours du soleil.

Enfin, on doit éviter de serrer fortement les tiges contre les perches, et de les croiser les unes par-dessus les autres.

On répète le liage une seconde, une troisième et même une quatrième fois, si cela est nécessaire, ce qui n'a lieu que très accidentellement. On agit ainsi, afin de ne pas laisser retomber les rameaux à fruits situés à la partie médiane des tiges. Au troisième et au quatrième accolage on se sert d'une échelle double. Le plus ordinairement deux accolages suffisent. Le second se fait à $1^m,30$ à $1^m,50$ au-dessus du sol.

PROVIGNAGE. — Lorsqu'on a l'intention d'établir l'année suivante une nouvelle houblonnière, on peut faire des provins sur les pieds les plus vigoureux. Ce marcottage doit être pratiqué quand on exécute pour la première fois la taille en vert ou lorsqu'on répète cette opération.

Voici comment on l'exécute :

Lorsque les jets laissés sur les pieds ont $0^m,70$ à 1 mètre de longueur, on en choisit un et on le couche dans un rayon de $0^m,10$ à $0^m,12$ de profondeur. Quand il a été ainsi enterré, on ramène son extrémité vers la perche à laquelle on l'attache.

Après la récolte des cônes, ou mieux, au moment où l'on exécute la taille, on le détache avec soin du pied mère, et on le met en place. Ce provin a suffisamment de racines pour donner à l'automne suivant un produit satisfaisant lorsqu'il a été planté dans un terrain convenablement fertilisé.

On se sert aussi du provignage quand on veut remplacer un plant qui n'a pas réussi ou qui a péri. Alors on choisit une longue pousse et on la provigne d'une perche à l'autre.

ÉBOURGEONNAGE. — A mesure que les tiges s'élèvent, on les dégarnit inférieurement des rameaux qui se développent à l'aisselle des feuilles. On continue cet ébourgeonnage jusqu'à 3 et même 4 mètres de hauteur. Au delà de cette élévation, on laisse les tiges se ramifier et produire des rameaux à fleurs.

Cette opération oblige l'ouvrier qui doit l'exécuter de s'aider d'une échelle double.

EFFEUILLAGE. — Quand on observe sur les tiges de nombreuses feuilles, on en enlève une partie, c'est-à-dire quelques-unes çà et là, en se servant d'une paire de ciseaux, d'un sécateur ou d'une serpette. Il faut se garder de les arracher, comme on le fait quelquefois. On peut au besoin les couper avec l'ongle.

Cet enlèvement de feuilles ne doit pas être fait au delà de 2 à 3 mètres de hauteur.

Il a pour but de favoriser l'accès de la chaleur, de la lumière et de l'air sur les tiges, les fleurs et les fruits. Enfin, il permet à la sève de se diriger plus facilement au haut des tiges, et de rendre les cônes plus nombreux et surtout plus gros.

Ordinairement on cesse de pratiquer l'effeuillage vers le commencement d'août, époque à laquelle les tiges ont atteint presque tout leur développement.

Insectes nuisibles.

Le houblon est attaqué par un grand nombre d'insectes. Les plus redoutables sont :

1° Le *ver blanc et la courtilière*, insectes qui s'attaquent aux racines les plus tendres et qu'on détruit difficilement.

2° Le *puceron du houblon* (APHIS HUMULI, L.). Cet insecte, à l'état parfait, est ailé et se propage très rapidement. Il mange les jeunes pousses et les feuilles, vers la fin d'avril ou dans la première quinzaine de mai. Il a pour ennemis les *coccinelles* et les *chrysomèles*.

3° Les *fourmis* qui détruisent, aussi pendant l'été, les jeunes pousses, les feuilles et les fleurs.

4° L'*hépiale du houblon* (EPIALUS HUMULI, L.) dont la larve, longue de $0^m,05$, vit aux dépens des racines des vieux pieds de houblon, et les fait souvent périr.

5° La *mouche verte* qui ronge les feuilles et pique les cônes.

6° Les *limaces* qui nuisent beaucoup au développement des jets ou des premières feuilles, lorsque le printemps est humide.

Tous ces insectes sont difficiles à détruire. Néanmoins, en opérant la taille, on tue souvent un nombre important de vers blancs et de larves d'hépiale.

Agents atmosphériques nuisibles.

Le houblon est, sans contredit, la plante qui souffre le plus des transitions de température ; c'est pourquoi ses produits sont toujours incertains et très irréguliers. Ainsi il redoute une *température chaude et sèche*, une *température froide et humide*, les *vents violents du nord*, les *pluies froides et prolongées*, etc.

Les *longues sécheresses* occasionnent la chute des cônes avant leur maturité ; les *ouragans* renversent les perches ; la *grêle* fait tomber les cônes et brise les tiges ; les *pluies abondantes et prolongées* retardent la maturité et nuisent à la qualité des cônes ; les *vents froids d'été* retardent la floraison et compromettent l'avenir de la récolte.

Les abris et des situations bien choisies permettent souvent de modifier très heureusement ces fâcheuses influences atmosphériques.

Maladies ou altérations.

Le houblon est sujet à six maladies ou altérations : la miellée, la rouille, la gangrène, la pourriture, la jaunisse, et le blanc ou meunier.

1° La *miellée, miélat* ou *brûlure,* est une exsudation mielleuse ou gommeuse plus ou moins abondante qu'on observe sur la surface supérieure des feuilles, qui affaiblit les pieds de houblon et fait avorter les fleurs. Ce sucre gommeux transsude-t-il des organes foliacés ? Les faits prouvent chaque année qu'il est excrété par les pucerons. Nonobstant il arrête la transpiration du végétal et le rend maladif. Jusqu'à ce jour il a été impossible de s'opposer à son apparition et à son développement.

2° La *rouille* se montre souvent d'une manière apparente sur les houblons exposés aux influences des cours d'eau, des étangs et des marais. Elle nuit très sensiblement à la bonne qualité des cônes lorsqu'elle apparaît tardivement.

3° La *gangrène et les chancres* sont communs sur les racines des houblons plantés dans des sols fertiles et des pieds auxquels on a appliqué une trop forte dose de fumier. On les observe aussi sur les racines des houblons qui ont été mutilés au moment de la taille.

4° La *pourriture* apparaît principalement sur les racines

3.

des pieds qui végètent dans les sols très humides. On l'arrête dans son développement en desséchant la houblonnière.

5° La *jaunisse* ou *chlorose* s'observe sur les tiges et les feuilles des houblons dans les années très pluvieuses et sur les pieds qui végètent sur les terrains humides ou tourbeux.

6° Le *blanc* ou *meunier* apparaît sur les feuilles après les pluies prolongées, en juin et juillet. Il y forme des taches blanches farineuses qui ne tardent pas à envahir toute la feuille. Il n'est autre qu'un champignon microscopique de la famille des érysiphées et auquel on a donné les noms de *sphærotheca humuli* ou *erysiphe humuli*. Il apparaît presque toujours sur les feuilles inférieures.

On doit traiter les houblonnières envahies par le blanc comme on agit sur les vignes attaquées par le *peronospora* ou l'*oïdium*.

Récolte.

SIGNES DE LA MATURITÉ. — Le houblon est arrivé à maturité quand les cônes ont pris une couleur jaunâtre, rougeâtre, vert-brun doré, ou verdâtre, suivant la variété à laquelle ils appartiennent et lorque la base de leurs écailles est chargée d'une poussière jaune doré. Les feuilles ont alors une teinte moins foncée ou vert jaunâtre, les cônes se pelotonnent quand on les presse dans la main et adhèrent un peu les uns aux autres ; enfin, à l'odeur herbacée que développait la plante succède une odeur aromatique, pénétrante due à l'huile essentielle que contient la lupuline.

Il faut éviter d'opérer la récolte ou trop tôt ou trop tard. Dans le premier cas, les cônes ont une couleur terne et verdâtre et ils sont très peu odorants ; dans le second, ils se brisent facilement, sont entr'ouverts pour la plupart, ont passé du jaune verdâtre au brun, ont perdu une partie notable de leur lupuline, et ils exhalent aussi une faible odeur aromatique.

Quand la cueillette est faite en temps opportun, les cônes ne sont pas épanouis, ils sont revêtus d'une matière résineuse gluante, que les brasseurs ont nommé *matière poisseuse* ou *graisse,* ils contiennent toute la poussière dorée qu'ils ont produite et leur odeur est forte et très aromatique.

ÉPOQUE. — La récolte a lieu à une époque plus ou moins avancée, à la fin de l'été, suivant la précocité de la variété cultivée, la température de l'année, l'exposition de la houblonnière et la nature du terrain sur lequel elle existe.

En général, en France, on l'exécute après la disparition de la rosée, de la fin d'août au 5 ou 6 septembre, quand on cultive le houblon précoce, et du 8 au 20 septembre lorsque la houblonnière comprend des variétés tardives.

En Angleterre, la récolte se fait de la fin de septembre au 15 octobre.

Les pluies fréquentes ou continuelles retardent toujours les dernières phases de la maturité des cônes.

DÉPERCHAGE. — Avant de procéder à l'enlèvement des perches, on coupe les tiges à $0^m,30$, $0^m,50$ ou $0^m,60$ au-dessus du sol.

Quand on a coupé un certain nombre de pieds, on place un petit chevalet à un mètre environ de la perche qu'on veut abattre. Ce chevalet présente à sa partie supérieure une tige en fer placée horizontalement et munie d'un crochet en fer à sa partie médiane. Alors on engage un long levier dans le crochet du chevalet et on saisit la perche avec la moraille ou la pince dentée et à charnière que présente le levier à l'une de ses extrémités.

Quand la pince a été fixée à l'aide d'un collier en fer qu'on chasse à coups de marteau vers son extrémité supérieure, on abaisse vers le sol l'autre extrémité du levier dans le but de soulever la perche hors de terre. Le houblonnier qui tient le levier est aidé par un ouvrier qui a saisi la perche afin qu'elle ne s'incline pas d'un côté ou d'un autre pendant l'opération (fig. 7).

Fig. 7. — Ouvriers arrachant une perche à l'aide d'un chevalet et d'un levier.

Lorsque la perche résiste aux efforts du houblonnier et de l'aide ou lorsqu'il y a impossibilité de l'arracher au moyen d'une seule opération, l'ouvrier la maintient verticalement à la hauteur à laquelle elle a été élevée; le hou-

blonnier desserre la tenaille, la fixe à $0^m,10$, $0^m,15$ ou $0^m,20$
au-dessous du point qu'elle embrassait et abaisse de nou-

Fig. 8. — Ouvriers abaissant une perche chargée de cônes.

veau le levier. Cette seconde opération suffit ordinairement pour arracher entièrement la perche.

Dès que la perche a été sortie du trou qu'elle occupait,
le houblonnier prend une longue fourche, l'élève et appuie

l'enfourchement contre la perche afin de soutenir son extrémité. Ce travail une fois fait, l'aide cale l'extrémité
inférieure de la perche avec son pied droit et l'incline successivement. A mesure que la perche se rapproche du sol,
le houblonnier abaisse lentement la fourche (fig. 8).

Quand le houblonnier peut saisir la perche, il la couche
avec le concours de son aide sur une grande bâche, ou
appuie son extrémité supérieure sur un chevalet ayant
1^m,30 environ de hauteur, ou il la pose dans l'enfourchement d'un croisillon formé de deux échalas ayant de 1^m,30
à 1^m,65 de longueur.

On peut se dispenser, dans l'arrachage des perches, d'a-

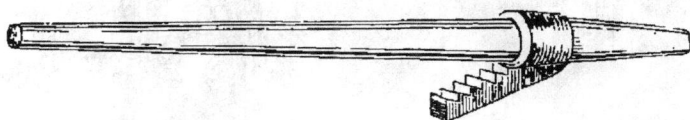

Fig. 9. — Tenaille pour arracher les perches de moyenne longueur.

voir un chevalet, si on se sert de la tenaille en usage annuellement dans la Lorraine. Cet instrument (fig. 9) se
compose d'un manche ayant 2 mètres environ de longueur
et 0^m,07 à 0^m,08 de diamètre, et d'un segment en fer de
0^m,50 environ de longueur. Cette tige en fer est dentelée et
elle porte à son extrémité une forte douille dans laquelle on
engage le levier. Quand ces deux pièces ont été agencées,
la branche en fer qui divise le manche en deux parties très
inégales est dirigée vers l'extrémité de la partie la plus
longue, et forme avec celle-ci un angle aigu ayant 0^m,12 à
0^m,15 environ de largeur à son ouverture.

Lorsque l'ouvrier veut arracher une perche, il la saisit
avec la tenaille le plus près possible de terre, appuie l'extrémité de la partie du levier la plus courte contre le sol et
soulève l'instrument avec force (fig. 10). L'aide qui l'accom-

pagne soutient encore la perche pour qu'elle ne se renverse pas une fois qu'elle a été dégagée de terre.

L'arrachage des perches n'est pas une opération difficile ;

Fig. 10. — Ouvrier arrachant une perche à l'aide de la tenaille.

néanmoins, il doit être fait avec précaution. On doit éviter d'ébranler ces tuteurs et de les laisser tomber. Ordinairement les perches sont chargées supérieurement d'un poids considérable ; lorsqu'elles touchent violemment la terre, elles se brisent, ou, par la secousse qu'elles reçoivent, elles font sortir des cônes une partie de la lupuline.

CUEILLETTE DES CÔNES DU HOUBLON SOUTENU PAR DES PERCHES. — La cueillette est une des opérations les plus importantes. On l'exécute dans la houblonnière ou on l'opère à l'intérieur de la ferme.

1° *Cueillette exécutée dans la houblonnière.* — Quand la cueillette doit être faite dans la houblonnière, on couche deux ou trois perches sur chaque chevalet ou tréteau, en les séparant les unes des autres de $0^m,50$ à 1 mètre (fig. 11). A défaut de chevalet, on place sur une même ligne plusieurs civières garnies intérieurement d'une toile ou d'un drap, et on appuie sur chacune d'elles les extrémités de deux ou trois perches. Enfin, quand on n'a ni chevalet ni civière, on pose horizontalement les perches sur une grande bâche.

Lorsque les chantiers ont été préparés, des femmes ou des enfants se groupent autour des perches, *coupent les cônes un à un avec des ciseaux,* et les déposent dans des corbeilles et des paniers, si la cueillette est faite à la tâche, ou dans des civières, si elle a lieu à la journée. En Angleterre, on arrache les cônes ; c'est une faute.

Les pédoncules doivent être coupés à $0^m,015$ environ des cônes afin que ces derniers ne s'écaillent pas.

On a soin de ne pas y mêler des feuilles ou des débris de tiges, de feuilles, de pédoncules ou de grappes. Ces parties amoindrissent la valeur commerciale du produit.

La cueillette des cônes se fait à la journée ou à la tâche. Dans les deux cas, on doit surveiller sans cesse les ouvrières.

La récolte faite à la journée exige une civière par 4 à 6 cueilleuses. Quand cette opération a lieu à la tâche, c'est-à-dire moyennant un prix déterminé pour une quantité donnée de cônes, on met à la disposition des travailleurs

Fig. 11. — Cueillette de cônes.

des paniers ou des corbeilles de même forme et de même capacité.

Le houblonnier chargé de surveiller la cueillette ou le mesureur inscrit sur des tailles, ou sur une feuille de papier placée sur une petite table servant de bureau, le nombre de paniers cueillis par chaque groupe ou chaque *bricole*, ou *bretelle*.

Au début de l'opération et en présence des travailleurs, on remplit quelques paniers et on pèse ou on mesure le poids ou le volume de cônes afin de connaître la quantité moyenne qu'ils contiennent.

Aucun ouvrier ne doit vider les corbeilles qu'il a remplies dans les grands paniers, dans les civières ou dans un grand sac de toile haut de 1ᵐ,65, et soutenu et maintenu ouvert à l'aide de trois longs échalas formant trépied, avant d'avoir fait vérifier par le *receveur* ou *mesureur* l'état du houblon qu'il a récolté. Les brasseurs français se plaignent souvent du nettoiement imparfait ou du mauvais épluchage des houblons de l'Est.

Les cueilleuses doivent mettre à part les cônes qui ont une couleur rousse.

2° *Cueillette exécutée à la ferme.* — Lorsque la séparation des cônes doit avoir lieu à la ferme, on appuie les extrémités des perches sur des chevalets placés sur des bâches et on enlève avec une serpe bien tranchante toutes les ramifications fruitières. Ces branches sont jetées ensuite dans de grandes corbeilles ou sur des draps qui, une fois remplis, sont placés sur des charrettes ou des chariots et transportés à la maison d'habitation. Quelquefois on coupe les tiges sur plusieurs points de leur longueur et on les enlève en les tirant par le haut des perches pour les déposer dans des voitures garnies d'une toile.

La cueillette des cônes est exécutée de la même manière que quand elle a lieu dans les houblonnières.

CUEILLETTE DES CÔNES DU HOUBLON SOUTENU PAR DES FILS DE FER. — Quand le houblon a pour soutien des fils de fer, on détache les échalas de la ligne métallique, on

Fig. 12. — Paiement des ouvriers houblonniers.

coupe les sarments au sommet des perches et on écarte les

pieds des chevalets jusqu'à ce que le fil de fer soit à 1 mètre ou 1^m,30 du sol ou à la portée des cueilleuses.

Lorsqu'une ligne a été cueillie, on enlève les chevalets pour que le fil de fer tombe à terre et ne gêne pas la circulation.

Prix de revient de la cueillette.

La cueillette des cônes à la tâche est payée ordinairement dans la houblonnière (fig. 12) à raison de 2 fr. 50 à 3 fr. 50 les 100 kilog., ou 0 fr. 15 à 0 fr. 20 les 100 litres.

En Angleterre, cette opération revient en moyenne à 0 fr. 50 à 0 fr. 60 par hectolitre. Les femmes gagnent 2 fr. 40 par jour. Les ouvriers chargés d'abattre les perches sont payés 2 fr. 90 à 3 fr. 60 et les mesureurs de 5 à 6 fr. par jour.

Une ouvrière peut cueillir par jour jusqu'à 6 et même 8 hectolitres, selon l'abondance de la récolte et la grosseur des cônes.

Voici les dépenses que la récolte a occasionnées par hectare :

Roville.....................	174 fr.	37 c.
Haguenau.................	176	64
Wurtemberg	163	57
Moyenne.........	171 fr.	52 c.

Conditions de réussite.

La récolte du houblon doit être faite par un beau temps. Il vaut mieux la devancer d'un jour ou deux que la retarder et l'exécuter par un temps pluvieux et lorsqu'il survient des brouillards. Il est vrai que les houblons ainsi récoltés seront un peu moins riches en matière odorante, mais ils rachèteront complètement cette infériorité de qualité par leur belle couleur.

Il est indispensable de ne pas commencer chaque jour la cueillette des cônes avant la disparation de la rosée, c'est-à-dire avant 8 ou 9 heures du matin. En outre, il ne faut cesser de surveiller les ouvriers, afin de bien s'assurer si tous les cônes ont été enlevés aux tiges, si leur séparation a été faite avec des ciseaux et s'ils sont exempts de corps étrangers. Enfin, avant de commencer la récolte, on doit s'assurer d'une suffisante quantité de bras pour que la cueillette ne dure pas au delà de huit à dix jours. Cette opération a l'avantage de pouvoir être exécutée par des femmes, des vieillards et des enfants.

Elle constitue pour tous les travailleurs une véritable fête.

Dessiccation.

Les cônes, après avoir été récoltés, sont exposés, pendant un temps plus ou moins long, à l'action de l'air ou de la chaleur artificielle pour qu'ils perdent leur humidité. Cette opération demande une grande surveillance. Elle doit être faite lentement dans un local demi-obscur, afin d'éviter la déperdition de l'huile essentielle contenue dans la lupuline.

DESSICCATION NATURELLE. — On dessèche naturellement les cônes de houblon en les exposant à l'air dans des greniers bien aérés, et plutôt à l'ombre qu'au soleil, soit sur le plancher, qui doit être bien jointoyé, soit sur des claies ou des châssis en bois garnis d'un filet en ficelle à mailles assez étroites pour que les cônes ne puissent y passer.

Les claies et les châssis sont disposés en étages les uns au-dessus des autres, et écartés de $0^m,50$ à $0^m,60$.

Les cônes étendus sur les planchers, même sur ceux qui

présentent des soupiraux qu'on ouvre pendant les temps secs, sèchent plus lentement que sur les filets, parce qu'ils ne sont pas aussi bien en contact avec l'air.

Ils doivent y être déposés tout d'abord en couches de $0^m,05$ à $0^m,08$ d'épaisseur. Au fur et à mesure que la dessiccation s'opère, on les met en couches plus épaisses.

On empêche le houblon de s'échauffer en le remuant d'abord une ou deux fois par jour, selon son degré d'humidité, et ensuite une fois seulement. Enfin, quand la dessiccation est déjà avancée, on ne le remue que tous les deux, trois ou quatre jours.

Quand le houblon doit sécher sur un plancher, on l'étend d'abord en couche mince avec le dos d'un râteau, puis quand est venu le moment de le remuer, on le déplace avec précaution au moyen d'une pelle. Il faut éviter d'opérer ce déplacement d'une manière brusque, afin de ne pas faire tomber la poudre résineuse que contiennent les cônes.

Lorsqu'on le fait sécher sur des claies, on le remue avec les mains ou à l'aide d'une baguette passée en dessous de la couche de cônes.

Tous les jours, quand le temps est beau et l'air sec, vers 10 ou 11 heures du matin, on ouvre les volets des ouvertures du sud. Ces volets peuvent rester ouverts jusqu'à 3 ou 4 heures de l'après-midi.

Quand la dessiccation est achevée, on met le houblon en tas de $0^m,65$ à $1^m,30$ d'épaisseur qu'on remue une ou deux fois par semaine. L'ouvrier chargé de cette opération passe en dessous de la masse de cônes une perche mince et lisse qu'il soulève ensuite en levant une de ses extrémités. Ce simple mouvement, répété sur plusieurs points, suffit pour prévenir toute fermentation.

Quand on constate qu'un tas est disposé à s'échauffer, on l'étend sur le plancher avec un râteau ayant des dents en bois longues de $0^m,15$ à $0^m,20$.

En général, la dessication des cônes dans les greniers n'est complète que six semaines ou deux mois après la récolte. Il faut que l'automne soit beau et sec pour qu'on puisse les emballer avant le mois de novembre. On reconnaît que la dessiccation est parfaite à la crépitation des écailles quand on froisse les cônes dans la main, et à la facilité avec laquelle se brisent leurs queues.

Lorsque le temps est mauvais et l'air très chargé d'humidité, les cônes, quoique remués avec soin de temps à autre, prennent une teinte plus ou moins brune, et perdent une partie notable de leur arome.

Il faut une surface carrée de 1^m à $1^m,50$ pour bien sécher 1 kilog. de cônes verts.

DESSICCATION ARTIFICIELLE OU TORRÉFACTION. — La dessiccation artificielle en Belgique, en Angleterre, etc., se fait dans des bâtiments particuliers qu'on nomme *tourailles* ou *séchoirs*, et qui ont beaucoup de rapport avec les tourailles dans lesquelles les brasseurs dessèchent le malt.

Ces séchoirs sont plus ou moins vastes, selon l'étendue de la houblonnière. Nonobstant, ils présentent ordinairement deux parties : un rez-de-chaussée et un étage.

Le rez-de-chaussée est garni d'un ou de plusieurs foyers disposés de manière que la chaleur que produit le charbon ou le bois qu'on y brûle arrive directement sur le houblon. Ce dernier est placé dans l'étage supérieur, sur des claies superposées et éloignées de $0^m,50$ à $0^m,66$. En Angleterre, le plancher qui sépare la partie basse du premier étage est à claire-voie, et garni d'un tissu de crin. Cette disposition permet à la chaleur d'arriver plus aisément dans les séchoirs et sur le houblon.

Dans les environs de Brunswick, la dessiccation se fait à la fumée ou sur le sable. Dans le premier cas, on place au-dessus du calorifère une plaque en fonte percée d'une multitude de très petits trous, sur laquelle on pose des claies chargées de houblon. La fumée, en arrivant sur les cônes, leur enlève, après un certain temps, touté leur humidité. Lorsqu'on dessèche le houblon d'après le second procédé, on couvre aussi le calorifère d'une plaque de fonte, mais celle-ci n'a aucune ouverture et est couverte de sable. Cette couche sablonneuse, une fois chaude, est garnie de houblon qu'on enlève quand il est bien sec, pour le remplacer par les cônes encore verts ou humides.

Lorsqu'on dessèche le houblon à l'aide d'un courant d'air chaud, on doit brûler du charbon de bois, du coke, du bois ou du charbon de Fresnes, c'est-à-dire le combustible qui produit le moins possible de fumée.

Le feu, lorsqu'on suit ce mode de dessiccation, doit être d'abord léger, c'est-à-dire modéré. On ne le rend plus vif que lorsque les cônes commencent à *suer*. Il est essentiel de prendre toutes les précautions nécessaires pour que le feu soit toujours clair. La fumée, qui agit sur le houblon encore mouillé ou très humide, le rend plus brun. Il faut aussi éviter que le feu soit très ardent, afin que les cônes ne roussissent pas ou qu'ils se dessèchent trop rapidement et trop complètement.

L'ouvrier modère le feu du calorifère, quand, en pressant le houblon, le chaleur qu'il a acquise lui fait éprouver une sensation.

En Angleterre, on mêle du soufre au charbon de terre, lorsque ce dernier n'est pas sulfureux. Cette addition de soufre a pour but d'empêcher la fumée de brunir les cônes. En 1758, les houblons des comtés d'Hereford et de Worcester, qui étaient alors ceux qu'on recherchait de préférence à tous autres, étaient séchés avec du charbon sulfureux.

Le soufre a l'inconvénient de rendre très rouges les yeux des ouvriers qui dirigent ce mode de dessiccation du houblon.

Au bout de six heures environ, on retourne le houblon.

On ne l'enlève des tourailles que lorsqu'il y a séjourné dix à douze heures, et qu'il crie lorsqu'on le presse dans la main.

Alors on le met à refroidir dans un local très sain et aéré appelé *chambre d'aération*, pour qu'il reprenne un peu de souplesse, qu'il *revienne à lui*, que les écailles soient moins friables, et que le tassement des cônes dans les balles se fasse d'une manière plus parfaite. Après six à huit jours, on le réunit en tas de 0^m,30 d'épaisseur. Quand il est sec, on augmente sans danger l'épaisseur des monceaux.

Érath évalue les frais de dessiccation à 7 fr. les 100 kilog. A Roville, le combustible consommé s'élevait à 90 kilog. pour 100 kilog. de cônes, et occasionnait une dépense de 5 fr. 78 c.

Rapport des cônes secs aux cônes verts.

Les cônes de houblon nouvellement récoltés contiennent une notable quantité d'humidité ; c'est pour ce motif qu'en séchant ils se réduisent ordinairement à un tiers ou un quart de leur poids, et que le déchet causé par la dessiccation s'élève de 65 à 75 pour 100.

En général, dans les bonnes années, 3 à 4 kilog. de cônes frais donnent environ 1 kilog. de cônes secs. Quand la récolte est mauvaise et le houblon de faible qualité, il faut souvent 5, 6 et même 8 kilog. de cônes verts pour obtenir 1 kilog. de houblon sec.

Selon Ælbrœck, il faut dessécher environ 150 kilog. de cônes verts pour obtenir 100 kilog. de cônes marchands. Ces données ne concordent pas avec les faits constatés en 1856, en Belgique, par M. Mertens. Voici les chiffres que cet expérimentateur a obtenus.

1° 5 kilog. 140 de cônes verts ont donné 1 kilog. 550 de cônes secs ;

2° 2 kilog. 530 de cônes frais ont fourni 0 kilog. 650 de cônes desséchés.

Ces résultats donnent les rapports suivants :

1° Les cônes secs sont aux cônes verts :: 100 : 330.

2°   —   — ·   :: 100 : 380.

Ainsi, 100 kilog. de cônes secs proviennent en moyenne de 350 à 360 kilog. de cônes frais, et 100 kilog. de cônes verts fournissent environ 30 kilog. de houblon.

Mathieu de Dombasle a constaté à Roville que 350 kilog. de cônes verts donnent ordinairement 100 kilog. de houblon sec.

D'après Rutley, 100 kilog. de houblon sec proviennent de 4.600 litres de cônes verts, et 100 litres de cônes frais donnent environ 2 kilog. 800 de houblon sec.

1 hectol. de cônes verts pèse de 6 à 7 kilog. C'est exceptionnellement que le poids reste entre 4 et 5 kilog.

Emballage.

Lorsque le houblon est resté quelque temps dans la chambre à aération et qu'il est parfaitement sec, car il est sujet à s'échauffer, on procède à son emballage. Cette opération, qu'on appelle quelquefois *embâcher* ou *ensachement,* a pour but de le soustraire à l'action de l'air. On ne l'exécute souvent qu'après les premières gelées de novembre, c'est-à-dire lorsque le temps est sec et froid.

Quand il a été fortement pressé dans les sacs, il ne peut pas ballotter pendant les transports, et perdre, par suite de son déplacement, une partie de sa poussière aromatique.

Le plancher des séchoirs ou tourailles dans lesquels on opère l'emballage du houblon, possède une ouverture carrée de 0^m,50 à 0^m,66 de diamètre, c'est-à-dire égale à l'embou-

chure des sacs. Ce trou est garni de clous à crochets solidement fixés, auxquels on attache le sac par l'onglet qui
règne sur le pourtour de sa gueule ; quelquefois on y fixe
le sac à l'aide d'une corde mobile. Alors le sac occupe l'ouverture de la trappe, et pend en dessous du plancher dans
l'étage inférieur.

Lorsque le sac a été ainsi attaché, un ouvrier y descend
pour fouler avec ses pieds le houblon qu'une femme y jette
à l'aide d'une corbeille ou d'une pelle. A mesure que l'ouvrier presse, piétine les cônes en tournant sans cesse à
l'intérieur du sac, l'aide continue à y verser doucement du
houblon. Quand le sac est bien plein, on le décroche et on
l'élève pour le poser sur le plancher. Alors on le coud avec
de la ficelle et un petit carrelet, en ayant soin de bien
remplir les angles supérieurs, et de les lier de manière
qu'ils forment deux *poignées* ou *pelottes*. La même opération a dû être faite aux deux autres coins avant de commencer le remplissage du sac. Quand l'ensachement est
terminé, la balle est résistante, et présente quatre *cornières*
à l'aide desquelles on peut aisément la déplacer ou la porter.

A défaut de plancher ayant une trappe, on suspend le
sac au plafond de l'étage supérieur ou au moyen d'un
support à ensachement, et on maintient sa gueule ouverte
en y fixant un cerceau. Le fond du sac ainsi soutenu ne
doit être éloigné de l'aire du plancher que de $0^m,20$ à $0^m,25$.

Les sacs dans lesquels on emballe le houblon ont ordinairement 2^m de longueur et 1^m de largeur, ou $3^m,50$ de
hauteur sur $0^m,60$ de largeur. On les fait avec de la toile
forte, grossière, mais ayant un tissu serré pour que l'air
ne puisse facilement réagir et sur les cônes et sur la lupuline qu'ils contiennent. Ces toiles pèsent 800 à 1500
grammes le mètre ; elles se vendent de 1 fr. 25 à 1 fr. 65 le
mètre.

Ces ballots bien remplis contiennent 50 kilog. de houblon. Un sac de 4^m,80 contient 200 kilog. de cônes pressés.

En Amérique, on comprime le houblon à l'aide des presses qui servent à l'emballage du coton. Les balles qu'on obtient à l'aide de ces engins ont une extrême dureté. Ce moyen est aussi en usage en Angleterre et en Belgique.

Les avis, jusqu'à ce jour, sont partagés à l'égard des avantages que présente une compression considérable. En France et en Allemagne, on lui préfère généralement une demi-compression ou un tassage ordinaire obtenu à l'aide du piétinement. On a reconnu qu'une compression extraordinaire déformait les cônes et les agglomérait en une masse tellement compacte, que nul sondage n'y est plus possible.

En Angleterre, on emballe les *houblons blonds* ou *houblons de première qualité* dans des sacs de toile de belle qualité ; ces balles sont désignées sous le nom de *pockets* (poches). Les *houblons bruns* ou *houblons communs* sont emballés dans des sacs de toile grossière qu'on nomme *bags* (balles). Les premiers sacs une fois remplis pèsent 75 kilog.; le poids des seconds atteint 125 kilog.

La loi qui régit le droit d'accise ne permet pas aux cultivateurs anglais d'employer deux fois les mêmes sacs, ou de transvaser du houblon étranger dans des sacs anglais.

L'ensachement coûtait à Roville 5 fr. 80 c. par 100 kilog. Dans le Wurtemberg, il revient au même prix, à 5 fr. 60 c.

Conservation des cônes.

Le houblon, une fois ensaché, doit être placé dans un local ni trop sec ni trop humide.

Bien desséché et bien emballé, il peut se conserver en bon état pendant quelques années ; mais il s'altère et se couvre de moisissure, quand il s'échauffe par suite d'une dessiccation mal exécutée.

Le houblon est très hygrométrique. Exposé à l'air après une dessiccation parfaite, il absorbe 10 pour 100 de son poids d'humidité.

Quand on doit le conserver dans un local un peu humide, il faut doubler les sacs avec une bonne toile, ou l'emballer dans des caisses ou des tonneaux.

Le houblon perd en une année de 1 à $\frac{8}{16}$ de sa qualité et de son arome. Les houblons de deux ans ont encore moins de valeur. Si quelques brasseurs les recherchent, c'est qu'ils sont très colorés, et que le commerce les livre toujours à des prix très peu élevés, comparativement à la valeur qu'on accorde aux houblons nouveaux.

Quand on constate que le houblon d'une balle fermente, on doit s'empresser de la découdre sur le côté, de l'ouvrir le plus possible afin d'aérer les cônes, et d'arrêter par là la fermentation. Il faut bien se garder de sortir le houblon. Quand la chaleur a complètement disparu, on recoud le sac et on le met dans un endroit aéré.

Conservation des perches.

Lorsque la récolte du houblon est terminée, on s'occupe de la conservation des perches.

Dans plusieurs fermes de l'Alsace et de l'Allemagne, on les charge avec précaution sur des chariots afin de ne pas les briser, et on les conduit à la ferme où on les entasse sous un hangar. En agissant ainsi, on a pour but de les soustraire aux maraudeurs et à l'action des intempéries.

En Lorraine, en Alsace, en Angleterre et ailleurs, on les réunit ordinairement en tas réguliers sur le sol même de la houblonnière (fig. 13). Voici comment on forme ces faisceaux. On attache à 2 mètres environ de l'extrémité d'une perche un anneau fait avec des tiges de houblon et ayant 0m,20 à 0m,30 de diamètre. Alors, on implante la perche

4.

Fig. 18. — Conservation et appointillage des pozoïds.

dans le sol et on engage dans le cercle 4 à 6 autres perches destinées à former la charpente ou la carcasse de la pyramide. Quand ces perches ont été engagées dans l'anneau, et placées de manière qu'elles aient toutes une direction bien oblique, on appuie contre l'anneau une première rangée de perches, puis une seconde, puis une troisième, etc., jusqu'à la formation complète de la pyramide, qui se compose ordinairement de 100 à 150 et même 200 perches. Toutes les perches ainsi placées sont inclinées à 30 ou 35°, et peuvent résister aux vents violents.

Quand les faisceaux sont situés près des villages ou sur des champs voisins de routes très fréquentées, on les consolide en les entourant d'un grand lien de paille. Ce lien doit être placé à 1^m,50 environ du sol, et maintenu à cette hauteur à l'aide de plusieurs longues épingles en bois.

Une pyramide de perches ainsi faite présente intérieurement une véritable cage dans laquelle l'air a toujours un libre passage, et l'obliquité qu'elle offre extérieurement lui permet de résister aux plus forts coups de vent.

Lorsque le houblon est soutenu par des fils de fer et des chevalets, après la récolte des cônes on graissse les lignes métalliques avec un morceau d'étoffe de laine bien huilée, puis on réunit les chevalets et les échalas en tas sur le champ, ou on les conduit à la ferme. Les fils de fer restent sur la terre.

Quel que soit le moyen de conservation qu'on adopte, on doit éviter de coucher les perches, les chevalets et les échalas sur la terre. Ces tuteurs ont une grande valeur, parce que leur acquisition a occasionné une dépense importante. Si on les laissait entassés horizontalement comme on fait habituellement dans l'arrondisement d'Hazebrouck (Nord), ils n'auraient pas la solidité et la durée qu'ils ont toujours quand ils ont été conservés debout au grand air.

Durée des houblonnières.

Une houblonnière établie sur un terrain riche, profond et perméable, peut durer quinze, vingt et même trente ans, si chaque année on a soin de la fumer, de la tailler, de la labourer, de remplacer les pieds chancreux, etc., etc.

Il existe, en Angleterre, des houblonnières qui sont encore en plein rapport, quoique leur existence remonte à cent cinquante et même deux cents ans. Cette longue existence prouve qu'il n'est pas indispensable de déplacer les houblonnières tous les vingt ou vingt-cinq ans, comme on l'a souvent proposé. En remplaçant annuellement les pieds malades ou ceux qui ont péri, on renouvelle entièrement les plantations pendant une période qui n'excède pas vingt à trente années.

Les houblonnières établies sur des terrains humides, pauvres, peu profonds, mal fumés, etc., commencent ordinairement à péricliter vers la dixième année.

Produits.

La quantité de cônes que fournit une perche garnie de houblon est très variable.

Quand les pieds sont en plein rapport, ils donnent chacun, en Bavière, les quantités suivantes :

Très bonnes années.......	500 grammes.	
Année moyenne..........	250	—
Mauvaise année	60	—

En éliminant la dernière année, on trouve qu'en moyenne une perche donne de 350 à 400 grammes de cônes.

Ælbrœck évalue le rendement moyen à 400 grammes par perche.

On a constaté en Belgique, en 1857, les résultats suivants :

Houblon de trois ans...... 650 grammes.
— de deux ans...... 310 —

Moyenne........ 480 grammes.

Ainsi, d'après ces divers rendements, le produit moyen par perche varierait de 400 à 430 grammes. Ce résultat est trop élevé comme moyenne ordinaire. Voici des données plus exactes :

Houblon hâtif, sol léger............... 200 grammes.
— de Spalt, sol calcaire.......... 175 —
— d'Alsace, sol sablonneux...... 250 —
— tardif de Spalt, sol léger...... 200 —
— — — sol argilo-calaire. 250 —
— de Bavière sol calcaire........ 250 —
— d'Alsace, sol tourbeux........ 280 —
— tardif, marais drainé.......... 300 —

Moyenne............ 238 grammes.

Ainsi un hectare qui centiendait 4,000 pieds ou perches doit donc produire quand la récolte est bonne, de 950 à 1,000 kilog. de cônes marchands.

La variabilité du produit du houblon ne permet pas de considérer un rendement unique comme représentant la quantité moyenne de cônes qu'une houblonnière peut fournir dans une contrée donnée. Voici les résultats qu'on a obtenus pendant dix à treize années le culture :

1º *France.*

De Dombasle à Roville, moyenne de 13 années... 385 kilog.
Hüffel à Haguenau, — 12 — ... 1256 —
Schauenburg (Bas-Rhin), — 12 — ... 1250 —

2º *Allemagne.*

Kolb à Spalt, moyenne de 11 années... 831 kilog.
Erath (Wurtemberg), — 12 — ... 956 —

3° *Angleterre.*

Statistique officielle,   moyenne de 30 années (1).   815   kilog.

4° *Belgique.*

Brabant,	moyenne statistique de 7 années ...	1041	—
Flandre occidentale,	—	8	—	...	720	—
— orientale,	—	7	—	...	1251	—
Hainaut,	—	8	—	...	790	—

Moyenne de 120 récoltes ou années.   979   kilog.

Je compléterai ces données en faisant connaître les produits maximum et minimum.

1° *France.*

	Minimum.	Maximum.
De Dombasle...........	85 kilog.	1800 kilog.
Hüffel................	680 —	1680 —

2° *Allemagne.*

Kolb.................	328 kilog.	1380 kilog.
Erath...............	495 —	1255 —

3° *Angleterre.*

Statistique officielle.....	200 kilog.	1650 kilog.

4° *Belgique.*

Brabant..............	300 kilog.	1825 kilog.
Flandre occidentale.....	296 —	966 —
— orientale	700 —	1980 —
Hainaut..............	255 —	1237 —
Moyennes........	371 kilog.	1530 kilog.

La statistique de la France, publiée en 1840, contient l'étendue des houblonnières, et les produits moyens qu'elles fournissent par hectare.

---

(1) En 1877, on a récolté en Angleterre 35 millions de kilog. de houblon sur 28,700 hectares, soit environ 1,220 kilog. par hectare.

	Étendue.	Rendement.
Lorraine..............	298 hect.	1485 kilog.
Alsace...............	120 —	610 —
Flandre..............	253 —	1087 —
Picardie.............	79 —	1023 —
Moyenne..............		1051 kilog.

Ce rendement correspond aux produits moyens obtenus en Belgique en 1855 et 1856.

La statistique de 1862 porte le rendement moyen par hectare à 1,372 kilog., et celle de 1882 à 824 kilog. Voici les produits récoltés en 1882 dans les départements où le houblon a de l'importance :

Pas-de-Calais..............	1700 kilog.
Indre-et-Loire..............	1500 —
Haute-Saône..............	1030 —
Côte-d'Or....................	1017 —
Vosges.....................	735 —
Nord......................	855 —
Aisne.....................	700 —
Meurthe-et-Moselle..........	551 —
Moyennes..........	1011 kilog.

En général, on peut dire que les produits d'une houblonnière varient par hectare, suivant les années, entre 600 et 2,000 kilog.

Voici comment se répartissent les récoltes de houblon pendant une période de douze années.

	Récolte abondante.	Récolte ordinaire.	Mauvaise récolte.
Roville (de Dombasle)	3	7	2
Wurtemberg (Erath)..........	2	6	4
Haguenau (Hüffel)...........	3	6	4
Palatinat (Schulart)..........	2	6	4
Spalt (Kolb)...............	2	5	5
Alost (statistique officielle)...	3	6	3
Poperinghe (statistique offic.).	4	5	3

De 1808 à 1861 (54 années), on a obtenu, en Angleterre, les récoltes ci-après :

Récolte abondante .... 5 années.
Récolte bonne................... 23 —
Récolte passable............... 12 —
Mauvaise récolte............... 14 —

Ainsi, on ne peut compter obtenir une bonne récolte que tous les deux ou trois ans. Ce résultat explique pourquoi le prix du houblon varie d'une manière notable d'une année à l'autre, et pourquoi sa culture n'occupe pas en France une étendue aussi grande que celle qu'on lui consacre annuellement en Angleterre et en Allemagne.

Comme exemple de la variabilité des récoltes, je dirai que l'Autriche qui, en 1875, avait récolté 33,923 quintaux métriques de houblon, n'en a obtenu, en 1876, que 14,243 quintaux.

Capitaux engagés par hectare.

La culture du houblon oblige le cultivateur qui l'exécute à disposer d'un capital très élevé. En général, elle engage par hectare de 800 à 1,000 fr., si l'on répartit sur douze à quinze années les frais de premier établissement. Ce capital peut s'élever à 1,200 fr. et même à 1,500 fr., quand on se trouve dans la nécessité de faire construire une touraille.

Voici les frais de premier établissement, et les dépenses annuelles qu'elle a déterminées sur trois exploitations situées en France et en Allemagne.

	Création.		Dépenses annuelles.	
	Fr.	c.	Fr.	c.
De Dombasle à Roville.......	1812	»	775	75
Hüffel, à Haguenau..........	1753	»	796	30
Erath, à Rottembourg........	2385	72	722	40
Moyennes	1983	57	764	61

En Angleterre, les frais de premier établissement dépassent souvent 5,500 fr. par hectare. Les dépenses annuelles varient entre 2,300 et 2,500 fr. Ces frais annuels ne comprennent pas les droits de dîme et d'accise (*duty*), qui atteignent souvent 550 et 600 fr. par hectare.

Voici les bénéfices qu'on réalise par hectare à l'aide de la culture du houblon. Les chiffres qui suivent sont extraits de trois comptabilités différentes, et représentent les dépenses annuelles et l'intérêt des capitaux qu'on a engagés en créant les houblonnières. Le compte de Roville concerne un exercice de treize années, et ceux de Haguenau et de Rottembourg une culture de douze années.

	Roville. (1823 à 1835.)		Haguenau. (1832 à 1843.)		Rottembourg. (1834 à 1845.)	
	fr.	c.	fr.	c.	fr.	c.
Dépenses........	801	26	945	15	780	16
Produits........	1392	15	3231	48	2077	84
Bénéfices........	590	89	2386	33	1297	68

Les 100 kilog. de cônes ont été vendus aux prix suivants :

	Prix moyen.		Prix minimum.		Prix maximum.	
	fr.	c.	fr.	c.	fr.	c.
Roville............	155	72	64	»	580	»
Haguenau	300	»	150	»	700	»
Rottembourg	214	75	97	»	340	»

Le faible bénéfice moyen obtenu à Roville tient au produit peu élevé que le houblon y a donné, et au faible prix moyen auquel il a été vendu.

Le prix auquel reviennent les cônes est en rapport avec les dépenses que nécessite la culture du houblon et le prix moyen commercial. D'après les comptes précités, 100 kilog. de cônes secs ont coûté :

	Fr.	c.
A Roville..............	89	»
A Haguenau...........	74	65
A Rottembourg........	80	50
Moyenne......	81	38

Ce résultat représente le prix de revient du houblon pendant trente-cinq années de culture.

Variétés de houblon de commerce.

Le *houblon bien récolté et séché* a une belle couleur jaune tirant un peu sur le rouge, et, broyé entre les doigts, il laisse échapper une odeur d'épices très agréable.

Le *houblon récolté trop tôt* est verdâtre, et a une odeur herbacée; il contient peu de matière aromatique, et s'effeuille facilement.

Les *anciens houblons* sont les plus foncés en couleur; ils sont peu odorants, et donnent une décoction très colorée et d'un goût désagréable.

La qualité des houblons dépend toujours des variétés qui les ont produits, du procédé à l'aide duquel ils ont été desséchés, de la manière dont ils ont été conservés; enfin, elle est plus ou moins bonne, selon l'influence que les maladies, les insectes et les intempéries ont exercée pendant la végétation du houblon.

Le commerce refuse d'acheter, ou achète alors à un prix moins élevé que le cours, les houblons qui ont une teinte brune et ceux qui sont mêlés à des débris de tiges et de feuilles, parce que ces parties donnent à la bière de l'âpreté, et diminuent la propriété du houblon de s'opposer à la fermentation acide du moût.

Les *houblons français* les plus estimés sont formés de cônes gros, lourds, entiers et aplatis; ils sont jaunes avec des pointes rosées, résistent à la pression des doigts, ont une odeur forte et pénétrante, une saveur amère, et contiennent plus d'huile essentielle que les houblons de Belgique et d'Angleterre.

Les houblons récoltés dans la Bourgogne sont réputés de très bonne qualité. La quantité livrée au commerce en 1888 s'est élevée à 12,252 quintaux métriques. Tous les houblons livrés par le syndicat de Bourgogne portent une marque et un plomb.

Les *houblons étrangers* provenant des bons crus de la Bohême et de la Bavière ont une supériorité incontestable sur tous les autres houblons, ce qui tient à la nature des terrains sur lesquels existent les houblonnières. Cette supériorité se traduit par un parfum et un bouquet très agréables.

Les houblons de Saatz et de Spalt sont petits, arrondis, mais riches en lupuline.

Les houblons sans arome sont rejetés par la brasserie.

Les houblons ne sont pas toujours livrés au commerce tels qu'ils ont été récoltés.

Les uns y mêlent du sable très fin, dans le but de les rendre plus pesant ; les autres, et ceux-ci sont plus nombreux, l'aspergent avant de l'emballer, afin d'augmenter aussi son poids. Cette fraude n'est pas plus loyale que la première ; souvent même elle est préjudiciable à l'agriculteur qui la met en pratique, parce que le houblon qu'on a mouillé est sujet à se détériorer très promptement.

En Angleterre, on est dans l'habitude de décolorer les anciens houblons en les exposant à un courant d'acide sulfureux. Ainsi préparés, ces houblons ont une teinte qui les rapproche des houblons nouveaux. Alors, on les mêle aux cônes de la dernière récolte, dans la proportion d'un dixième, d'un huitième et quelquefois d'un quart.

Lorsque le houblon se vend très cher, et lorsqu'on veut fabriquer de la bière destinée à être livrée à un prix

peu élevé, on lui substitue : 1° des feuilles ou des écorces
de buis; 2° des fleurs de tilleul ; 3° de la racine de gentiane;
4° des feuilles de trèfle d'eau ; 5° des pousses de genêt
à balais ; 6° des copeaux de sapin. La bière qu'on obtient
alors a une saveur aromatique spéciale et un goût peu
agréable. Aucun de ces divers amers n'a le parfum du
houblon nouveau et bien sec.

Valeur commerciale.

Les houblons nouveaux bien récoltés ont une valeur
plus ou moins élevée, selon leur finesse et leur beauté, la
productivité des houblonnières, la température de l'été, les
besoins du commerce, et suivant aussi l'abondance de la
récolte des vins et de l'orge.

Les houblons vieux que le commerce désigne sous le nom
de *houblons surannés,* se vendent plus difficilement et à
des prix souvent très bas.

Le prix des houblons varie entre 1 fr. et 8 fr. le kilog.

Voici les prix auxquels ont été vendus, pendant trois
années, les houblons français, belges et allemands. Ces prix
représentent 100 kilog.

Houblons français.	1856.		1857.		1858.	
	Fr.	Fr.	Fr.	Fr.	Fr.	Fr.
Strasbourg	180 à 230		230 à 270		230 à 400	
Haguenau	170 à 200		220 à 280		300 à 360	
Nancy	200 à 220		180 à 200		230 à 300	
Rambervillers	180 à 200		180 à 200		200 à 320	
Bailleul	130 à 150		100 à 140		180 à 220	
Bousies	100 à 112		80 à 104		160 à 215	
Hazebrouck	140 à 160		120 à 130		200 à 300	
Houblons belges.						
Alost	80 à 110		70 à 110		120 à 160	
Poperinghe	100 à 160		100 à 110		200 à 260	

Houblons allemands.

	Fr.	Fr.	Fr.	Fr.	Fr.	Fr.
Spalt (ville)............	344	à 640	460	à 560	400	à 700
Spalt (environs).........	292	à 450	320	à 420	350	à 600
Saaz.................	364	à 640	550	à 580	500	à 800

Les cotes qu'on lit ordinairement sur les prix courants du commerce concernent 50 kilog.

On fabrique ordinairement quatre sortes principales de bière : la *bière double,* la *bière blanche,* la *bière brune* ou *ordinaire* et la *petite bière.*

Les bières de Strasbourg, de Bavière, de Louvain, et l'*ale* et le *porter,* ont des qualités spéciales. Leur coloration et leur force varient selon le mode de fabrication, la concentration plus ou moins grande de la drèche ou du malt, le degré de torréfaction de l'orge, et la quantité de houblon qui sert à l'aromatiser.

Voici, d'après M. Payen, la quantité d'alcool pur que contiennent les principales variétés de bière :

Ale..................	5,7 à 8,2	pour 100.
Porter................	3,9 à 4,5	—
Bière de Strasbourg.....	3,5 à 4,5	—
— de Lille..........	2,9 à 3,0	—
— de Paris.........	1,2 à 2,5	—

Il entre, dans la bonne bière de Paris, environ 500 grammes de houblon par hectolitre ; 1 kilog. 500 dans la bière forte de Dunkerque et d'Arras et la bière de garde de Strasbourg ; 1 kilog. dans les bonnes bières de garde de la Flandre et de l'Alsace, et 250 à 300 grammes dans les bières communes des autres localités.

Les bières ordinaires ne sont bonnes que lorsqu'on emploie 500 grammes de houblon nouveau ou 750 grammes à 1 kilog. de houblon suranné.

Le malt est employé à raison de 25 à 30 kilog. par hectolitre de bière.

L'*ale* et le *porter* se fabriquent de la même manière. Ces deux bières diffèrent l'une de l'autre par leur couleur ; celle de l'ale est moins foncée, parce que cette bière est aromatisée avec du houblon ayant une teinte claire, jaune doré ; la couleur du porter est plus foncée, elle résulte du malt grillé et du houblon brun avec lesquels on le fabrique.

Les houblons récoltés en Alsace se vendent plus cher que les houblons des Vosges et de la Lorraine. La valeur des houblons d'Alost est moins élevée que le prix des houblons de Bailleul et de Hazebrouck. Les houblons de Wissembourg sont les meilleurs de l'Alsace. Ils sont ordinairement vendus plus cher que les houblons de Haguenau et de Bischwiller.

Les houblons qu'on récolte à Spalt, Weingartin, Enderndorf, Asberg, Rainsberg et Pleinfeld ont toujours une grande valeur commerciale. Quelquefois même on les vend, rendus à Paris, à des prix fabuleux. Ainsi, les brasseurs les ont payés parfois jusqu'à 1,100 et 12,00 fr. les 100 kilog. Les houblons de Saaz et de Leitmeritz ont été aussi livrés à 900 et 1,100 fr.

Les houblons anglais les plus recherchés se classent de la manière suivante : 1° *Mild and East of Kent ;* 2° *Weald of Kent;* 3° *Sussex.* Le premier est regardé comme le plus aromatique ; il se vend un tiers plus cher que le houblon du comté de Sussex. Les sacs qui le contiennent portent extérieurement la figure d'un cheval, signe armorial du Comité de Kent. Quoi qu'il en soit, les houblons récoltés en Angleterre sont moins aromatiques que ceux de France, parce que la pluie et les brouillards y sont plus fréquents.

Les houblons qui conviennent à la fabrication des *bières de garde* se vendent plus cher que les autres.

Dans la Franconie, contrée de la Bavière réputée par ses belles houblonnières et les houblons de Spalt qu'on y récolte, on achète les houblonnières à la perche. Le prix

qui sert de base aux transactions varie suivant les années.
En moyenne, il est de 5 fr. par perche. A ce taux, 1 hectare
contenant 2,000 pieds en bon rapport, vaudrait 10,000 fr. Si
le nombre des perches atteignait 3,500, nombre qu'on observe souvent dans la Bavière, la valeur foncière de la houblonnière s'élèverait à 17,500 fr. par hectare.

Usages des produits.

Le houblon est principalement employé dans la fabrication de la bière. Par la lupuline qu'il contient, il la colore,
lui donne de l'amerture et du montant, la rend plus eni-
vrante et empêche qu'elle s'aigrisse aussi vite.

Les cônes sont aussi employés en médecine; ils sont
toniques, diurétiques et dépuratifs.

La médecine emploie aussi les feuilles, qui sont résolutives. Elle utilise également les racines sèches.

Les tiges constituent un produit très secondaire. Nonobstant, lorsque la cueillette des cônes est terminée, on les
divise en 2, 3, ou 4 parties, selon leur longueur pour les
lier ensuite en fagots, les rapporter à la ferme et les mettre
en meules ou les emmagasiner sous un hangar. Bien sèches,
on les utilise très avantageusement pour chauffer les fours.

Les sarments, ramollis par la macération, fournissent des
liens utiles pour divers usages domestiques, et surtout pour
fabriquer d'excellents paniers.

On a proposé d'en extraire une filasse avec laquelle on
pourrait fabriquer de gros cordages, mais la pratique n'a
pas prouvé l'efficacité de ce nouveau mode d'emploi.

Les feuilles vertes et saines peuvent être données comme
aliment aux bêtes bovines.

100 kilog. de cônes secs, de bonne qualité, donnent à
la distillation 300 grammes d'essence.

DEUXIÈME DIVISION.

PLANTES CULTIVÉES POUR LEURS GRAINES.

CHAPITRE PREMIER.

ANIS.

PIMPINELLA ANISUM L., ANISUM OFFICINALE, MŒ.

Plante dicotylédone de la famille des Ombellifères.

Anglais. — Aniseed.	*Polonais.* — Anyz.
Allemand. — Anis.	*Russe.* — Anis.
Hollandais. — Sonf.	*Égyptien.* — Yanisen.
Portugais. — Herbadoce.	*Persan.* — Raziyanah.
Italien. — Anice.	*Arabe.* — Yansoum.
Espagnol. — Anis.	*Indien.* — Shombu.

Mode de végétation. — Composition. — Terrain. — Semis. — Soins d'entretien. — Récolte. — Conservation des graines. — Rendement par hectare. — Commerce. — Usages. — Capital que la culture engage par hectare.

Cette plante est fort ancienne. On la cultivait au temps de Dioscoride, et sa graine faisait partie des quatre semences majeures. Elle est originaire d'Afrique et a été introduite en Europe en 1557.

On la désigne souvent sous les noms *d'anis vert* et *d'anis boucage.*

L'anis est cultivé en Espagne, à Malte, en Sicile, Égypte, Angleterre, Saxe, Autriche, Cochinchine, Pérou, Bolivie, Italie, Russie, Guyane, Cambodge, Silésie, et en France.

En France, on le cultive principalement aux environs de Tours, de Bourgueil, de Chinon, d'Angers, de Bordeaux, de Cahors et de Gaillac. L'Alsace en produit aussi, mais les quantités qu'elle récolte annuellement n'ont pas l'importance des livraisons faites au commerce par la Touraine et le haut Languedoc.

Mode de végétation.

Cette plante est annuelle (fig. 14). Sa racine est blanche, fusiforme et fibreuse. Les tiges, hautes de 0^m,60 à 0^m,75 sont droites, cylindriques, pubescentes et rameuses. Les feuilles, radicales, sont cordiformes, lobées et incisées ; les moyennes sont penni-lobées à lobes lancéolées; les supérieures sont trifoliées à folioles linéaires et indivises. Les fleurs sont petites, blanchâtres, et disposées en ombelles terminales composées de nombreuses ombellules. Les fruits sont pubescents dans le jeune âge, petits, ovoïdes, striés longitudinalement, et gris verdâtres ; ils ont une odeur aromatique très suave, et une saveur chaude ou piquante, agréable et un peu sucrée.

Fig. 14. — Anis.

5.

L'anis accomplit toutes ses phases d'existence en trois ou
quatre mois. Ses graines arrivent à leur complète maturité
un mois environ après la floraison.

Cette plante n'appartient pas à l'agriculture du nord de
l'Europe.

Elle redoute les gelées tardives quand elle commence à
végéter, et demande une chaleur élevée et sèche pour produire des graines aromatiques, et ayant une saveur piquante
et prononcée.

Composition.

Les graines de l'anis ont été analysées par MM. Brandt
et Rinman. Elles contiennent de la stéarine unie à la chloro-
phylle ; de la résine, des malates de chaux et de potasse ; de
l'huile grasse soluble dans l'alcool, et de l'huile volatile ; de
la gomme, de l'acide malique, des sels inorganiques, de la
fibre végétale, de l'eau, etc.

L'huile d'anis est volatile et légèrement citrine ; elle se
fige ou se cristallise en larges écailles brillantes à $+ 10°$, et
ne se liquéfie qu'à $+ 17°$; elle bout à $220°$. Elle est plus dense
que l'eau. Cette essence, facile à se rancir, sert à aromatiser
les liqueurs, la pâte de réglisse et des parfumeries.

Terrain.

NATURE. — L'anis doit être cultivé sur des terres légères, douces, perméables, chaudes, et exposées au midi. Les
terres silico-calcaires ou calcaires-siliceuses lui sont très
favorables.

Il végète mal sur les sols argileux, froids et humides,
sur les terres situées dans une vallée étroite, et sur les terrains ombragés, ou qui subissent l'action des vents du nord
ou du nord-est.

PRÉPARATION. — Les terres qu'on consacre à la culture de l'anis doivent être bien préparées. On les ameublit par des labours d'hiver et de printemps, par des hersages et des roulages plus ou moins répétés, selon leur nature.

Avant la semaille, on nivelle et on ameublit le plus possible la couche arable, en opérant un râtelage énergique sur toute la surface du champ.

Quand ce travail est terminé, on divise la pièce en planches ayant 2 mètres de largeur. Ces planches ont l'avantage de rendre plus faciles les sarclages et la récolte.

Semis.

ÉPOQUE. — L'anis se sème de la mi-mars au commencement de mai, lorsqu'on ne craint plus de gelées.

On peut le semer tardivement sans crainte, parce qu'il végète rapidement.

En Égypte, on exécute les semis en septembre.

QUANTITÉ DE GRAINES. — On répand de 10 à 12 kilog. de graines par hectare.

Les graines doivent provenir de la dernière récolte, parce qu'elles perdent promptement leur faculté germinative. Les bonnes semences sont luisantes.

Les semences ternes, brunes ou noirâtres, germent difficilement.

EXÉCUTION. — Les graines de l'anis doivent être semées à la volée. S'il survient du vent au moment de la semaille, on baisse la main et on sème en coulant. On agit ainsi à cause de la légèreté des semences. On couvre les graines très légèrement avec un râteau ou à l'aide d'un rouable. On termine la semaille en exécutant un roulage ou un plombage sur toute la surface du champ.

GERMINATION DES GRAINES. — Les semences restent

longtemps en terre avant de germer, comme les graines de la plupart des plantes appartenant à la famille des ombellifères.

Dans les circonstances ordinaires, les cotylédons n'apparaissent que du 20e au 30e jour.

Soins d'entretien.

SARCLAGES. — Quelques jours après le développement des cotylédons, on exécute un sarclage qui a pour but unique la destruction des mauvaises herbes.

On répète ordinairement cette opération avant la floraison, qui a lieu en juillet.

ARROSAGES. — On peut, lorsqu'on cultive l'anis sur des sols secs et qu'on a facilement de l'eau, exécuter quelques arrosages pendant les jours chauds de juin ou de juillet. Ces arrosements se font au moyen d'arrosoirs ou par infiltration. Dans ce dernier cas, on dirige l'eau dans les sentiers qui séparent les planches.

L'anis, a-t-on dit avec raison, aime à avoir le pied frais et la tête au soleil.

ÉCLAIRCISSAGE. — Au deuxième sarclage, on arrache les pieds d'anis qui sont superflus. Cette opération est souvent nécessaire, parce que les graines se répandent dans une forte proportion.

Les femmes qui exécutent cette opération se placent dans les sentiers, et arrachent les pieds les plus faibles. Les plantes qu'elles laissent sur les planches doivent être éloignées les unes des autres de $0^m,15$ à $0^m,20$ en tous sens.

Récolte.

L'anis mûrit en France dans la seconde quinzaine d'août. En Égypte, on l'arrache à la fin de février.

On doit le récolter quand ses graines forment des bouquets bruns verdâtres et qu'elles ont suffisamment de dureté.

L'enlèvement des pieds et même des ombelles se fait à diverses reprises, car les graines ne mûrissent pas toujours en même temps.

La récolte des pieds qui ont mûri les graines se fait de deux manières. Ici, on les arrache à la main ; ailleurs, on les coupe à l'aide d'une faucille. Dans les deux cas, on les laisse en javelle sur le champ, ou on les met en faisceaux, comme s'il était question de récolter la gaude ou le sarrasin.

Dans quelques localités, on exécute la récolte d'une manière différente. Le matin à la rosée, des femmes, ayant devant elles un tablier relevé en forme de grande poche, ou un sac de $0^m,50$ à $0^m,60$ de longueur, ou étant munies d'une hotte légère qu'elles posent debout dans les sentiers, parcourent la surface du champ, et coupent avec des ciseaux toutes les ombelles ou les ombellules qui présentent des graines mûres ou brunes. Ces bouquets sont ensuite mis à sécher sur une bâche placée au soleil. Ce procédé est évidemment plus long et plus coûteux que les autres, mais il permet de récolter des semences de belle qualité.

Toutes choses égales d'ailleurs, on ne doit pas oublier que la récolte de l'anis arrivé à maturité oblige les ouvriers qui l'opèrent à agir avec beaucoup de précaution, à cause de la facilité avec laquelle les graines se détachent des ombelles et tombent à terre.

Lorsqu'on arrache ou coupe l'anis, on doit éviter de le laisser en javelles au delà de deux ou trois jours. En outre, il est essentiel, lorsqu'on craint de la pluie, de rapporter les tiges à la ferme pour les déposer dans un local aéré. Les graines qui restent exposées à la pluie au delà de 6 à 8 heures, prennent toujours une teinte noirâtre ou vert-brun.

Quand l'anis est cultivé sur une petite étendue, le mieux est de l'exposer sur des draps à l'action de l'air et du soleil.

Aussitôt que les tiges et les ombelles sont sèches, on procède au battage. Cette opération se fait avec des baguettes, des gaules flexibles ou des fléaux ayant des battes très légères.

On nettoie ensuite les graines en se servant d'un van et d'un crible, et on les expose sur un drap pendant quelques jours à l'action du soleil.

Un hectolitre de graines d'anis pèse en moyenne 35 kilog.

L'anis, qu'on cultive dans les contrées où la température est à la fois chaude et humide, donne en moyenne de 600 à 700 kilog. de graines par hectare.

Lorsqu'il survient des pluies et des brouillards pendant la floraison, le produit ne dépasse pas souvent 400 kilog.

Conservation des graines.

Les graines d'anis doivent être conservées dans des sacs fermés ou dans des barils bien foncés, et placés dans un bâtiment ni trop sec ni trop humide. Celles qu'on dépose en vrague dans les greniers ne conservent pas longtemps l'arome si pénétrant qu'elles possèdent encore à la deuxième et même à la troisième année, quand elles ont été ensachées aussitôt après avoir été récoltées.

Commerce.

La valeur commerciale des graines oscille entre 100 et 150 fr. les 100 kilog.; en moyenne, elle ne dépasse pas 125 fr.

Voici les prix de commerce :

Anis d'Orient........... 90 à 110 fr.
— d'Albi............ 130 à 140
— de Tours......... 150 à 160
— de Russie........ 120 à 125
— d'Espagne........ 125 à 130

En France, on emballe l'anis dans une simple toile, et le poids des balles varie de 100 à 150 kilog.

L'anis qu'on récolte en Espagne est expédié en balles pesant 100 kilog., et faites avec une toile grise de belle qualité.

La France importe chaque année, par Marseille et Strasbourg, autant d'anis qu'elle en reçoit d'Espagne et d'Italie.

Le commerce désigne les graines de l'anis sous le nom d'*anis vert;* les pharmaciens les appellent *anisum.*

L'*anis du Tarn* ou l'*anis d'Albi* est vert blanchâtre, de moyenne grosseur, et très aromatique.

L'*anis de Tours* est très gros et très vert; son odeur est un peu moins forte mais sa saveur est plus douce.

Les *anis d'Espagne, d'Italie et de Malte* sont très estimés; leur grosseur est moyenne.

L'*anis de Russie* est le plus petit de tous et le moins estimé.

Les graines d'anis récoltées en Cochinchine sont expédiées de Camboge en Chine.

L'essence d'anis se vend de 40 à 50 fr. le kilogr., suivant sa qualité. Les essences produites en France et en Espagne sont supérieures en qualité à celles que produisent la Russie et l'Allemagne.

1 kilog. de graine fournit environ 20 grammes d'huile essentielle.

La poudre d'anis vert se vend 5 fr. le kilog.

L'eau d'anis se fait avec 10 litres d'eau et 2 kilog. 500 de semences.

Usages.

L'anis est employé par les liquoristes, les confiseurs, les pharmaciens et les parfumeurs.

Il sert à faire l'anisette de Bordeaux et d'Amsterdam, et les dragées de Verdun appelés *anis de Verdun*.

Les Indiens mâchent l'anis avec plaisir.

En Égypte, on l'emploie pour aromatiser l'eau-de-vie; en Italie et en Allemagne, il entre dans le pain et les pâtisseries; en Angleterre, on le mêle au pain d'épice.

L'anis de Tours est spécialement employé par les pâtissiers; ceux d'Albi et d'Italie sont recherchés par les fabricants d'anisette fine.

La culture de l'anis engage, dans le département du Tarn, de 220 à 240 fr. par hectare.

CHAPITRE II.

CORIANDRE.

CORIANDIRUM SATIVUM, L.

Plante dicotylédone de la famille des Ombellifères.

Anglais. — Coriander.
Allemand. — Koriander.
Suédois. — Coriander.
Hollandais. — Dhanyan.
Italien. — Coriandolo.
Espagnol. — Cilantro.

Polonais. — Koryander.
Égyptien. — Kouzbarra.
Indoustan. — Daniyalu.
Arabe. — Kuzbarah.
Tamoul. — Kottamalli.
Persan. — Kashniz.

Mode de végétation. — Terrain. - Semis. — Soins d'entretien. — Récolte. Commerce. — Usages.

La coriandre est originaire des contrées méridionales de l'Europe. On la cultive en France, en Espagne, en Grèce, dans la haute Égypte, dans toutes les parties de l'Oude (Inde), en Autriche et en Allemagne.

Dans l'Inde la graine de coriandre joue un rôle important dans les incantations des magiciens. Celle qu'on récolte dans les districts de Rajahmundry, Madras, Tanjore et Tennivelly est expédiée à Maurice, Ceylan et Singapoure.

La coriandre est principalement cultivée en France, dans la Touraine et aux environs de Saint-Denis (Seine).

Cette plante est le *koris* des Grecs.

Mode de végétation.

La coriandre est annuelle ou bisannuelle (fig. 15). Sa tige, haute de $0^m,40$ à $0^m,60$, est lisse, cylindrique, rameuse et glabre. Ses feuilles sont multifides ou pennées ; les inférieures ont des folioles arrondies et les supérieures des folioles linéaires. Ses fleurs sont blanches ou légèrement rosées et disposées en ombelles terminales ; elles s'épanouissent pendant les mois de juin et de juillet. Les fruits sont globuleux, à dix côtes longitudinales et jaunâtres, et ils sont composés de deux semences demi-sphériques ; ils mûrissent à la fin d'août ou au commencement de septembre, alors elles sont légèrement jaunâtres.

La tige, les feuilles et les graines encore vertes ont une odeur fétide ou vireuse qui rappelle l'odeur de la

Fig. 15. — Coriandre.

punaise. Cette odeur persiste pendant quelque temps aux doigts lorsqu'on froisse ou des feuilles ou des fruits bien avant leur maturité complète.

Les fruits, quand ils sont secs, ont une saveur chaude et une odeur suave et agréable.

Terrain.

La coriandre doit être cultivée sur un sol léger, substantiel, chaud, profond et très bien préparé. Elle végète très lentement sur les terres argileuses et froides.

Semis.

Les semis se font à deux époques : 1° au mois d'août; 2° en mars.

Lorsqu'on la sème en août elle fleurit en mai et atteint souvent 0^m,50 de hauteur. Semée au printemps elle épanouit ses fleurs en juin, et sa hauteur dépasse rarement 0^m,40.

En général, on la sème de préférence pendant le mois d'août, et le plus ordinairement on la cultive dans les jardins ou sur des terres douces, travaillées à bras et très rapprochées des habitations.

Les graines se répandent en lignes ou à la volée.

Soins d'entretien.

Après la levée des semences, on exécute un binage qu'on répète une seconde et même une troisième fois si le sol est facilement envahi par les mauvaises herbes. Lorsque les plantes ont plusieurs feuilles, on les éclaircit de manière que les pieds soient à 0^m,16 environ de distance les uns des autres.

Récolte.

Les graines de la coriandre mûrissent depuis la fin de juillet jusqu'au 30 août.

Leur récolte se fait successivement à mesure de la maturité des ombelles.

On doit couper les tiges avec une faucille, ou les ombelles avec des ciseaux, et opérer de préférence le matin à la rosée, parce que les semences de coriandre parfaitement mûres s'égrènent très facilement.

Les tiges ou les ombelles sont ensuite exposées sur une toile à l'action du soleil. Quand elles sont bien sèches on les bat avec une gaule ou à l'aide d'un fléau léger. Les semences, après avoir été nettoyées, sont exposées de nouveau au soleil. Lorsqu'elles sont sèches, on les dépose dans un local exempt d'humidité.

En vieillissant, ces semences prennent une couleur rougeâtre.

Un hectolitre de graines pèse 30 kilog.

On livre les graines de coriandre au commerce dans des balles de toile pesant de 50 à 80 kilog.

Commerce.

Les graines qui ont une couleur noirâtre sont dépréciées par les confiseurs et les liquoristes.

La valeur commerciale de ces semences varie entre 30 et 50 fr. les 100 kilog.

La graine récoltée dans le comté d'Essex (Angleterre) est plus grosse que celle qui vient de Trieste, mais elle est de moins belle qualité. Celle de Calcutta, de Lucknow, est aussi très grosse, mais elle est moins sphérique. Les coriandres récoltées en Grèce sont de très belle qualité.

L'essence de coriandre est chère; elle se vend de 100 à 200 fr. le kilogramme; elle est jaunâtre et très odorante. La poudre de coriandre se vend 1 fr. 20 le kilog.

Usages.

Les graines entrent dans des dragées globuliformes très

agréables, et dans l'eau de mélisse. Elles servent aussi à fabriquer des liqueurs spéciales, entre autres le vespétro. La pharmacie les utilise pour masquer la saveur désagréable de certaines préparations. Dans l'Inde, les natifs mêlent les graines à leurs aliments. Dans le midi de l'Europe, on les mâche pour rendre l'haleine agréable.

Dans le nord de l'Europe elles entrent dans la fabrication de la bière. Les Espagnols, les Égyptiens, les Indiens et les Hollandais s'en servent souvent pour aromatiser leurs aliments.

L'essence de coriandre est incolore, très fluide et très odorante; sa densité est de 0,759. Elle entre dans le vespétro de Montpellier.

L'eau de coriandre qui sert dans la toilette se prépare en distillant 20 litres d'eau contenant 5 kilog. de graines de coriandre. Par cette opération on obtient 10 litres d'eau aromatisée.

CHAPITRE III.

CARVI.

CARUM CARVI, L., APIUM CARVI, CRANTZ.

Plante dicotylédone de la famille des Ombellifères.

Anglais. — Caraway.
Allemand. — Kümmel.
Hollandais. — Karwey.
Italien. — Caro.

Espagnol. — Carvi.
Portugais. — Alcaravia.
Arabe. — Karouya.
Indien. — Carwiya.

Huile essentielle. — Culture. — Récolte des graines. — Produit d'un hectare. — Valeur commerciale. — Usages.

Le carvi, ou *cumin des prés*, est originaire d'Orient ; il est commun dans les prairies de la France méridionale, de l'Allemagne, de la Hollande, de la Suède et de la Pologne. On le cultive en France, en Italie, en Hollande, en Autriche, au Maroc, en Angleterre, en Prusse, etc.

Il est bisannuel. Sa racine est fusiforme, odorante et garnie de nombreuses fibrilles. Ses tiges sont droites, cylindriques, glabres, striées, ramifiées et hautes de $0^m,50$ à $0^m,80$; elles portent des feuilles oblongues, alternes, amplexicaules, bipennées, à segments divisés en lanières aiguës ; les feuilles inférieures sont pétiolées et moins finement découpées ; les supérieures sont sessiles.

Les fleurs forment de larges ombelles étalées et terminales ; elles sont petites, blanches et s'épanouissent en juin et juillet (fig. 16). Elles produisent des fruits ronds composés de deux graines brun clair, accolées, planes intérieurement, convexes et striées sur la face externe.

Toutes les parties du carvi sont d'un vert gai.

Huile essentielle.

Les graines de carvi ont une saveur chaude et piquante,

Fig. 16. — Carvi.

une odeur forte et aromatique. On en extrait une huile essentielle de couleur citrine, ayant une odeur très agréable et une saveur brûlante. Cette huile représente un vingtième du poids des semences; elle a une pesanteur spécifique de $0^m,962$; elle se congèle à 10° au-dessus de zéro.

Culture.

Cette ombellifère doit être cultivée sur des terres franches ou sablonneuses, sur des sols argilo-siliceux, silico-calcaires profonds, riches et exposés au midi.

Ordinairement, dans le nord de l'Europe, on la sème à la fin de février ou pendant le mois de mars. Dans les provinces du midi, on confie la graine à la terre pendant les mois de septembre ou d'octobre.

En Angleterre, on exécute les semis au printemps sur des terres occupées par une céréale d'hiver, ou un blé, ou une avoine de printemps.

En Allemagne, on la sème quelquefois en pépinière au mois de juillet ou août pour transplanter les plantes au mois de mars suivant sur des lignes distantes les unes des autres de $0^m,16$ à $0^m,25$.

Plusieurs agriculteurs des comtés de Kent et d'Essex la sèment au printemps en lignes espacées de $0^m,50$ à $0^m,60$, sur des terres bien préparées et surtout bien fumées, et ils cultivent entre les lignes, pendant la première année, de la coriandre ou d'autres plantes annuelles.

Lorsqu'en Allemagne, et particulièrement aux environs de Halle (Prusse), on exécute les semis au mois de mars ou avril, on transplante les pieds à la Saint-Jean. Alors, on plante une ligne de carvi entre deux lignes de choux ou de betteraves.

Dans les circonstances ordinaires, on exécute les semis à la volée à raison de 8 à 10 kilog. de graines par hectare. Quand on fait les semailles en lignes, on n'en répand que 10 à 12 litres ou 4 à 5 kilog.

100 grammes contiennent 25,000 à 30,000 graines.

Lorsqu'on associe, en Angleterre, la coriandre au carvi, on mêle les semences de ces deux plantes dans le rapport de 15 : 18. On confie les graines à la terre pendant le mois de mars ou avril.

On recouvre les semences par un râtelage ou à l'aide d'un hersage léger.

Après la levée des plantes, on exécute un binage. Lorsqu'elles ont de $0^m,06$ à $0^m,10$ de hauteur, on les éclaircit pour que tous les pieds soient éloignés les uns des autres de $0^m,25$ à $0^m,30$.

On répète le binage pendant l'été et surtout à l'automne et au printemps suivant.

Récolte des graines.

Les graines mûrissent en juin, juillet ou août, suivant les latitudes.

Quand elles brunissent, on coupe les tiges par le pied avec une faucille et on les met par poignées en javelles ou on en forme çà et là des faisceaux.

Dès que les tiges et les graines sont sèches, on les bat au soleil sur une toile à l'aide d'un fléau léger, et on procède au nettoiement des semences. Celles-ci sont ensuite étendues en couche mince sur l'aire d'un grenier aéré et remuées souvent pour qu'elles ne s'échauffent pas.

Lorsqu'elles sont entièrement sèches, on les ensache pour les priver de l'action de l'air et les conserver dans un local très sain.

Un hectolitre de graines pèse de 43 à 45 kilog.

Un hectare de carvi donne de 800 à 1,000 kilog. de graines.

Emploi des produits.

Les semences de carvi faisaient partie des quatre semences chaudes. On les désigne souvent sous le nom d'*anis des Vosges*. Elles servent à aromatiser les fromages. Dans les distilleries de grains, on les mêle quelquefois aux semences de seigle ou d'orge afin d'obtenir de l'alcool ayant une saveur plus piquante, un arome plus agréable.

6

Les Circassiens et les Tartares-Nogais les mêlent à la farine avec laquelle ils font du pain. En Allemagne et en Suède, on s'en sert comme condiment pour assaisonner les aliments et surtout le pain. En Angleterre, on en met dans la pâtisserie, les confitures, etc.

Les pigeons et les perdrix aiment beaucoup les semences de carvi.

L'huile essentielle qu'on extrait des graines du carvi en Allemagne est utilisée dans la parfumerie et la fabrication de diverses liqueurs ; elle a une odeur suave.

La médecine emploie les racines et les fruits comme excitants et carminatifs. L'huile essentielle entre dans quelques médicaments.

Valeur commerciale.

La graine de carvi récoltée en France se vend 130 à 140 fr. les 100 kilog. Celle qui vient du Riga vaut de 200 à 220 fr.

La valeur de l'essence de carvi varie entre 30 et 35 fr. le kilog.

———

On cultive dans l'Inde une espèce annuelle appelée *Carum Ajowan*. Les semences de ce carvi sont utilisées comme condiment ; elles sont carminatives et ont une saveur très aromatique qui rappelle celle que possède le thym. Les natifs la nomment *Oman* ou *Omann*. Le thymol qu'on en extrait est usité en médecine.

CHAPITRE IV.

CUMIN.

CUMINUM CYMINUM, L.

Plante dicotylédone de la famille des Ombellifères.

Anglais. — Cumin.
Allemand. — Keümmel.
Hollandais. — Komyn.
Italien. — Comino.

Espagnol. — Commo.
Égyptien. — Camoûn.
Arabe. — Kemoun.
Persan. — Zira.

Mode de végétation. — Culture. — Récolte. — Usage des graines. — Valeur commerciale.

Cette plante est fort ancienne. Elle était cultivée en Égypte et dans l'Asie Mineure, au temps de Théophraste et de Dioscoride, et faisait partie de la dîme que les Pharisiens payaient en Judée. Les Hébreux l'appelaient *kamon.*

De nos jours, elle est cultivée à Malte, en Sicile, en Égypte, dans l'Asie Mineure, l'Inde, le Malabar, en Allemagne. On en récolte beaucoup en Prusse dans l'Oder-Bruch et aux environs d'Aalborg (Danemark); le bailliage de Kienitz en cultive annuellement de 15 à 20 hectares.

En 1858, on a exporté de Tanjore, de Malabar et de Tennevelly (Inde), 484 hectolitres de cumin ayant une valeur de 25,034 fr.

Mode de végétation.

Cette plante est annuelle et originaire d'Égypte. Elle a été introduite en Europe en 1594.

Ses racines sont grêles, fibreuses et blanchâtres. Les tiges qu'elles produisent sont droites, glabres, striées, rameuses et hautes de $0^m,25$ à $0^m,40$. Les feuilles ont beaucoup de rapport avec les feuilles du fenouil : elles sont glabres, presque capillaires et multifides. Les fleurs sont blanches ou purpurines et s'épanouissent en Europe en juin et juillet; elles sont disposées en une ombelle à quatre rayons. Chaque fleur produit deux fruits oblongs, pubescents, striés sur leur face externe et appliqués l'un contre l'autre.

Les graines ont une odeur forte un peu analogue à celle du fenouil; leur saveur est âcre, piquante et peu agréable.

L'huile essentielle qu'elles fournissent est jaunâtre, très fluide, très odorante, mais sa saveur est âcre et brûlante. Un kilog. de graines sèches donne 35 à 37 grammes d'essence.

Culture.

A Malte, on sème le cumin sur une terre bien ameublie pendant la première quinzaine de mars. En Égypte, les semis se font en septembre.

En Allemagne, on sème souvent le cumin sur couche pour le repiquer en lignes sur un terrain bien préparé. On opère au printemps.

Le cumin demande une terre un peu argileuse, profonde, riche et bien fumée. A Malte, on le regarde comme épuisant.

Récolte.

Les graines arrivent à maturité à Malte vers la fin de mai ou au commencement de juin. En Égypte, on procède à la récolte des semences vers la fin de février ou pendant la première semaine du mois de mars.

En Allemagne, on récolte le cumin pendant la deuxième quinzaine de juin en arrachant les tiges.

On coupe les tiges avec une faucille lorsque la graine commence à jaunir. On doit agir avec précaution, parce que les semences tombent facilement quand elles sont entièrement mûres; les tiges doivent rester pendant deux jours sur des toiles au soleil.

Quand les plantes sont bien sèches, on les bat avec une fourche; ensuite, on vanne les graines, on les crible et on les emballe.

Le cumin que l'Égypte expédie en Europe est contenu dans des balles de crin du poids de 100 à 150 kilog. Le cumin venant de Malte est emballé dans une forte toile; chaque balle pèse de 50 à 100 kilog.

Emplois des produits.

Les semences de cumin sont carminatives et stimulantes; elles servent à fabriquer des liqueurs, mais principalement celles qu'on nomme *kummel* et *crème de Munich*.

Les Hollandais les emploient pour aromatiser les fromages. En Allemagne, on en met dans la pâte avec laquelle on prépare le pain. En Égypte, en Turquie, dans l'Inde, elles servent à assaisonner les aliments. On en fait aussi un fréquent usage dans les distilleries de grains.

La médecine humaine et la médecine vétérinaire en font usage dans la préparation de divers médicaments.

L'huile essentielle de cumin est très odorante; elle est employée dans la parfumerie. Sa densité est de 0,953.

Valeur commerciale.

Le prix des semences de cumin varie de 100 à 120 fr. les 100 kilog. Le cumin récolté à Malte est très estimé. L'essence qu'il fournit vaut de 50 à 60 fr. le kilog.

La poudre de cumin se vend 2 fr. à 2 fr. 50 le kilog.

6.

CHAPITRE V.

ANETH.

ANETHUM GRAVEOLENS, L.

Plante dicotylédone de la famille des Ombellifères.

Anglais. — Dill.
Allemand. — Dillfruchte.

Arabe. — Shibbit.
Persan. — Shod.

L'aneth est connue depuis les temps les plus reculés comme plante aromatique. Les Romains dans leurs festins se couronnaient de branches fleuries de cette ombellifère.

L'aneth est une plante herbacée annuelle qu'il ne faut pas confondre avec le *fenouil*. (Voir 3e division, chapitre II.) Elle est originaire de l'Asie, mais elle est répandue dans l'Europe méridionale. On l'appelle souvent *fenouil bâtard*. On la cultive en Angleterre, en Égypte et dans l'Inde, où elle est appelée *shatakuppi*.

Cette ombellifère a $0^m,40$ à $0^m,50$ de hauteur. Elle ressemble au fenouil par son port. Ses fleurs jaunâtres sont sans involucre ni involucelles. Son fruit est aplati; il exhale une odeur forte, pénétrante, mais moins agréable que l'arome que dégage le fenouil.

La culture de l'aneth est facile. On sème les graines aussitôt après leur maturité sur un sol un peu léger, meuble et exposé au midi. Les semis exécutés au printemps ne réussissent pas toujours.

On récolte les sommités florales dans le courant de l'été et les feuilles avant la floraison. L'arome que développent les feuilles diminue par la dessiccation.

Les graines ont le goût et la saveur des semences d'anis ;
elles sont chaudes, carminatives et excitantes ; leur saveur
est piquante.

L'huile essentielle qu'on obtient en distillant les semences ou les parties vertes est jaunâtre et très odorante. 100 kilog. de semences donnent de 2 kilog. 500 à 3 kilog. d'essence. C'est particulièrement à Leipzig qu'elle est fabriquée.

Les graines se vendent 180 à 200 fr. les 100 kilog. et l'essence de 40 à 45 fr. le kilogramme.

L'eau d'aneth est utilisée comme eau de toilette. L'essence sert à parfumer des savons et des pommades. Dans l'Inde, les indigènes mêlent les semences de cette plante à leurs aliments.

CHAPITRE VI.

NIGELLE AROMATIQUE.

NIGELLA SATIVA, L.

Plante dicotylédone de la famille des Renonculacées.

Égyptien. — Abesoûd.   *Indien.* — Karun-Shiragam.
Persan. — Siyah-danah.   *Arabe.* — El habba.

La nigelle aromatique est orginaire de l'Orient. Elle a été mentionnée par Hippocrate. On l'appelle vulgairement *patte d'araignée, cheveux de Vénus, nigelle romaine, nigelle de Crète, cumin noir, anis noir.* Les Italiens la nomment *cinnomomea,* les Anglais *cumen black.*

Cette plante est bisannuelle. Sa tige est dressée, rameuse, striée ; ses feuilles sont alternes, sessiles finement découpées ; ses fleurs sont blanchâtres ou blanc bleuâtre, solitaires, terminales et entourées d'un involucre multifide ; elles produisent une capsule globuleuse et hérissée qui contient des graines noirâtres, trigones et ridées transversalement, et qui développent une agréable odeur.

La *nigelle de Damas* (NIGELLA DAMASCENA), connue dans les jardins sous le nom de cheveux de Vénus, a des fleurs blanc bleuâtre ou bleu clair et ordinairement semidoubles. La *nigelle de l'Inde* est une variété de la précédente. On la nomme à Calcutta *Seah-jeera, Kalla-jeera.*

La *nigelle d'Espagne* (NIGELLA HISPANICA) a des fleurs bleu lilas ou purpurines ; ses semences sont peu odorantes.

La *nigelle aromatique* est très cultivée dans l'Inde, au Caucase et dans la haute Égypte.

Elle demande une terre légère, chaude, profonde et substantielle.

On sème ses graines à la volée à deux époques : 1° au mois d'août ; 2° en mars ou au plus tard pendant la première quinzaine d'avril. Les plantes provenant des premiers semis sont fortes, vigoureuses et fleurissent au mois de juin ; celles que fournissent les semis de printemps sont grêles et épanouissent leurs fleurs en juin et juillet.

Quand les plantes ont plusieurs feuilles, on les sarcle ou on opère un binage et on les éclaircit, de manière qu'elles soient séparées les unes des autres de $0^m,15$ à $0^m,20$.

Les graines mûrissent successivement en juillet et août.

Il est nécessaire de couper les tiges le matin lorsqu'elles sont encore couvertes de rosée, car les capsules, arrivées à maturité, laissent facilement échapper les semences qu'elles contiennent.

Quand les plantes ont été coupées, on les expose au soleil sur une bâche et on les bat au milieu du jour.

Les graines, après avoir été nettoyées, doivent rester sur la toile pendant un jour ou deux, pour qu'elles achèvent de sécher.

Lorsqu'elles ont perdu toute leur humidité, on les rapporte à la ferme et on les conserve dans un local très sain.

Ces graines exhalent une odeur qui rappelle celle de la fraise. En Allemagne, elles remplacent ce fruit dans la préparation des glaces comestibles. Dans la haute Égypte, mêlée à l'ambre gris, la cannelle, la gingembre, le sucre, etc., elles servent à faire une conserve à laquelle les femmes turques ou arabes attachent un grand prix, parce qu'elle augmente l'embonpoint. En Afrique, les Arabes l'utilisent comme condiment.

On emploie aussi les semences de la *nigelle de Damas* en

médecine ; on leur accorde à peu près les mêmes propriétés que celles de la nigelle aromatique.

Un hectolitre de semences pèse 55 kilog.

L'huile qu'on extrait de ces graines est jaune orangé ; son odeur est fortement aromatique et sa saveur camphrée. Sa densité est de 0,920. Elle n'est pas volatile et se congèle à + 2°. Les semences en renferment 25 p. 100.

On importe de Bombay en France et en Angleterre des graines de nigelle.

La nigelle aromatique à graines noires est beaucoup plus estimée que la variété qu'elle a produite et qui a des graines jaunes.

TROISIÈME DIVISION.

PLANTES CULTIVÉES POUR LEURS PARTIES HERBACÉES.

CHAPITRE PREMIER.

ANGÉLIQUE.

ANGELICA ARCHANGELICA L., ARCHANGELICA OFFICINALIS, HOFFM.

Plante dicotylédone de la famille des Ombellifères.

Anglais. — Angelica.　　*Italien.* — Angelica.
Allemand. — Angelik.　　*Espagnol.* — Angelica.
Suédois. — Angelikerot.　　*Russe.* — Djajilnik.

Mode de végétation. Terrain. — Semis. — Transplantation. — Soins d'entretien. — Récolte des tiges vertes. — Récolte des graines. — Préparation des tiges. — Conservation de l'angélique préparée. — Variétés d'angélique confite. — Valeur commerciale. — Usages des produits.

L'angélique est connue depuis longtemps; elle croît naturellement dans toute l'Europe boréale, les Alpes, les Pyrénées, la Suisse, la Silésie, la Norvége, etc. En France, elle est principalement cultivée aux environs de Niort (Deux-Sèvres), et de Châteaubriant (Loire-Inférieure). Sa culture, dans le Poitou, remonte au delà du seizième siècle. On l'appelle quelquefois *herbe des Anges* ou *Archangélique.*

Mode de végétation.

L'angélique officinale (fig. 17) est bisannuelle et quel-

G. Rouyer

Fig. 17. — Angélique.

quefois trisannuelle. Sa racine est développée, fusiforme, brune grisâtre à l'extérieur et blanche intérieurement. Sa tige s'élève de 1ᵐ,30 à 2 mètres ; elle est fistuleuse, grosse, arrondie, glabre, striée, glauque ou violacée. Ses feuilles sont très grandes, alternes, engainantes, deux fois ailées et composées de folioles ovales et dentées en scie ; les feuilles radicales sont très développées. Ses fleurs sont petites, nombreuses, jaunâtres ou blanchâtres et disposées en ombelles larges, arrondies et terminales ; elles s'épanouissent en juillet et août et produisent des fruits oblongs, anguleux, contenant des graines nues marquées de trois stries saillantes, aplaties d'un côté et convexes de l'autre.

Toutes les parties de la plante : la tige, les feuilles et les semences, exhalent une odeur suave et ont une saveur chaude, amère et musquée.

En automne, sous l'influence des premiers froids, les feuilles se fanent et tombent pour être remplacées au printemps suivant. Ces feuilles perdent, en séchant, leur propriété aromatique.

Aucun insecte n'attaque l'angélique.

Terrain.

Cette plante demande une terre substantielle, fraîche, profonde, de consistance moyenne et exposée au midi. Les sols argileux ou compacts ne lui conviennent pas ; lorsqu'elle végète sur de tels terrains, elle fleurit souvent la première année.

En général, l'angélique est cultivée dans les jardins afin qu'elle ait, suivant le proverbe, *la racine dans l'eau et la tête au soleil.*

Semis.

On la sème en pépinière en mars ou avril, sur une cos-

tière ou sur couche sourde, ou mieux en septembre, aussitôt
la maturité des graines, sur une plate-bande exposée au
midi.

Les graines restent un mois en terre avant de lever.
Celles qu'on sème au printemps lèvent en mai ou en juin.
Les semences que l'on confie à la terre à la fin de l'été ne
lèvent souvent qu'au mois de mars ou avril.

Les semis se font en lignes, distantes les unes des autres
de 0^m,15. On répand les graines par petites pincées, car il
est indispensable qu'elles soient nombreuses dans les
rayons. On les couvre légèrement de terreau sableux.

Une surface carrée de 3 à 4 mètres peut fournir de 10,000
à 15,000 plants.

Transplantation.

Lorsque les semis ont été exécutés au printemps, on repique les plants dans le courant de septembre. Quand on les
pratique à la fin de l'été, on ne fait la transplantation qu'au
printemps suivant.

Les racines des plants doivent avoir la grosseur du petit
doigt.

Quand la terre est riche et fraîche, on plante les pieds à
0^m,60 ou 0^m,75 de distance les uns des autres.

Cette transplantation doit être faite sur un terrain bien
ameubli. On la fait suivre immédiatement d'un paillage de
fumier pailleux ou de crottin de cheval, destiné à garantir
le sol de l'action des pluies battantes et des grands coups
de soleil.

Soins d'entretien.

Pendant la végétation de l'angélique, on opère des binages et des arrosements répétés, afin de maintenir le sol
sans cesse meuble, propre et frais.

A l'automne de la première année et au printemps de la seconde, on exécute entre les lignes et les plantes un labour à la fourche et on couvre le carré d'une bonne couche de terreau.

Récolte des tiges vertes.

La récolte des tiges se fait au printemps de la seconde et quelquefois aussi de la troisième année. On l'exécute vers la fin de mai et pendant la première quinzaine de juin, lorsque les premières ombelles commencent à défleurir, et souvent même avant le développement des ombelles. Alors, les tiges ont de 1 mètre à 1^m,50 de hauteur. La coupe des tiges a lieu rez terre et en biseau. On laisse deux jets à la partie centrale, si les plantes doivent végéter encore une année. On prolonge l'existence des plantes d'une année, en les empêchant de produire des graines.

Récolte des graines.

On récolte les graines en août. Quand elles sont mûres, on coupe les ombelles et on les expose pendant quelques jours au soleil. Alors, on les sépare des ombelles, on les nettoie et on les conserve dans un sac ou dans des caisses fermées. Les graines perdent promptement leur faculté germinative.

Quelquefois, on ne les sépare pas des ombelles, quand elles sont arrivées à leur complète maturité. On coupe les pédoncules de manière qu'ils aient 0^m,30 environ de longueur et on les fiche sur une plate-bande bien préparée. Alors, le vent détache les semences qui tombent sur le sol de la pépinière.

Ce mode de propagation réussit dans les jardins entourés de murs ou de haies vives.

Un hectolitre de graines d'angélique pèse de 14 à 16 kilogrammes.

100 grammes contiennent de 15,000 à 18,000 graines.

Préparation des tiges.

Aussitôt que les tiges ont été récoltées, on les aplatit, on les coupe en morceaux de $0^m,30$ environ de longueur et on les fait blanchir dans une bassine d'eau bouillante. Quand elles sont tendres et qu'elles cèdent sous la pression des doigts, on les retire de la bassine, on enlève les fils et on les raffermit en les laissant refroidir dans une eau fraîche. Quelquefois on répète une seconde fois cette opération.

Lorsque ce premier travail est terminé, on met les tiges dans un sirop de sucre, marquant environ 10 degrés, que contient une bassine placée sur le feu. On les remue de temps à autre. Aussitôt que le sirop a jeté plusieurs bouillons, on retire l'angélique, on la met dans une terrine dans laquelle on verse le sirop.

Le lendemain, on sépare les tiges du sirop, et on fait cuire de nouveau ce dernier, il marque alors 14 à 16° ; le sirop est ensuite répandu sur l'angélique.

Quelques jours après, on sépare de nouveau le sirop des tiges, et on le fait cuire une seconde fois, jusqu'à ce qu'il file un peu entre le pouce et l'index sans se rompre, c'est-à-dire marque 20° environ ; puis on le verse sur l'angélique.

Enfin quelques jours plus tard, on sépare encore le restant du sirop, et on le fait cuire une troisième fois, pour l'amener à 26 ou 30°. La cuisson est terminée quand le sirop file sans se rompre entre les doigts écartés l'un de l'autre autant qu'ils peuvent l'être. Aussitôt que le sirop est cuit, on y dépose l'angélique et on la fait bouillir une quatrième fois. Ensuite, on retire les tiges, on les étend sur des ardoises polies ou sur des plaques de marbre, on les saupoudre abondamment de sucre et on les fait sécher dans une étuve.

1 kilog. 500 de tiges vertes fournit environ 1 kilog. d'angélique confite.

Conservation de l'angélique préparée.

L'angélique, une fois sèche, doit être conservée dans des boîtes de bois fermées, que l'on place dans un endroit ni trop sec ni trop humide.

L'angélique qui subit l'action d'une chaleur élevée et prolongée, blanchit, devient cristalline et très cassante. Lorsqu'elle est exposée à l'humidité, elle se ramollit et est moins aromatique. Dans les deux cas, elle perd de sa qualité.

Variétés d'angélique confite.

L'*angélique de Niort* est très verte, très aromatique, mais elle est un peu molle. Elle a l'inconvénient de ne pas se garder très longtemps.

L'*angélique de Châteaubriant* est moins verte, plus sèche, plus cassante, mais sa saveur est plus sucrée. Elle se conserve plusieurs années sans perdre ses qualités.

Valeur commerciale.

L'angélique, après avoir été confite, se vend de 3 fr. à 5 fr. le kilogramme.

Le prix des graines varie entre 125 et 160 fr. les 100 kilog.

L'angélique verte (tiges, pétioles privés de feuilles) se vend de 40 à 60 fr. les 100 kilogrammes.

La valeur de l'essence pure varie entre 200 et 250 fr. le kilogramme.

La racine sèche de l'*angélique de France* se vend de 0 fr.
90 à 1 fr. le kilog.; celle de l'*angélique de Bohême* vaut
1 fr. 40 à 1 fr. 60.

Usages.

RACINES. — Les racines servent d'aliment aux peuples
de la Laponie et de la Norvège.

Les racines d'une année sont employées en médecine ;
elles sont sudorifiques et diurétiques. On doit les vendre le
plus tôt possible, parce qu'elles perdent peu à peu leur huile
essentielle et qu'elles sont sujettes à être attaquées par les
insectes.

On extrait de la racine sèche ou des parties herbacées
une huile volatile jaune clair et très odorante, qu'on emploie dans la fabrication de quelques liqueurs. 100 kilog. de
parties vertes donnent 130 grammes d'essence.

100 kilog. de racines fraîches, bien lavées et divisées en
quatre, donnent environ de 25 à 30 kilog. de racines sèches. Celles-ci servent à parfumer les poudres.

Les racines des pieds qui ont fructifié ne sont pas odorantes.

TIGES. — Les tiges vertes peuvent être mises à l'eau-
de-vie. Les tiges confites forment une sucrerie très agréable ; les pâtissiers les emploient souvent pour orner des
pièces montées et ils les font entrer dans les pains d'épices
de choix.

GRAINES. — Les graines servent aussi à fabriquer des
liqueurs; on en extrait une huile essentielle très aromatique.

CHAPITRE II.

FENOUIL.

ANETHUM FŒNICULUM, L.; FŒNICULUM VULGARE, GŒRTN.

Plante dicotylédone de la famille des Ombellifères.

Anglais. — Fennel.	*Espagnol.* — Hinojo.
Allemand. — Fenchels.	*Danois.* — Fenuikel.
Italien. — Finocchis.	*Suédois.* — Fœnkal.
Arabe. — Besbass.	*Tamoul.* — Peroun Siragum.

Mode de végétation. — Culture. — Récolte des graines. Usages des semences et des racines.

Le fenouil est une plante ancienne. Il a été signalé par Hippocrate et Dioscoride. Il est indigène dans le midi de l'Europe. On le cultive en France aux environs de Montpellier, de Marseille, de Bourgueil, d'Albi, de Castres, d'Avignon ; en Allemagne, près de Magdebourg, Erfurth, Breslau, Halle, etc. Sa culture est aussi pratiquée en Italie, en Égypte, au Malabar, en Autriche.

Les anciens rangeaient les graines du fenouil parmi les *quatre semences doubles* majeures.

Mode de végétation.

Cette plante est bisannuelle ou vivace. Sa racine est épaisse, fusiforme et blanchâtre (1). Sa tige est droite, cylin-

---

(1) A Naples, à Rome, à Vérone, on mange la racine du *fenouil doux* comme hors-d'œuvre, on on la prépare comme la racine du céleri. Cette graine est apéritive.

drique, striée, un peu glauque, rameuse et haute de 1^m,40 à
1^m,70. Ses feuilles sont larges, glabres et composées de segments très nombreux, allongés et très capillaires ; les pétioles
sont amplexicaules et membraneux. Ses fleurs sont jaunes,
petites et disposées en ombelles amples, étalées et terminales ; elles s'épanouissent en juillet et août. Son fruit,
presque cylindrique, consiste en deux graines brun verdâtre
appliquées l'une contre l'autre, petites, ovales, un peu comprimées et marquées de cinq côtes un peu saillantes.

Le fenouil qui a été vivifié par le soleil du midi exhale
une odeur très suave, surtout quand on touche ses tiges,
ses feuilles et ses semences.

Les graines ont une saveur sucrée, chaude, très aromatique.

Le *Fœniculum officinale* qu'on cultive dans l'Inde est regardé comme une variété du *Fœniculum vulgare*.

La variété qu'on cultive quelquefois dans les contrées
méridionales sous le nom de *fenouil de Florence*, *fenouil de
Malte*, fournit des semences plus développées, mais bien
moins pesantes. On la préfère à l'espèce type parce que ses
graines ont une saveur plus douce et plus agréable.

Culture.

Cette ombellifère demande un sol léger, calcaire, silico-
calcaire, perméable et bien exposé, en d'autres termes, un
sol substantiel, bien préparé et modérément fumé.

Dans le midi de la France, on la sème le plus ordinairement au mois d'août ou de septembre. C'est par exception
qu'on confie sa graine à la terre pendant le mois de février.
En Allemagne, comme dans le Dauphiné, les semis se font
toujours à la fin de l'hiver, en mars ou avril.

Les plantes qui proviennent des semis d'automne sont
transplantées à la fin de mars ou dans le courant d'avril ;

celles que fournissent les semis exécutés au printemps sont mises en place en juillet ou août. Les plantes ont alors $0^m,15$ environ de hauteur.

La transplantation doit être faite sur un terrain bien préparé et fumé. On espace les plantes en tous sens de $0^m,40$ à $0^m,50$. Lorsqu'on cultive le fenouil en place, on le sème en poquets éloignés les uns des autres de $0^m,35$. Chaque poquet reçoit 4 à 5 graines.

En Autriche, on cultive souvent le fenouil dans les vignobles.

Pendant la végétation des plantes, on exécute les binages et les arrosements nécessaires. En Allemagne, on purine souvent les fenouillères. A l'automne, on coupe les tiges à 0,10 au-dessus du sol et on laboure toute l'étendue cultivée soit avec la bêche, soit avec la fourche. L'année suivante on répète les binages et les arrosements.

Récolte des graines.

La récolte des graines se fait aux mois de juin et de juillet dans les contrées méridionales, à la fin d'août dans le comtat d'Avignon et pendant les mois de septembre ou d'octobre dans les contrées du nord de l'Europe.

En Égypte, on l'opère en février.

On exécute cette opération comme s'il était question de récolter des graines d'anis et de coriandre.

Un hectolitre de semences pèse de 36 à 40 kilog., 100 grammes contiennent 10,000 à 12,000 graines.

Emplois des produits.

Les graines de fenouil contiennent une huile volatile jaune clair ou citrine qui exhale une odeur suave. Cette essence cristallise à $+ 5°$ et se fige à $+ 10°$. Sa densité égale

7.

0,984. Elle est employée par la parfumerie et la pharmacie.

Les graines de fenouil servent à préparer diverses liqueurs. L'*anisette de Strasbourg* est aromatisée avec des semences de fenouil. Ces semences remplacent quelquefois l'anis dans les dragées. En Angleterre, leur essence sert à parfumer divers savons. En Allemagne, on les associe à la pâte dans la fabrication du pain.

En médecine, elles entrent dans les préparations de la thériaque, du sirop d'armoise, etc.

L'eau de fenouil pour la toilette est d'une préparation facile. Il suffit pour l'obtenir de distiller 20 litres d'eau contenant 5 kilog. de semences.

Valeur commerciale.

Le commerce connaît trois sortes de fenouil : le *fenouil d'Italie*, le *fenouil d'Allemagne* et le *fenouil de Nîmes*.

Les graines du fenouil de Nîmes se vendent 80 francs; celles du fenouil d'Orient, 70 francs, et celles du fenouil de Florence, 150 à 200 francs les 100 kilogrammes.

L'essence du *fenouil amer* vaut 20 francs, et l'essence du *fenouil doux*, 22 à 25 francs le kilogramme.

La *poudre de fenouil* se vend 3 fr. 50 le kilogramme.

CHAPITRE III.

ESTRAGON.

ARTEMISIA DRACUNCULUS.

Plante dicotylédone de la famille des composées.

L'estragon croît naturellement dans les régions montagneuses et froides de l'Est de l'Europe, dans la Sibérie, la
Tartarie, la Mongolie chinoise, etc.

Cette plante est aromatique; elle est vivace, mais ses tiges

Fig. 18. — Estragon.

sont herbacées et hautes de 0^m,70 à 1 mètre. Toutes ses parties sont glabres et vertes. Ses tiges (fig. 18) sont dressées,

grêles et rameuses ; ses feuilles sont caulinaires, linéaires, entières et dentées. Ses fleurs, en grappes paniculées, sont petites et jaunâtres ; elles apparaissent en juillet, août et septembre.

L'estragon demande un terrain de bonne qualité, perméable et frais durant l'été. On le multiplie très aisément par éclats de pieds qu'on met en place au commencement du printemps ou de l'automne en les espaçant de 0ᵐ,25 à 0ᵐ,35. On doit le garantir contre les grands froids dans la région septentrionale soit avec du terreau, soit à l'aide de fumier pailleux. Les sols argileux et humides lui sont très nuisibles.

Les parties herbacées développent une odeur qui est agréable. On en extrait par la distillation une huile volatile verte qui constitue l'*essence d'estragon*. Cette essence a une densité de 0,935. Elle se vend 90 à 100 francs le kilogramme parce que 100 kilog. de tiges vertes n'en donnent que 300 grammes. On l'utilise dans la parfumerie et la confiserie.

La coupe des tiges a lieu tous les 20 à 25 jours, depuis le mois d'avril jusqu'en octobre.

On renouvelle les plantations tous les trois ou quatre ans.

On emploie les tiges et feuilles vertes de l'estragon comme condiment aromatique ; leur saveur est aromatique, fraîche et agréable. Elles servent à aromatiser le vinaigre, la moutarde, les salades, etc.

DEUXIÈME PARTIE.

PLANTES A PARFUMS.

Sous le nom de *plantes à parfums*, j'ai groupé les végétaux qui fournissent des odeurs d'une remarquable finesse et qu'on utilise dans les arts et l'industrie.

Ces parfums sont fournis soit par les feuilles, soit par les fleurs quand les unes et les autres sont développées ou par leurs fruits et leurs racines.

L'époque de la journée la plus favorable pour apprécier les odeurs des plantes est le soir après le coucher du soleil.

Les plantes dites *labiées* ont une odeur aromatique, les plantes dites *rosacées* et *jasminées* ont une odeur suave ou fragrante ; les plantes dites *géraniacées* ont une odeur ambrée ou musquée.

En général les odeurs exhalées sont d'autant plus fortes que l'air est plus chaud. C'est pourquoi les plantes cultivées dans les contrées méridionales sont plus aromatiques, plus balsamiques que les mêmes végétaux qui croissent dans les régions septentrionales.

Les plantes à parfums comprennent huit divisions selon qu'elles sont cultivées pour leurs fruits, graines, fleurs, parties herbacées, résines, parties ligneuses et leurs racines ou rhizomes.

PREMIÈRE DIVISION.

PLANTES CULTIVÉES POUR LEURS FRUITS.

CHAPITRE PREMIER.

VANILLIER.

VANILLA PLATIFOLIA ; EPIDENDRON VANILLA.

Plante monocotylédone de la famille des orchidées.

Mode de végétation. — Terrain. — Multiplication. — Tuteur. — Fécondation artificielle. — Récolte. — Préparation des gousses. — Qualité des vanilles. — Valeur commerciale. — Emplois.

Le vanillier est originaire du Mexique. Il est indigène ou cultivé dans les parties basses à la fois chaudes, humides et demi ombragées de l'Amérique et de l'Asie tropicale : au Mexique, au Brésil, à la Colombie, à Guatemala, à Java, à Manille, au Pérou, aux Antilles, à la Guyane, à l'île Maurice, à la Réunion, en Cochinchine, à Madagascar et à Cayenne, c'est-à-dire dans les parties chaudes et humides de l'Amérique du Sud et de l'Asie.

Cette belle plante est connue en Europe depuis 1790, époque à laquelle Ignacio de Santa-Teresa en donna une description complète. On l'appelle aussi *Vanilla aromatica*. Son nom lui vient de l'espanol *vainilla*, diminutif de *vaina*, « gaine ». De 1875 à 1880, la Martinique, la Guadeloupe, la Guyane française et la Réunion ont cultivé le vanillier sur 10,902 hectares.

Mode de végétation.

Cette orchidée émet deux sortes de racines. Les premières sont souterraines, traçantes et de la grosseur du petit doigt ; leur couleur est roux pâle. Les secondes sont adventices, aplaties, se développent sur chaque nœud de la tige et sont opposées aux feuilles. Les *unes* sont courtes et comme roulées en spirales à leur sommet ; elles ont l'aspect de vrilles ; les *autres* s'allongent successivement, descendent verticalement, s'enracinent dans le sol ou flottent dans l'air en vivant dans l'atmosphère humide. Les unes et les autres sont solitaires.

Le vanillier produit des *tiges* herbacées très longues, sarmenteuses, flexibles, cylindriques, noueuses, vertes. Ces tiges sont vivantes dans toute leur longueur ; elles grimpent et s'attachent comme le lierre sur les arbres qu'elles rencontrent à l'aide de leurs racines adventices, transformées en vrilles simples. Ces véritables lianes ont à peu près la même grosseur dans toute leur longueur.

Les *feuilles* sont alternes, sessiles, assez distantes les unes des autres, oblongues, lancéolées, planes, lisses, d'un vert gai, légèrement striées, terminées en pointe et un peu épaisses. Les *fleurs* (fig. 19) sont grandes, irrégulières, en forme de cornet campanulé, blanches en dedans, jaune verdâtre en dehors et disposées en grosses grappes ; elles se développent principalement dans la partie supérieure des lianes et à l'aisselle des feuilles. L'*organe mâle* est séparé de l'*organe femelle* par une pellicule ou membrane qui nuit à la fécondation. C'est pourquoi on est obligé de féconder artificiellement les fleurs du vanillier si l'on veut obtenir un grand nombre de fruits.

Les fleurs fécondées donnent naissance à des capsules cylindriques très allongées et en forme de siliques à deux valves. Ces gousses uniloculaires connues sous le nom de *gousses de vanille* sont droites, recourbées ou un peu torses à leur base, rétrécies à leur extrémité, un peu arquées et

Fig. 19. — Fleur et gousse du vanillier.

aplaties d'un côté. Elles sont d'abord vertes, puis brunes, puis jaunes quand elles sont arrivées à leur complète maturité.

Les gousses brun rougeâtre, ridées ou sillonnées longitudinalement, contiennent une pulpe d'un beau noir luisant et remplies de graines noires, petites, globuleuses, nombreuses et non vrillées. L'une des deux valves et plus large que l'autre et présente une arête ou une saillie longitudinale sur le dos, ce qui la fait paraître un peu triangulaire. Ces gousses et surtout la pulpe et les graines qui sont très petites développent une odeur balsamique très suave, très agréable qui est due à la présence de l'acide benzoïque.

Le vanillier ne végète bien que dans les contrées où la température varie entre + 25° et + 28°, c'est-à-dire dans les régions à la fois chaudes et humides ou non loin des cours d'eau. Les climats secs, une humidité excessive, des vents de mer et beaucoup d'ombre lui sont très nuisibles. Aussi est-ce avec raison qu'on a toujours dit qu'il demandait à la fois de l'air, un peu d'ombre, du soleil et de la fraîcheur. Quand le sol lui convient ainsi que l'exposition, il croît aisément jusqu'à 300 et même 400 mètres d'altitude. Le vanillier est un très bel ornement pour les solitudes des régions humides intertropicales (fig. 20).

Les fleurs apparaissent et se développent plus ou moins tôt suivant les contrées. En général, elles s'épanouissent de juin à septembre.

Le vanillier ne fleurit que quand il est âgé de trois à quatre ans.

La *vanille des bois* (VANILLA POMPONIA) est indigène dans les forêts de la Guyane. Elle est sans utilité.

Terrain.

Le vanillier est difficile sur la nature du sol. Ordinairement il ne produit de belles lianes que lorsqu'il végète sur des terres légères, fraîches sans être humides et très chargées d'humus ou de débris de végétaux non acides.

Fig. 20. — Amandier.

Les anciennes alluvions d'une grande fertilité lui sont aussi très favorables. Il n'en est pas de même des terrains secs ou des terres très argileuses. Les premiers manquent de fraîcheur et les seconds acquièrent trop de dureté pendant les grandes chaleurs.

Les terrains un peu déclives et abrités des vents d'ouest sont très certainement les meilleurs qu'on puisse choisir.

Ordinairement on renouvelle les vanilleries tous les dix ou quinze ans.

Multiplication.

Le vanillier ne produit pas de graines fertiles. C'est pourquoi on est forcé de le propager à l'aide de *boutures*.

Les boutures sont plantées en pépinière ou à demeure, c'est-à-dire au pied des arbres qui doivent leur servir de tuteur et les garantir de l'action directe du soleil. Les boutures faites dans les pépinières ne sont mises en place que lorsqu'elles ont deux années de végétation.

Les boutures sont des fragments de lianes. Ces portions de tiges doivent présenter plusieurs nœuds, trois au moins, ayant des yeux bien apparents. On les plante en les couchant en terre et laissant apparaître à la surface du sol un nœud quand la bouture en a trois, ou deux si elle en présente quatre. Dans les plantations à demeure, on a soin de diriger les *pattes* ou *crochets* ou *suçoirs* du côté des arbres ou tuteurs.

L'époque la plus favorable pour exécuter cette multiplication est le printemps et l'automne, c'est-à-dire les mois de mars, d'avril ou de mai, ou les mois de septembre, d'octobre ou de novembre. Un hectare comprend environ 5,000 pieds de vanillier.

Aussitôt après la plantation des boutures, on arrose si le sol est sec. On peut aussi, avant de les couvrir de terre, y répandre un peu de terreau. Les boutures enracinées sont les seules pour lesquelles on peut employer du fumier au moment de leur mise en place. L'emploi du terreau ne dispense pas de faire suivre la plantation par des arrosages.

Quand la mise en terre des boutures est suivie par une température chaude et humide, ordinairement les premières pousses apparaissent du huitième au douzième jour.

La plantation des boutures n'est terminée que quand on les a attachées aux tuteurs à l'aide de lanières pour qu'elles ne rampent pas sur le sol.

Tous les ans on fume les vanilliers avant la floraison.

Tuteurs.

Le vanillier étant une plante grimpante doit pouvoir s'enrouler ou s'accrocher autour de tuteurs.

Dans toutes les cultures coloniales, les lianes de cette orchidée s'élèvent sur des arbres qui ne changent pas d'écorce. Ceux que l'on plante à cet effet dans les vanillières sont les suivants :

Avocatier...........	*Laurus persea.*
Bibassier...........	*Eriobotrya japonica.*
Bois chandelle.......	*Dracœna candelaria.*
Acacia bois noir.....	*Acacia latifolia.*
Manguier...........	*Mangifera indica.*
Filao de l'Inde......	*Casuarina equisetifolia.*
Jack ou jacquier.....	*Artocarpus integrifolia.*
Dragonnier..........	*Dracœna draco.*
Fromager ou ouatier.	*Bombax malabaricum.*
Pignon d'Inde.......	*Jatropha curcas.*

Ce dernier végétal ne peut pas être planté seul parce qu'il perd ses feuilles au moment même où les vanilliers mûrissent leurs fruits et réclament un peu d'ombre.

On peut, au besoin, planter çà et là des bananiers. Ces

plantes, par leur magnifique feuillage, protègent bien les vanilliers contre les ardeurs du soleil.

A la Guadeloupe, le vanillier est cultivé dans les caféières.

On ne doit pas oublier que si les vanilliers demandent impérieusement une ombre protectrice après l'air, la lumière et la chaleur, pour produire des gousses longues, grosses et très aromatiques, par suite d'un ombrage trop complet ou trop épais, ils fructifient mal et leurs lianes s'allongent d'une manière extraordinaire ; alors les gousses auxquelles les fleurs ont donné naissance restent minces et molles et elles mûrissent plus difficilement.

Souvent, pour éviter que les lianes s'élèvent trop haut sur les tuteurs, on les abaisse pour les enrouler sur les premières branches ou les entrelacer. Dans ce dernier cas, on les soutient à l'aide de taquets fixés sur les arbres.

Fécondation artificielle.

C'est Neumann, chef des serres au Muséum d'histoire naturelle, à Paris, qui a découvert, en 1830, le moyen de féconder artificiellement le vanillier (1).

Cette importante opération est exécutée à mesure du développement des fleurs depuis huit heures du matin jusqu'à deux ou trois heures de l'après-midi. Pour l'opérer on se sert d'une sorte d'aiguille qui est arrondie dans un de ses bouts ; on soulève le labelle qui est roulé en cornet et qui couvre l'organe mâle et en exerçant une légère pression avec le pouce et l'index, on met cet organe en contact avec l'organe femelle, afin que le pollen arrive sur le pistil. Cette

---

(1) Suivant M. du Buisson, la fécondation artificielle de la vanille aurait été pratiquée pour la première fois par Edmond Albius, créole de Bourbon.

fécondation artificielle est facile lorsqu'on opère très délicatement. Hardy, directeur de l'École d'horticulture de Versailles, a constaté, en exécutant cette opération, que le pollen arrivait rapidement sur l'organe femelle par suite d'une sorte d'attraction.

On se sert d'une échelle pour opérer sur les fleurs placées au-dessus de la portée de l'homme.

Quand la fécondation a eu lieu, on ne laisse que cinq ou six gousses ou fruits sur chaque grappe, surtout si les lianes en ont produit beaucoup. C'est en agissant ainsi qu'on parvient à obtenir de très belles gousses siliquiformes.

Récolte.

On cueille les gousses du vanillier quand leur extrémité inférieure ou leur gros bout commence à prendre une teinte jaunâtre. Lorsqu'on attend pour opérer la récolte que les gousses soient mûres, c'est-à-dire presque entièrement jaunes, on cueille des fruits qui s'ouvrent presque toujours et qui sont regardés alors comme constituant une vanille de qualité très inférieure.

La récolte des fruits du vanillier se fait depuis la fin de mai jusqu'en août, soit, suivant les contrées, trois, quatre et six mois après la fécondation des fleurs. En général, les premières et les dernières gousses n'ont jamais la qualité, l'arome si pénétrant et si suave qui distingue les fruits qu'on récolte en juin et juillet.

Les gousses récoltées encore vertes ou cueillies trop tôt sèchent difficilement et elles se couvrent souvent de moisissures.

On récolte les fruits à la main et on s'aide d'une échelle quand on doit cueillir des gousses portées par des lianes ayant une grande hauteur.

Tous les deux ou trois jours on visite de nouveau tous les vanilliers.

Quand on a récolté une gousse ouverte, ce qui a lieu souvent lorsque les fruits sont restés trop longtemps sur les lianes, on trempe la partie fendue dans une eau tiède et on l'entoure d'une bandelette de coton assez serrée et on suspend le fruit à l'air. Alors les deux valves ne tardent pas à se souder si on a la précaution de resserrer la bandelette au fur et à mesure que la gousse diminue de grosseur en se séchant.

On détache les fruits des grappes en cassant avec précaution ou en coupant les pédoncules un peu au-dessus de leur point d'insertion sur les gousses.

En général, la récolte et la dessiccation des fruits du vanillier demande une grande attention et elle doit être confiée à des opérateurs intelligents.

La récolte est bonne quand on cueille 50 gousses en moyenne par pied.

Préparation des gousses.

Dans le but d'empêcher les gousses de se fendre, dès qu'elles sont récoltées, on les plonge rapidement, pendant 20 secondes au plus, à l'aide d'un panier en rotin ou en bambou, dans une eau chauffée à 75, 80 et 85 degrés centigrades, c'est-à-dire avant son point d'ébullition. On renouvelle quelquefois ce trempage pendant quelques secondes seulement. On dépose ensuite les gousses pendant un quart d'heure environ sur une natte ou une claire-voie pour qu'elles s'égouttent. Alors on les expose au soleil de 2 à 3 heures sur des couvertures de laine reposant sur des tables. Après cette exposition, on les roule dans les couvertures et on dépose celles-ci dans des caisses jusqu'au lendemain deux heures de l'après-midi. On continue d'agir ainsi pen-

dant 3, 4 ou 6 jours, suivant les circonstances. Ces diverses opérations ont pour effet de faire fermenter ou *suer* les
gousses. Les couvertures permettent à la vanille de conserver pendant la nuit la chaleur qu'elle a acquise sous l'action des rayons solaires.

Quand les gousses ont pris une belle couleur brune, une
nuance brun chocolat et qu'elles sont flétries ou ridées,
souvent on les enduit très légèrement d'huile pour qu'elles
se dessèchent lentement et qu'elles conservent leur souplesse, et on les met à sécher à l'ombre sur des tablettes
placées dans un local aéré ou on les suspend dans un endroit où l'air a accès. Les tablettes sont aussi garnies d'une
étoffe de laine. Les gousses restent dans le séchoir pendant
30 jours environ. De temps à autre, alors qu'elles sont encore molles, on les aplatit un peu pour répartir l'huile
qu'elles contiennent dans toute leur étendue et qui leur
donne un lustre gras.

Lorsqu'elles sont bien sèches et qu'elles ont perdu le
quart ou la moitié de leur volume, on les met dans des
boîtes munies de couvercles. C'est alors qu'on procède à
l'*empaquetage*. Cette opération comprend :

1° Le dressage des gousses ;

2° Leur triage ;

3° Leur mesurage ;

4° La mise en paquets.

On dresse les gousses avec les doigts afin que les paquets
aient un aspect régulier. Cette opération est simple ; il suffit pour l'exécuter de saisir les deux extrémités d'une gousse
et les tirer en sens contraire.

Le triage est aussi très facile ; il consiste à réunir :
1° toutes les *gousses noires et odorantes ;* 2° toutes les *gousses
ayant une couleur un peu rougeâtre* et présentant quelques
rugosités ; 3° toutes les *gousses fendues* qu'on appelle *vanillons*.

Cette opération terminée, on procède au *mesurage des gousses* afin de pouvoir les assortir suivant leur longueur.

On reconnaît que la *vanille a été altérée par une maladie* quand on constate que les *queues des gousses sont devenues ligneuses et cassantes.*

C'est quand toutes ces opérations sont faites qu'on procède à la mise en paquet. Chaque paquet comprend 50 gousses. On a soin de placer à l'extérieur les 10 ou 12 plus belles gousses. Chaque paquet porte trois ligatures à nœuds plats faites avec du *fil de rabane* (SAGUS RAPHIA) : l'une est située au centre, l'autre près des queues et la troisième à l'autre extrémité. La seconde ligature est la plus importante en ce qu'elle empêche les gousses de s'ouvrir.

On expédie la vanille dans des boîtes de fer-blanc bien closes afin qu'elle ne perde pas son parfum. Ces boîtes contiennent trente paquets ou six rangées de cinq paquets superposés. Une étiquette indique la tare de la boîte, le poids net des paquets et la longueur des gousses.

Qualité des vanilles.

Le commerce mexicain divise les vanilles comme il suit : 1° la vanille *fina;* 2° la vanille *chica;* 3° la vanille *azacata* ou *zacata;* 4° la vanille *rezacata* ou *zeracata;* 5° la vanille *simarouna* ou *cimarona* ou *pala vanilla;* 6° la vanille *vassura* ou *vasura.* La meilleure *vanille du Mexique,* la plus fine et la plus aromatique, est appelée *Legal vanilla.* Les gousses ont une couleur brune sans aucune nuance rougeâtre ou noire et elles ne sont jamais sèches quand on les touche. Leur pulpe est molle et leur surface un peu huileuse. Elles sont profondément ridées extérieurement.

Les *gousses expédiées du Brésil* sont plus longues que celles provenant du Mexique. Les plus belles ont en moyenne, de $0^m,24$ à $0^m,30$ de longueur et $0^m,015$ à $0^m,03$ de largeur. Celles du Mexique ont $0^m,18$ à $0^m,24$ de longueur et $0^m,006$ à $0^m,015$ de largeur.

La *vanille de Saint-Domingue* est noire ; elle est peu estimée parce que son odeur est faible.

Le commerce européen distingue trois sortes de vanille :

1° La *vanille légitime* ou *vanille lec* ou *ley*. Les gousses ont de $0^m,16$ à $0^m,20$ de longueur et $0^m,006$ à $0^m,007$ d'épaisseur ; elles sont pleines, ridées longitudinalement, courbées en crosse à la base, lourdes, souples et onctueuses. Leur couleur est brun noirâtre ; elles renferment un très grand nombre de petites graines noires. Leur saveur est chaude, un peu piquante et très agéable. Leur odeur est très suave, très balsamique et très pénétrante.

Cette vanille est très estimée ; elle n'est ni trop rouge, ni trop noire. On l'appelle aussi *vanille givrée*.

2° La *vanille bâtarde* ou *cimarona*. Les gousses sont moins effilées, plus courtes, moins épaisses, plus sèches et plus pâles. Il est très vrai que leur odeur est plus forte, mais leur parfum n'est pas doué d'une grande finesse.

Cette vanille *ne givre pas*, c'est-à-dire se couvre rarement d'une efflorescence blanchâtre et brillante. Elle vient des Antilles et de la Guyane. Elle est moins estimée.

3° Le *vanillon* ou *pompona* ou *bova* vient du Mexique ou des Antilles. Les gousses sont très courtes, enflées, très grosses et très foncées en couleur. Leur odeur est forte, mais elle n'est pas balsamique.

On connaît deux sortes de vanillon :

1° *Le vanillon sec.*

2° *Le vanillon gras.*

Les gousses du dernier sont presque toujours fendues.

On falsifie souvent le vanillon en le roulant dans des cristaux d'acide benzoïque dans le but de le *givrer*.

Le vanillon comme la vanille bâtarde paraît être le fruit du vanillier qui est indigène au Pérou, aux Antilles, au

Brésil et à la Guyane. Les gousses sont souvent triangulaires.

Le commerce distingue encore :

La vanille longue dite *longue belle.*

Les gousses de cette sorte sont onctueuses, souples sans être molles. Elles ont de 0^m,21 à 0^m,23 de longueur et 0^m,007 à 0^m,009 de largeur.

2° La *vanille moyenne* ou *bonne.*

Les gousses de cette vanille ont les caractères qui distinguent les précédentes, mais elles n'ont que 0^m,16 à 0^m,19 de longueur.

3° La *vanille courte* ou *ordinaire.*

Les gousses de cette sorte sont beaucoup plus petites. Leur longueur varie de 0^m,10 à 0^m,13.

En général, les gousses rondes qu'on récolte sur les vanilliers indigènes sont moins souples, moins onctueuses que les gousses aplaties récoltées sur les vanilliers cultivés.

Les *gousses récoltées trop tôt* et celles qui ont été mal préparées se couvrent presque toujours de moisissures à la crosse, et elles laissent échapper une odeur peu agréable.

Les *gousses récoltées trop tardivement* sont presque toujours entr'ouvertes longitudinalement ; elles ont une nuance rougeâtre et elles sont peu odorantes.

On vend quelquefois des *gousses de vanille épuisées* après les avoir enduites de *baume du Pérou* ou les avoir roulées dans de l'acide benzoïque en petits cristaux.

Les *gousses de belle qualité* qui ont séjourné dans des boîtes bien closes ou dans des bocaux bien fermés pendant trois à quatre mois se couvrent de *cristaux aiguillés brillants* ou de *vanilline.* La vanille qui est ornée naturellement de ces longues aiguilles est dite *givrée.*

Tous les cristaux qui se développent normalement sur les gousses ont une direction presque perpendiculaire à leur surface.

L'acide vanillique fond à 80°; l'acide benzoïque exige une température de 120°, pour entrer en fusion.

On doit éviter de remuer ou agiter les gousses couvertes de fleur saline et benzoïque.

Les paquets de vanille de première qualité pèsent de 300 à 325 grammes, ceux de second choix de 250 à 260 grammes et ceux de troisième qualité de 120 à 150 grammes. Chaque paquet comprend 50 gousses. La vanille mexicaine qui ne pèse que 240 grammes le paquet et qui est la vanille par excellence, est souvent appelée *sobre buena*. Son odeur est très pénétrante.

Le poids des caisses est très variable quand la vanille n'a pas été mise en paquets.

On conserve la vanille dans des vases hermétiquement fermés et déposés dans un endroit sec. Les bocaux et les boîtes métalliques sont les vases qui conservent le mieux la vanille qui a été bien récoltée et convenablement préparée.

Valeur commerciale.

La valeur commerciale de la vanille varie suivant sa qualité, et les années, de 50 à 300 francs le kilogramme. Les prix, dans les circonstances actuelles, sont peu élevés; ils oscillent comme suit :

> Longueur 0^m,20 à 0^m,24   55 à 67 fr. le kilog.
> —   0^m,17 à 0^m,19   48 à 55   —
> —   0^m,12 à 0^m,16   35 à 38   —

Les vanillons se vendent un tiers moins cher que la bonne vanille.

En 1880, les vanilles récoltées dans les colonies françaises ont été vendues sur les lieux de production de 50 à 55 francs le kilogramme.

Emplois.

La vanille est un excellent stimulant ; elle rend le choco-lat plus digestif. On utilise aussi son parfum dans les pré-parations culinaires et dans la fabrication des bonbons, des liqueurs, des pommades, etc.

La vanille sert encore à la préparation de l'esprit ou extrait de vanille.

Depuis 1874, on extrait de la *vanilline de la sève des arbres résineux*. Cette opération est faite au printemps par le raclage lorsque la sève commerce à circuler entre le bois et l'écorce et aussitôt que l'abatage des arbres a été exé-cuté. Le liquide qu'on recueille est ensuite clarifié, débar-rassé par la cuisson de l'albumine qu'il contient, filtré et évaporé. Les petits cristaux impurs qu'on obtient alors sont purifiés par des cristallisations successives.

Ce résultat étant obtenu, on chauffe ces cristaux dans une dissolution étendue de bichromate de potasse et d'acide sul-furique. Le liquide ainsi traité en se refroidissant laisse apercevoir des cristaux de vanilline ayant une couleur jaune mat. Ces cristaux rappellent la vanille par leur odeur qui est assez prononcée ; malheureusement l'arome qu'ils dé-veloppent est loin d'avoir toute la finesse désirable. Cette vanilline n'est soluble que dans l'eau chaude.

8.

CHAPITRE II

FÈVE TONKA.

COUMAROUNA ODORATA ; DYPTERIS ODORATA.

Plante dicotylédone de la famille des Légumineuses.

Cet arbre est appelé *coumarou* ou *Tonca* à la Guinée, *cumari* au Brésil, *cumara* ou *cuamara* à la Guyane. Il a

Fig. 21. — Rameau de fève tonka.

12 à 15 mètres de hauteur. Ses feuilles alternes sont pennées (fig. 21). Ses fleurs violet pourpre et disposées en pani-

cules produisent des fruits ayant la forme d'une grosse amande munie d'un brou épais ; cette gousse est monosperme, ovale, oblongue et jaunâtre (fig. 22) ; ses graines sont aplaties, luisantes, ovales et longues de 0,020 à 0,300 ; leur enveloppe est brun noirâtre, mince, luisante et très ridée.

Chaque semence est aussi volumineuse qu'un gros hari-

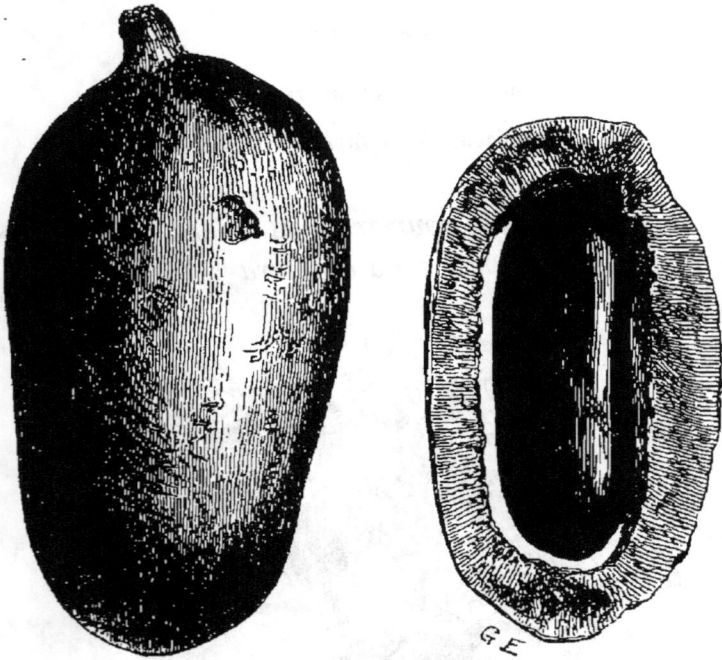

Fig. 22. — Fruit de la fève tonka (1).

cot. Elle se compose de deux lobes blanchâtres, très doux au toucher et très aromatiques.

Ce sont les cotylédons de ces semences qui sont appelés *fèves Tonka*, *fèves tonga* ou *fèves de gaïac de Cayenne*. Ils ont une saveur douce et une odeur suave très prononcée,

(1) La figure 22 représente le fruit du coumarouna en grandeur naturelle.

surtout quand les semences sont nouvelles. On en extrait une huile très parfumée.

La fève de Tonka doit son odeur aromatique à un principe particulier qui a été appelé *coumarin,* ou *coumarine,* ou *courmarine.*

Les fèves de Tonka sont vendues de 20 à 30 francs le kilogramme.

Le coumarouna se propage par graines et par boutures. Sa culture est facile. Il abonde au Brésil dans les forêts de la province de Para et dans la province des Amazones. Il est aussi très répandu dans les forêts de la Guyane et à la Martinique.

La fève Tonka sert à aromatiser le tabac en poudre et le linge. Le bois et l'écorce sont sudorifiques. Le premier est employé avec avantage par l'industrie ; il est compact, jaune rosé, dur et solide.

La poudre de fève de Tonka vaut 20 francs le kilogramme.

La fève Tonka est connue en Angleterre sous le nom de *Tonquin.* Elle sert à préparer l'alcoolat qui est employé par les parfumeurs.

CHAPITRE III

BADIANE OU ANIS ÉTOILÉ.

ILLICIUM ANISATUM.

Plante dicotylédone de la famille des Magnoliacées.

Anglais. — Star-anise.
Allemand. — Sternanis.
Arabe. — Badiyane-Khatai.

Tamoul. — Annashuppu.
Persan. — Razyanahe-Khatai.

Cet arbrisseau, haut de 4 mètres, a été importé en Angleterre en 1588. On le connaît en France depuis 1790. Toutes ses parties sont odorantes. Il est originaire de la Chine.

Ses feuilles, persistantes, sont lancéolées et lauriformes. Ses fleurs, jaunes, solitaires, terminales, sont composées de seize à vingt pétales ; elles sont très odorantes, surtout pendant les temps chauds. Elles donnent naissance à des fruits composés de huit coques monospermes formant une étoile. Ces capsules brunâtres contiennent des semences lisses, rougeâtres, lenticulaires, fragiles, qui renferment une huile essentielle douce et suave. Ce sont ces fruits qu'on utilise et qui donnent lieu à des transactions commerciales importantes.

La badiane est cultivée dans l'Inde, au Japon et dans le sud-ouest de la Chine.

On la multiplie très aisément de semences ou de marcottes faites avec des jeunes pousses. Elle exige un bon terrain et une exposition chaude. Son bois a l'odeur de l'anis.

Les semences de la badiane ou *anis de Chine, anis des*

Indes, sont principalement récoltées sur la *badiane sacrée* (ILLICIUM RELIGIOSUM); elles servent à la fabrication de l'anisette de Bordeaux et de Hollande. On les vend de 2 fr. 50 à 3 francs le kilogramme. L'essence qu'elles fournissent est vendue de 30 à 35 francs le kilogramme. Ces graines se trouvent dans tous les bazars de l'Inde. Leur saveur est agréable et un peu sucrée. Elles sont stomachiques et carminatives.

L'anis étoilé est désigné dans la pharmacie sous le nom de *Anisetum stellatum*. On l'emploie en poudre ou en infusion. Il est doué de propriétés excitantes.

Dans l'industrie, on remplace parfois les fruits de l'*Illicium anisetum* par ceux de la *Badiane à petites fleurs* (ILLICIUM PARVIFLORUM) et de la *badiane rouge de la Floride* (ILLICIUM FLORIDANUM). Le premier, haut de 1^m,50 à 2 mètres, a de petites fleurs blanc soufré à odeur très forte. Le second, de même taille, produit des fleurs rouge-brun qui ont aussi une odeur très pénétrante.

Enfin, je dois ajouter que le fruit de l'*Illicium religiosum* ainsi que l'écorce de la *badiane des Indes* ou *Illicium anisatum* sont brûlés en guise d'encens dans les temples du Japon et de la Chine et que leurs rameaux sont déposés sur les tombeaux.

La poudre d'anis étoilé vaut 5 francs le kilogramme.

La badiane est aussi utilisée dans l'Inde comme condiment. Aux Philippines, on mêle ses feuilles au thé et au café. En France, elle entre dans l'eau de Botot.

CHAPITRE IV.

AMBRETTE OU KETMIE MUSQUÉE.

HIBISCUS ABELMOSCHUS ; ABELMOSCHUS COMMUNIS.

Plante dicotylédone de la famille des Malvacées.

Cet arbrisseau, appelé souvent *herbe musquée*, est originaire des Indes. Il est cultivé dans l'Inde, en Égypte, aux Antilles, à la Martinique, à la Guyane.

L'ambrette musquée est vivace ; elle atteint de 1^m,50 à 2 mètres de hauteur. Sa tige est hispide. Ses feuilles sont à cinq lobes aigus ; ses fleurs sont grandes, solitaires, axillaires, jaune pâle ou jaune soufre à fond pourpre, parce que chaque pétale porte à sa base une tache rouge-brun très foncé. Ces fleurs produisent des capsules soyeuses, pyramidales, pentagones, qui renferment des semences grises, réniformes et comprimées. Sous l'action de la chaleur ces graines développent une odeur de musc très prononcée.

Toutes les parties de l'ambrette musquée sont couvertes de poils blancs.

Cette malvacée se propage par graines. Elle demande un sol de consistance moyenne, profond et frais. Elle fleurit pendant tout l'été, quand elle occupe une bonne exposition dans la région méridionale.

Ses graines sont utilisées en Europe par les parfumeurs sous le nom de *graines musquées* parce qu'elles exhalent une odeur très agréable d'ambre et de musc. Dans l'Inde, on

les mêle souvent au café pour rendre son infusion plus
agréable. On les regarde comme aromatiques et toniques.
Elles se vendent de 3 à 4 francs le kilogramme.

Les Arabes nomment l'ambrette musquée *Habb-el-Mushk*,

Les parfumeurs aromatisent du vinaigre ou font des infusions avec les graines de cette malvacée. Dans le premier
cas, on fait infuser 125 grammes d'ambrette pendant 12 à
15 jours dans un litre de vinaigre blanc ; dans le second,
on concasse grossièrement 1 kilog. de semences qu'on met
à tremper pendant environ deux mois dans 4 litres d'alcool.

Les graines d'ambrette qu'on récolte à la Martinique
sont les plus odorantes. Elles sont importées en France
dans des barils. Les plus estimées sont celles qui sont bien
sèches et bien pleines ou de bonne qualité.

La poudre d'ambrette se vend 6 francs le kilog. Cette
poudre a, comme les semences qui la fournissent, une odeur
qui participe à la fois du musc et de la vanille. Autrefois,
elle était employée pour poudrer les cheveux et les rendre
odorants.

La *centaurée ambrette musquée* (CENTAUREA MOSCHATA),
plante annuelle de la famille des malvacées, a des fleurs
blanches ou violettes à odeur légèrement musquée, mais
elles ne sont pas utilisées dans la parfumerie.

DEUXIÈME DIVISION.

PLANTES CULTIVÉES POUR LEURS FLEURS.

CHAPITRE PREMIER.

ROSIER.

ROSA GALLICA, L., et ROSA DAMASCENA, Mill.

Plante dicotylédone de la famille des Rosacées.

Anglais. — Rose.	*Italien.* — Rosa.
Allemand. — Rosen.	*Espagnol.* — Rosa.
Hollandais. — Roose.	*Portugais.* — Rosa.
Suédois. — Rose.	*Polonais.* — Roza.
Danois. — Rose.	*Russe.* — Rosa.
Arabe. — Ouasrath.	*Turc.* — Nisrin.

Historique. — Composition. — Espèces et variétés. — Multiplication. — Plantation des éclats, marcottes ou boutures. — Soins d'entretien. — Ennemis du rosier. — Récolte des fleurs. — Produit par hectare. — Roses desséchées. — Distillation de la rose. — Valeur commerciale des produits. — Falsification de l'essence. — Emplois des produits.

Historique.

Le rosier est connu depuis les temps les plus reculés. Les Juifs le cultivaient à l'époque où vivait Salomon, et le livre de *l'Ecclésiastique* parle des rosiers qui existaient à Jéricho. Les Grecs le préféraient à toutes les autres plantes. A Rome, dans les réjouissances publiques, on jonchait quelquefois les rues de pétales de roses. La passion pour les roses fut portée jusqu'à la folie sous les empereurs. On se rappelle que Cléopâtre en dépensa un jour pour 2,500 francs dans le but d'en avoir dans la salle de son festin un lit épais d'une coudée. On sait aussi que Néron, d'après Suétone, en dépensa dans un repas pour 4 millions de sesterces (750,000 fr.); on sait encore que Cicéron a reproché justement à Verrès d'avoir inspecté la Sicile, couché dans une litière jonchée de roses. Nonobstant, de nos jours comme autrefois, la rose excite l'admiration par son coloris et la suavité de son parfum et elle plaît à tous les âges. Aussi est-elle regardée avec raison comme l'emblème de la beauté. Avec le jasmin et la cassie elle embellit les jardins d'Armide. Homère a vanté ses vertus dans l'*Iliade*. D'après Théophraste, la rose cent-feuilles était indigène sur le mont Pangée.

La rose fournit dans les pays chauds une huile essentielle qui développe de suaves senteurs. Celle fabriquée dans les environs d'Andrinople est très renommée.

Enfin, en Égypte le Fayoum a ses champs de rosiers comme la Thébaïde a ses forêts de palmiers.

La rose la plus parfaite se trouve en Perse, dans la vallée de Kachemyr. Les rosiers des Sakis dans la vallée de Kerzoulik ou *Kézanlick* située au sud des Balkans et ceux qui dominent la Thrace dans la Roumélie, fournissent une essence qui est très renommée. Ces rosiers étaient célèbres avant la conquête de Constantinople par Amurat Ier. L'essence que leurs fleurs fournissaient rivalisait avec les essences de Perse et de l'Égypte. De nos jours, cette essence est encore très recherchée.

En Turquie, les produits que donnent les champs de rosiers sont imposés deux fois chaque année. D'abord, en mai après que la production des fleurs a été évaluée, et, en second lieu, quand le produit net peut être déterminé.

La rose blanche et la rose rouge de Chio végètent avec une grande vigueur sur les versants des monts Balkans. Ces rosiers sont regardés par les 12,000 habitants de Kerzanlik, Ischirpan Giopza, etc., comme une grande richesse. Dans cette partie de l'Asie Mineure, 123 localités vivent des 1,500 à 3,000 kilogr. d'essence de rose qu'elles produisent annuellement, suivant les années, à 400 mètres environ d'altitude.

Les rosiers qui y sont les plus cultivés sont les *rosa sempervirens*, *damascena* et *moschata*. Ils occupent des terres légères exposées au soleil.

La découverte de l'*huile essentielle de rose* n'est pas très ancienne. Langlès, rapporte dans ses *Recherches sur la découverte de l'essence de rose*, que cette essence a été découverte en 1612, dans l'empire du Mogol, par la princesse Nour-Djihan, qui reçut à cette occasion un collier de perles valant trente mille roupies. A cette époque, la valeur de l'essence de rose dépassait 16,000 francs le kilogramme.

Tavernier rapporte, dans la relation du voyage qu'il fit en Perse et aux Indes en 1616, que l'huile de rose de Chyrâz se payait à cette époque 10 tomans l'once. Le toman valait 46 livres tournois, ce qui porte l'huile de rose à 15,333 francs le kilog. A la même date, suivant Chardin, cette huile essentielle se vendait quelquefois aux Indes 200 écus l'once, environ 1,000 francs les 30 grammes.

L'*eau de rose* est connue depuis très longtemps. On l'attribue à Rhazès, médecin qui vivait en Arabie au dixième siècle. Le comte de Forbin et Regnaud racontent que lorsque Saladin prit Jérusalem sur les croisés, en 1187, il fit laver les murailles et les parvis de la mosquée d'Omar avec de l'eau de rose venue de Damas. L'eau de rose du Levant doit sa supériorité à l'arome des pétales de rose qu'on y récolte.

Voltaire rapporte que le sultan Ahmed Ier, en 1611, fit laver le parvis et la surface intérieure des murs de la nouvelle Kaabah avec des flots d'eau de rose.

La rose est cultivée, pour le parfum que contiennent ses pétales, à Chyraz, à Kachmir, en Perse, dans l'Inde, dans le Fayoum, en Égypte, en Turquie, à Solymia, dans la Bulgarie, le Maroc et l'Italie. On la cultive en France à Grasse, à Cannes, à Metz et aux environs de Paris.

La culture du rosier a toujours eu une grande importance aux environs de Paris. Elle est pratiquée à Fontenay-aux-Roses depuis le quatorzième siècle. C'est dans cette bourgade que les apothicaires, en 1660, s'approvisionnaient de pétales de roses. En 1757, les pépinières et les bosquets de rosiers qu'on y admirait étaient très fréquentés par les Parisiens qui, à cette époque, mangeaient des cerneaux à l'eau de rose. Au quatorzième siècle, les ducs et les pairs étaient tenus, chaque année, d'offrir au Parlement assemblé des bouquets et des couronnes de roses. Le faiseur de bouquets de roses s'appelait *le rosier de la cour* et du Parlement; il était forcé de s'approvisionner à Fontenay où il existait alors de nombreuses haies de rosiers. Le 17 juin 1541, il y eut une contestation entre le duc de Montpensier et le duc de Nevers, à l'occasion de *la baillée des roses au Parlement*, qui avait lieu en avril, mai ou juin. Le Parlement ordonna que le duc de Montpensier les offrirait le premier comme étant prince du sang. Chaque pair faisait joncher de roses les chambres du Parlement qu'il devait visiter en portant une corbeille d'argent remplie de bouquets et de couronnes de roses. Le greffier avait aussi son *droit de roses*. Cet usage a cessé au dix-septième siècle, lorsque le Parlement fut transféré à Tours (1).

Le rosier appelé *rose de Provins* a été apporté de Damas

---

(1) La *baillée des roses* n'était pas inconnue à Poitiers; elle y fut fondée en 1227 par Blanche de Castille. C'était un tribut que les jeunes pairs devaient offrir le 1er mai au Parlement. Cet usage subsista jusqu'en 1589, époque où il fut aboli par la Ligue.

(Syrie) au retour d'une croisade, par Thibault IV, dit le Posthume, qui était comte de Brie et de Champagne. Cette rose, si remarquable par sa belle couleur pourpre et son parfum suave et pénétrant, servait à faire des couronnes qu'on portait à Provins (Seine-et-Marne) pendant les processions. En 1523, François I⁰ʳ, et en 1603, Henri IV, reçurent des sachets de roses en entrant à Provins. A cette époque les pétales de cette rose servaient à faire des conserves qui faisaient les délices des gourmets. En 1725, la reine Marie, fille du roi Stanislas, traversa Provins en se rendant à Fontainebleau où devait avoir lieu le mariage de Louis XV ; on lui offrit des conserves de roses sèches. Enfin, à la fin du treizième siècle, Edmond, comte de Lancastre, fils du roi d'Angleterre, et qui se maria avec Blanche, héritière des comtés de Champagne et de Brie, prit pour emblème la rose de Provins. Le rosier est peu cultivé en Algérie pour son parfum.

Composition.

La rose fournit une essence de consistance un peu butyreuse et très soluble dans l'alcool. Sa densité varie entre 0,864 et 0,869.

A la température ordinaire, elle se présente sous forme de lames aiguillées, acérées, transparentes et brillantes qui se fondent par la température de la main. Elle se liquéfie à + 20° ; alors elle est transparente, un peu verdâtre ou légèrement jaunâtre. Son odeur est très forte, mais elle est d'une grande suavité quand elle a été étendue d'eau.

Espèces et variétés.

Les espèces qu'on cultive comme plantes industrielles sont au nombre de six :

1° *Rosier français*, *rose de Provins*, *rose rouge*, *rose de*

France (ROSA GALLICA, L., ROSA PROVINCIALIS, Ait.). Cette espèce originaire de l'Orient a des tiges nombreuses, grêles, hautes de 0^m,70 à 1^m,10 et munies d'aiguillons nombreux, droits, inégaux et recourbés. Ses feuilles se composent de 5 à 7 folioles coriaces, raides et pubescentes. Ses fleurs sont portées par des pédoncules ordinairement solitaires et proviennent de boutons ovales et globuleux ; elles sont *rouge pourpre*, simples ou semi-doubles et s'épanouissent pendant les mois de mai et juin. Elles frappent les sens par la suavité de leur parfum. Les fruits sont globuleux et à peine visqueux.

Cette rose, comme je l'ai dit, a été importée de Syrie à Provins par un comte de Brie, à son retour des croisades.

2° *Rosier cent-feuilles* (ROSA CENTIFOLIA, ROSA MUSCOSA, Ait.; ROSA POMPONIA, Dec.; ROSA BURGUNDIACA, Pers.). Cette espèce (fig. 23) appelée *reine des fleurs* est originaire du Caucase oriental et est connue en France depuis 1596. Elle atteint 1 mètre à 1^m,20 de hauteur. Ses aiguillons sont presque droits ; ses feuilles sont poilues en dessous ; ses boutons sont ovales et courts. Ses fleurs sont *roses*, grandes, bien faites, simples ou doubles et portées par des pédoncules allongés ; leur odeur est très douce et très fragrante. Ses fruits sont ovales et visqueux. Elle est cultivée dans la basse Provence et à Mitcham, Branley (Angleterre), mais elle n'y fournit que de l'*eau de rose*.

Dans les Indes, où cette espèce est très répandue, on la nomme *goûl*. Les Arabes l'appellent *gul sad'back* ; les Égyptiens la cultivent sous le nom de *ouard*.

L'eau de rose qu'on fabrique en Perse, dans l'Inde, en Turquie et en Tunisie provient du rosier cent-feuilles.

La *rose de Provence* ou *rose de mai* qu'on cultive dans le département du Var et principalement à Grasse et à Nice, est un hybride de la rose cent-feuilles et de la rose de Provins. Comme ces deux rosiers, il n'est pas remontant.

Fig. 23. — Rosier cent-feuilles.

3° *Rosier de Damas* (Rosa Damascœna, Mill.; Rosa ka-LENDARUM, Borkh; Rosa semperflorens, Desv. ; Rosa BIFERA, Pers.). Cette espèce, appelée aussi *rosier muscade*, est originaire de Damas ; elle a été introduite en Europe en 1573. Ses tiges portent de nombreux aiguillons, inégaux, robustes et élargis à leur base, et des feuilles à 5 ou 7 folioles ovales et un peu raides. Ses fleurs sont blanc-rosé ou rouges disposées en corymbe, et présentent un tube calicinal allongé et souvent dilaté au sommet ; elles apparaissent deux fois par an : au printemps et à la fin de l'été. Leur odeur est très suave. Cette espèce, mais principalement celle à fleur rouge, est cultivée en Bulgarie, et dans les jardins de Luchnow (Indes), où elle est appelée *Golab*. Ses fruits ovales sont pulpeux (1).

Les fleurs du rosier de Damas sont employées en Asie de préférence aux roses des autres espèces, pour la préparation de l'essence de rose et de l'eau distillée.

4° *Rosier musqué, rose muscat* (Rosa moschata, Ait.). Cette espèce a des tiges ascendantes hautes de 3 à 4 mètres, munies d'aiguillons recourbés, et de feuilles à 5 ou 7 folioles lancéolées. Ses fleurs présentent des pétales blancs à onglet jaune ; elles sont très odorantes, simples ou doubles, et se succèdent de juillet à octobre.

Cette variété est répandue dans l'Inde, la Turquie et l'Égypte. Les Arabes, en Algérie, la désignent sous le nom de *néceri musqué*, ou *nesri*, ou *nasrin*. A Manille, on la nomme *san Paquita*. Ses fleurs desséchées, à Damas et en Égypte, servent à faire la *poudre de rose*. Son odeur est forte.

5° *Rosier toujours vert* (Rosa sempervirens, L.). Cette espèce a des jets sarmenteux munis d'aiguillons épars et

---

(1) On évalue à plus de 80 millions la valeur de l'eau de rose qu'on exporte annuellement des ports du golfe Persique sur Bombay

un peu recourbés. Ses feuilles présentent 5 à 7 folioles ellip-
tiques. Ses fleurs sont blanches ou blanc rosé, solitaires ou
rapprochées en corymbe; elles s'épanouissent dans les régions méridionales de février à mai.

Cette rose fournit la fameuse essence de rose de Tunis.

6° Le *rosier des quatre saisons*, ou *rosier de tous les mois*, ou
rosier toujours fleuri (ROSA SEMPERFLORENS ou ROSA BEN-
GALENSIS) produit des fleurs roses élégantes, mais qui ne
sont pas assez odorantes pour qu'on puisse en extraire le
parfum.

Multiplication.

On propage le *rosier de Provins* et le *rosier de Damas* en
séparant de vieux pieds en autant de parties qu'on peut les
diviser; on les propage aussi au moyen de drageons.

Le *rosier musqué* et le *rosier toujours vert* fournissent très
peu de rejets. On les multiplie de préférence de marcottes
ou de boutures.

Le marcottage des rosiers consiste à coucher, au mois de
février ou de mars, avant le moment où les yeux se développent, une tige encore verte dans une rigole ayant $0^m,06$
à $0^m,10$ de profondeur, et à la maintenir dans cette position
à l'aide d'un crochet fixé dans le fond de la fosse. Quand
la marcotte a été enterrée, on raccourcit l'extrémité de la
tige qui est hors de terre, de manière qu'elle n'ait pas plus
de $0^m,08$ à $0^m,12$ de longueur. On arrose ensuite de temps
à autre si la terre manque de fraîcheur.

A la fin de l'hiver suivant, on sèvre la marcotte, c'est-à-
dire on la détache du pied mère et on la met en place.

Les boutures ne présentent aucune difficulté. On les
opère dans un endroit frais et à mi-soleil, comme s'il était
question de multiplier le groseillier à grappes. On peut
mettre en place, au commencement du printemps suivant,

celles qui ont poussé, et qui sont par conséquent munies
de racines.

Plantation des éclats, des boutures ou des marcottes.

La mise en place des éclats munis de racines, des rejets,
des marcottes ou des boutures enracinées, se fait dans le
Midi en automne ou à la fin de l'hiver sur des terres labou-
rées ou bien ameublies jusqu'à 0^m,30 et même 0^m,40 de
profondeur.

On doit éviter de les planter sur des terres compactes et
humides.

La plantation se fait en lignes distantes les unes des
autres de 1 mètre à 1^m,30.

À Grasse, on espace les pieds sur les lignes de 0^m,50 à
0^m,65 ; ailleurs, on les éloigne les uns des autres de 0^m,90
à 1 mètre.

En général, on compte en France de 10,000 à 12,000
rosiers par hectare.

Dans les Balkans (Bulgarie), les plantations sont faites
en lignes ; elles forment de longues haies de rosiers qui
atteignent 1^m,60 de hauteur et qui sont séparées par des
allées ayant 1^m,50 à 1^m,75 de largeur.

Dans le Fayoum (Égypte) on plante les rosiers de 0^m,75
à 0^m,80 de distance les uns des autres. La plantation exige
70 journées d'ouvriers par hectare. Les carrés au milieu
desquels sont plantés ces arbrisseaux sont séparés par des
rigoles qui permettent de les arroser avec les eaux du Nil.

Soins d'entretien.

Chaque année en décembre ou au commencement de
février, on enlève le bois mort et les ramifications qui végètent lentement.

On rabat ensuite les pousses de l'année précédente, et on courbe les rameaux vigoureux ou les gourmands en fixant leur extrémité sur les branches inférieures. La taille et l'arcure ont pour effet de favoriser le développement d'un plus grand nombre de rameaux à fleurs. Plusieurs cultivateurs opèrent la taille vers la fin de juin dès que la floraison est terminée. En agissant ainsi ils obtiennent des jets qui produisent l'année suivante un plus grand nombre de belles roses.

En Égypte, la taille a lieu à la fin de décembre ; alors on rabat les pieds à quelques centimètres au-dessus du sol et on recommence les arrosages pendant 30 à 40 jours.

Quand ces opérations ont été exécutées, on fume le sol et on le laboure soit à bras, soit avec la charrue.

On opère pendant l'année les binages nécessaires.

En Égypte, on arrose les rosiers tous les 15 jours, et, à la sixième année, on renouvelle la plantation, parce que l'expérience a démontré que les rosiers, après cinq années d'existence, sont de moins en moins productifs.

À Grasse, les rosiers durent de dix à quinze ans.

Ennemis des rosiers.

Le rosier a divers ennemis qui nuisent beaucoup parfois à la production des fleurs.

D'abord, il redoute les froids intenses pendant l'hiver et les gelées tardives du printemps. Ensuite, il craint les brouillards et les printemps très pluvieux. Enfin, la *rouille* ou le *blanc* érésiphé attaquent ses feuilles, ce qui arrête sa végétation et surtout le développement des boutons à fleurs.

C'est pourquoi il est utile de le cultiver de préférence sur des sols sains, perméables et abrités des vents du nord et de l'est. Les hivers rigoureux font souvent périr beaucoup de pieds.

Les insectes qui nuisent aux rosiers sont les *vers blancs* qui s'attaquent à leurs racines ; la *mouche rousse* (TEN-DREDO ROSÆ), qui au printemps perfore les jeunes bourgeons pour y déposer un œuf, et la *mouche scie* ou *hylotome* (HYLOTOMA ROSÆ), qui dépose aussi ses œufs dans les jeunes pousses ; les larves de ces deux insectes occasionnent la chute d'un grand nombre de pousses ou de boutons ; le *puceron verdâtre* (APHIS ROSÆ) qui couvre les jeunes pousses et rend leur végétation languissante. On détruit ces derniers petits insectes à l'aide d'une dissolution de savon noir à laquelle on ajoute du jus de tabac ou de la suie tamisée.

La *cétoine dorée*, si connue par ses belles teintes métalliques, se loge à l'intérieur des fleurs, mais elle ne nuit pas à leur épanouissement.

Récolte des fleurs.

La récolte des roses se fait dans la basse Provence et en Asie depuis la fin d'avril jusqu'a la fin de mai. Aux environs de Paris, on l'exécute depuis la seconde quinzaine de mai jusqu'au commencement de juillet.

Les fleurs du rosier s'ouvrent la nuit.

On doit, autant que possible, cueillir les roses le matin ou le soir, aussitôt qu'elles sont épanouies et dès que la rosée a disparu. Elles perdent leur parfum quand elles ont reçu une forte insolation.

La cueillette est répétée tous les deux jours sur les mêmes pieds.

Dans l'Inde, la récolte des fleurs commence en février et et se termine vers la fin d'avril.

En Égypte et dans l'Asie Mineure où il existe des cultures de rosiers très importantes, on l'opère depuis les premiers jours de mars jusqu'au commencement de mai, avant le lever du soleil et pendant que les fleurs sont encore couvertes de rosée.

Une femme peut cueillir par jour de 10 à 15 kilogrammes de fleurs. On lui donne de 0 fr. 20 à 0 fr. 30 par kilogramme. Elle doit transporter à la parfumerie les roses qu'elle a récoltées.

Produit par hectare.

Un rosier de Damas, âgé de trois à cinq ans et en pleine végétation, fournit chaque année de 250 à 300 grammes de pétales.

A Nice, un rosier en produit de 200 à 250 grammes. A Puteaux (Seine), un rosier en fournit tous les deux ou trois jours de 60 à 80 grammes, soit par jour de 20 à 30 grammes.

En général, dans les bonnes cultures, un hectare donne de 2,500 à 3,000 kilog. de roses qui subissent souvent à l'épluchage un déchet de 40 à 50 pour 100.

Un hectare de rosiers dans le Fayoum (Égypte) produit seulement de 700 à 800 kilog. de pétales ou de roses épluchées.

La cueillette des roses dure, en moyenne, de 20 à 30 jours.

Distillation de la rose.

Les pétales, après avoir été épluchés, c'est-à-dire séparés des pistils et des étamines, sont aussitôt distillés, afin qu'ils ne puissent s'échauffer, se faner ou sécher. On met une couche de sable pur dans le fond de l'alambic pour qu'ils ne brûlent pas. Chaque opération dure environ six heures. L'eau de rose qu'on obtient sort blanche de l'appareil. En Turquie, chaque opération comprend 12 à 15 kilogrammes de pétales et 15 à 20 kilogrammes d'eau.

La rose fournit très peu d'essence pure, et la quantité

qu'elle produit est en raison directe de la température de la contrée où elle est cultivée.

Les produits précités fournissent en Turquie, et principalement dans les environs d'Andrinople, 10 litres *d'eau de rose* qui donnent, distillés à 59°, l'essence de rose. *Celle-ci surnage sur le liquide,* et on l'enlève avec une cuiller. Ce qui reste dans l'alambic est de l'*eau de rose.* On peut aussi extraire le parfum de la rose au moyen du procédé connu sous le nom d'*enfleurage* (voir *Jasmin*).

En Égypte, 1,000 kilog. de pétales épluchés donnent 30 à 40 grammes, en Turquie 20 à 25 grammes, en Provence 8 à 10 grammes et à Paris 2 à 4 grammes d'essence.

En général, l'expérience démontre qu'on ne doit pas compter sur plus de 10 grammes d'essence pure par 1,000 kilog. de fleurs. Cette essence a une densité de 0,864 à 0,870.

Les Persans appellent l'essence de rose *A'ther-gul* et les Indiens, *Ather goûl*.

En Orient, 100 kilog. de fleurs et 300 litres d'eau produisent 45 à 100 litres d'eau de rose très odorante et riche en huile essentielle.

Il existe d'importantes distilleries de rose dans les Balkans (Bulgarie), dans le Lahore et le Bengale (Inde).

Roses desséchées.

On dessèche quelquefois les roses pour les livrer ensuite aux droguistes ou aux pharmaciens.

Alors, au mois de mai ou de juin, on les cueille lorsqu'elles sont encore en boutons, c'est-à-dire lorsqu'elles sont sur le point de s'ouvrir, parce qu'elles sont plus astringentes que lorsqu'elles sont épanouies ; on leur ôte leur calice, et on les étend sur des claies dans un local aéré, dans un grenier ou dans une étuve. Quand les boutons sont secs, on les agite sur un crible pour qu'ils s'ouvrent, et pour séparer les étamines des pétales. Après cette opération, on renferme les pétales dans une boîte bien close déposée dans un lieu sec.

Les *roses de Provins* séchées ont une couleur *pourpre foncé;* les *roses cent-feuilles* et la *rose de Damas* constituent les *roses pâles.*

100 kilog. de boutons frais produisent :

Roses pâles........	16 à 18 kil. de pétales.	
— rouges.....	30 à 22	—
— blanches....	15 à 16	—

Le commerce préfère les pétales d'un beau rouge velouté aux pétales roses ou blancs, parce qu'ils sont plus odorants.

Les pétales, en vieillissant, ou lorsqu'ils ont été conservés dans un lieu frais ou humide, perdent de leur couleur et surtout de leur parfum.

Falsification de l'essence.

On falsifie l'essence de rose en y mêlant de l'essence de géranium rosat ou de l'essence fournie par l'*andropogon* que les Indes orientales expédient en Turquie.

On reconnaît aisément cette fraude. Il suffit de mettre un peu de l'essence qu'on soupçonne falsifiée, sur un verre de montre sur lequel on met un autre verre de même diamètre contenant une légère quantité d'iode ; ces deux verres sont ensuite couverts avec une cloche. Si l'essence de rose est pure, elle ne change pas de couleur ; si on y a mêlé de l'essence de géranium, elle devient noire.

Les roses qu'on récolte sur les Balkans sont de 50 p. % plus riches en essence que les roses que produisent les rosiers cultivés dans la plaine. C'est pourquoi leur essence est plus forte, plus recherchée et plus chère. Nonobstant, celle

qu'on exporte en Europe contient ordinairement moitié
d'essence de la montagne et moitié d'essence de la plaine.
L'essence pure de rose, comme je l'ai dit précédemment,
forme une masse cristalline composée d'aiguilles brillantes
que la simple chaleur de la main suffit pour faire dispa-
raître ou rendre invisibles. D'après M. Baur, chimiste à
Constantinople, cette essence contient de l'*oléoptène*, qui
seule est odorante et ne fige pas, et de la *stéaroptène*, qui se
fige et n'a pas d'odeur. Lorsqu'elle est pure, elle développe
une odeur forte très suave et elle est soluble dans l'eau.

L'essence pure que l'Asie expédie en Europe comprend ordinairement un cinquième à un tiers d'essence de géranium.

On y ajoute aussi quelquefois du blanc de baleine ; mais
à la température de 25° l'essence de rose devient fluide et
le blanc de baleine se dépose dans le fond du flacon.

Les essences de géranium, de bois de rose et de vétiver
se figent comme l'essence de rose.

Les Persans ajoutent aux pétales de rose, avant de les
distiller, de la raclure de bois de sandal, qui donne plus
de force au parfum ; mais cette addition diminue beaucoup
la finesse et la valeur de l'essence.

Emplois des produits.

ESSENCE. — L'essence de rose est utilisée comme parfum. On l'emploie aussi pour aromatiser des liqueurs et des
sucreries. Elle sert encore à parfumer des pommades, des
vinaigres, des eaux de senteur et des onguents.

EAU DE ROSE. — L'eau de rose est employée en médecine ; on l'utilise aussi comme eau de senteur.

ROSES DESSÉCHÉES. — On emploie les *roses rouges* en
médecine, à cause de leur propriétés tonique et astringente.
Elles font la base d'un grand nombre de préparations phar-

maceutiques : le miel rosat, le vin rosat, le vinaigre rosat, etc. Après avoir été pulvérisées, elles forment la *poudre de rose* avec laquelle on prépare la conserve de rose.

Les roses du rosier des quatre saisons servent à préparer les *sirops de roses pâles* : le sirop composé et le sirop simple.

On désigne, dans les pharmacies, les roses pâles sous le nom de *rosa pallida*.

Les pétales de la rose musquée sont purgatifs.

Valeur commerciale des produits.

Le prix de *roses fraîches* varie à Grasse, à Cannes, à Nice de 0 fr. 40 à 0 fr. 65 le kilog. Les cultivateurs de Puteaux (Seine) vendent à Paris les roses qu'ils récoltent, à raison de 0 fr. 60 à 0 fr. 75 le kilog. En Égypte, leur valeur égale celle qu'elles ont dans le comté de Nice.

L'essence de rose pure est très rare ; elle se vend à un prix très élevé. Celle qu'on produit en Turquie est vendue à Constantinople de 1,000 à 1,200 fr. le kilogramme. Quelquefois même ce prix s'élève jusqu'à 1.600 et même 1.800 fr. A Paris, on la vend 1.600 à 1.700 fr. Celle fabriquée à Nice est vendue de 500 à 600 fr. le kilog.

On la livre le plus ordinairement dans des flacons émaillés de dorures. Quand elle est pure et qu'elle provient de Smyrne ou de Tunis elle doit figer même au milieu de l'été.

Kœmpfer rapporte dans les *Amœnitates exoticœ*, p. 374, que l'huile qu'on extrait des roses de Chiraz se vend au poids de l'or.

L'eau de rose est vendue en Égypte : la première qualité, 6 fr., la seconde 5 fr. et la troisième 2 fr. 50 le kilogramme. A Paris, on la vend 1 fr. 25 et à Nice 0 fr. 50 le litre, parce que souvent elle contient de l'essence de géranium.

CHAPITRE II.

JASMIN D'ESPAGNE.

JASMINUM GRANDIFLORUM, L.

Plante dicotylédone de la famille des Jasminées.

Anglais. — Jasmin catalonian.   *Italien.* — Jasmine.
Égyptien. — Djasmyn.   *Indien.* — Tore ou Chamelee.
Arabe. — Yasmyn ou Djasmyn.

Mode de végétation. — Climat. — Terrain. — Multiplication. — Soins d'entretien. — Récolte des fleurs. — Quantité d'essence fournie par les fleurs. —
Valeur commerciale. — Capitaux engagés par hectare. — Usages de l'essence.

Cette plante est originaire du Népaul ; elle a été introduite en Europe en 1629.

On la cultive en Égypte, à Tunis, en Algérie, aux Açores, en Italie ; en France, à Grasse, à Cannes et à Nice ; en
Turquie, dans les jardins de Lucknow (Inde) en Chine, etc.

Mode de végétation.

Le *jasmin à grandes fleurs d'Espagne* ou *jasmin de Bar-
celone* ou *jasmin d'Arabie* (fig. 24) forme un arbrisseau de
1 mètre à 1^m,50 de haut. Ses rameaux sont glabres, un peu
anguleux et diffus ; ils portent des feuilles opposées et pennées à 4 paires de folioles ovales et mucronées, la terminale
étant acuminée. Les fleurs sont disposées par 2 ou par 4 au
sommet des rameaux ; leurs calices sont à lobes subulés ;
leurs corolles sont en tube 3 ou 4 fois plus long que le

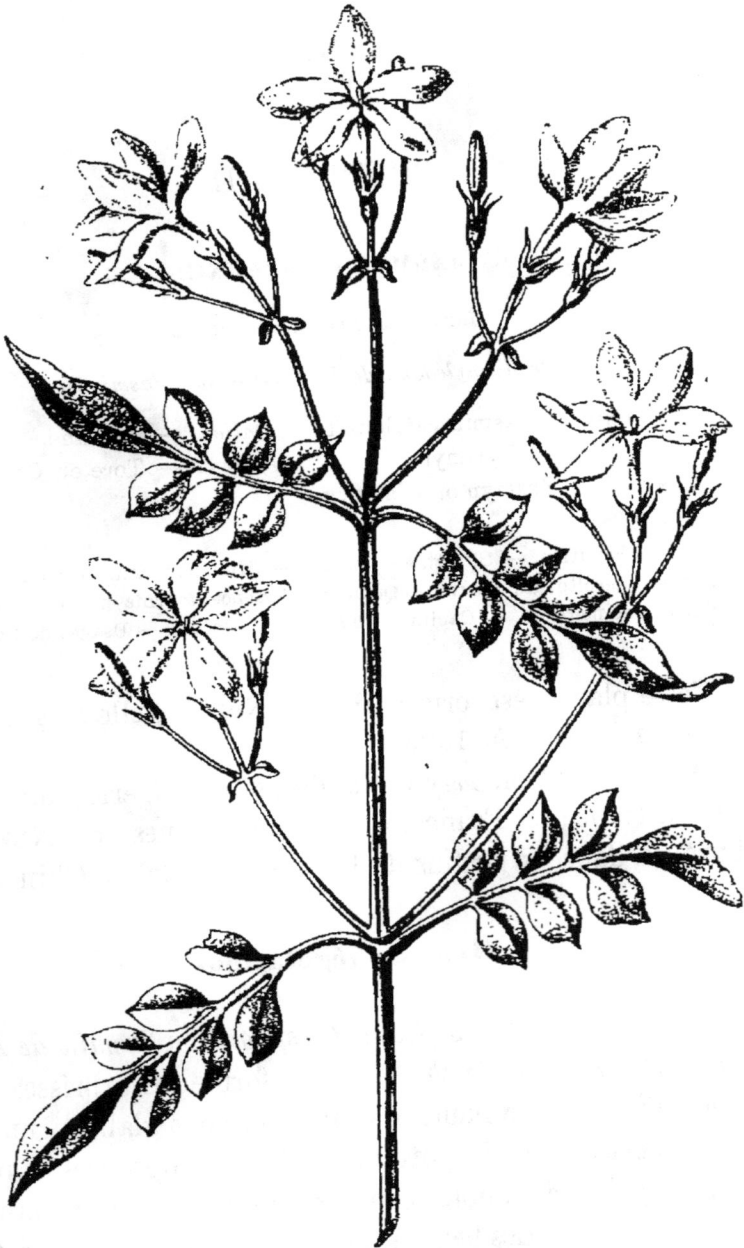

Fig. 24. — Jasmin d'Espagne.

calice, à 5 pétales ovales, obtus et un peu contournés dans la préfloraison.

Les fleurs de cette espèce s'épanouissent successivement en France comme en Égypte depuis le printemps jusqu'au mois de décembre; elles sont blanches et lavées de rose ou purpurines en dehors. L'odeur qu'elles laissent échapper est

Fig. 25. — Jasmin ordinaire.

très suave, très agréable très recherchée, mais elle est très fugace.

Le *jasmin ordinaire* (fig. 25) (JASMINUM VULGARE ou JASMINUM OFFICINALE) est aussi cultivé comme plante à parfum; mais souvent à Nice et à Grasse on lui préfère le jasmin à grandes fleurs.

On cultive dans les Indes orientales le *Jasminum auriculatum* appelé vulgairement *juhi*, le *Jasminum hirsutum* nommé *motis*, le *Jasminum revolutum* appelé *pil malti* et le *Jasminum Sambac* nommé *bela* ou *mogra*. Le *J. revolutum* est à fleurs jaunes; les autres ont des fleurs blanches.

Le jasmin sambac (*Mongorium Sambac*) très répandu dans les jardins de Lucknow, est cultivé dans l'Europe méridionale. On extrait de ses pétales dans les Indes un parfum qu'on colore avec le sang-dragon.

Climat.

Le jasmin à grandes fleurs, appelé aussi *jasmin d'Italie*, *jasmin royal*, ne peut être cultivé en pleine terre que dans le zone de l'oranger. Il périt quand la température descend pendant l'hiver à — 4° ou — 5°·

Ses pousses, ses fleurs sont délicates, et redoutent les premières gelées de novembre et les premiers froids du printemps. C'est pourquoi on le cultive à Grasse, à Cannes, à Nice, etc., sur des terrains en pente, exposés au midi et abrités des vents du nord.

Terrain.

Le jasmin d'Espagne exige une terre légère, douce, profonde, substantielle, fraîche ou arrosable. Il végète difficilement sur les terrains que le soleil dessèche complètement pendant l'été, et il périt quand on le cultive sur des terres qui sont très humides durant l'hiver.

Multiplication.

On multiplie le *jasmin commun*, sur lequel on propage par la greffe le *jasmin à grandes fleurs*, au moyen du bouturage et du marcottage.

Les boutures ont $0^m,25$ environ de longueur. On les plante dans une bonne terre bien ameublie en ne laissant que deux yeux au-dessus du sol. On les met en place l'année suivante, quand elles sont bien enracinées.

Ces boutures se font en septembre.

Les greffes se font en écusson ou en fente.

Les *greffes en écusson à œil poussant* sont exécutées en mai ou en juin ; les *greffes en écusson à œil dormant* sont faites au moment de la sève d'août. On exécute les premières et les secondes à $0^m,05$ ou $0^m,06$ au-dessus du sol.

Les *greffes en fente* sont aussi exécutées au printemps sur des jasmins communs ayant une année au moins de végétation. On rabat les pieds rez terre et on implante sur chacun un bourgeon de jasmin d'Espagne que l'on fixe avec un brin de laine. Cette opération terminée, on butte les les pieds de manière que deux yeux seulement sur chaque jasmin excèdent la surface de la terre.

Les marcottes se font aussi en septembre. Les greffes sont-elles préférables aux marcottes? on donne la préférence aux marcottes ; on a reconnu que les fleurs du jasmin d'Espagne, franc de pied, se conservent plus longtemps fraîches que lorsque cette espèce a été greffée sur le *jasmin ordinaire* ou *jasmin blanc* ou *jasmin officinale* (JASMINUM VULGARE, Lam., ou JASMINUM OFFICINALE, L.).

On a aussi constaté que les jasmins d'Espagne provenant de boutures ont une plus belle végétation, et qu'ils sont plus rustiques que ceux qui ont été greffés.

A Grasse, on fait venir des pousses de jasmin commun de Menton et de Gênes au prix de 15 à 20 francs le mille.

Voici comment est faite la plantation des boutures ou des marcottes enracinées :

Lorsque le terrain a été choisi, on y ouvre des fosses parallèles ayant $0^m,30$ à $0^m,40$ de largeur et $0^m,30$ à $0^m,40$ de profondeur. Ces fosses sont éloignées les unes des autres de $0^m,75$ à $0^m,90$. Toutes sont dirigées perpendiculairement à la pente du terrain.

Quand ces fosses ont été ouvertes, on les remplit de bonne terre et de fumier et on y plante des boutures ou des marcottes enracinées ou des pieds de jasmin commun greffés avec le jasmin d'Espagne. Ces plants sont placés au milieu des fosses ; on les espace de $0^m,50$ à $0^m,75$ et quelquefois même de 1 mètre. De là, il résulte que les jasmins forment des lignes parallèles écartées de 1 mètre environ les unes des autres. Un hectare ainsi planté comprend de 12,000 à 15,000 pieds. Dans beaucoup de cas, dans les contrées chaudes, le nombre de pieds ne dépasse pas 5,000 par hectare.

Puis on arrose si cela est nécessaire pour rendre plus facile la reprise des plants mis en place.

Les fosses qu'on creuse sur un hectare occasionnent une dépense de 500 à 600 francs

La plantation exige 12 à 15 journées d'homme. On l'exécute en octobre ou novembre.

Soins d'entretien.

BUTTAGE. — Tous les ans au mois de novembre, dans la basse Provence et le comté de Nice, on couvre tous les pieds de $0^m,25$ à $0^m,35$ de terre. Ce buttage a pour but de protéger les greffes contre les froids un peu intenses. La terre qu'on emploie dans cette circonstance est prise dans le milieu des allées existantes entre les lignes de jasmins. Quand le travail est terminé, tous les pieds sont situés au centre de petits billons.

TAILLE. — Chaque année, à la fin de l'hiver, c'est-à-dire en février ou mars, on rabat toutes les pousses de l'année précédente aussi près que possible de la greffe, après avoir déchaussé un peu les pieds.

ENGRAIS. — Aussitôt après le ravalement des rameaux, on applique du fumier ou des déjections humaines. Ces engrais sont destinés à activer le développement des pousses.

LABOUR ET BINAGES. — On complète les travaux du printemps en exécutant un labour à l'aide de la bêche ou de la houe. On a soin, pendant cette opération, de disposer la terre de manière que les irrigations par infiltration y soient possibles. Quand le travail est terminé, les lignes de jasmins sont milieu ou voisines de sillons et elles sont séparées par de petits ados ou billons.

Dans le cours de l'année, on exécute trois à quatre binages afin que le sol soit toujours meuble et propre.

TREILLAGES. — Quand la terre a été divisée ou ameublie, à partir de la deuxième ou de la troisième année suivant la force des pieds, on établit le long de chaque rangée de jasmins un petit treillage avec 2 à 3 tiges de roseau canne placées horizontalement et écartées les unes des autres de $0^m,20$ à $0^m,25$. C'est sur ce treillage que soutiennent des échalas ayant 1 mètre à $1^m,10$ de longueur, qu'on attache les pousses au fur et à mesure qu'elles se développent.

Chaque année, au moment du buttage, on enlève les treillages.

ARROSAGES. — Le jasmin doit être arrosé tous les huit ou quinze jours, depuis les premiers jours de mai jusqu'à la fin de septembre.

Un hectare exige 500 hectolitres d'eau par chaque arrosage.

Récolte des fleurs.

En France, on opère la récolte des fleurs du jasmin pendant le mois de juillet, août et septembre. En Algérie et en Égypte, on l'exécute pendant cinq mois, depuis le mois de juillet jusqu'à la fin d'octobre.

Cette cueillette doit être faite tous les jours, le matin avant 11 heures, ou l'après-midi, depuis 5 jusqu'à 7 heures.

Les fleurs du jasmin s'ouvrent ordinairement à 6 heures du soir. C'est pourquoi on opère la récolte chaque matin, aussitôt après la disparition de la rosée, mais les plus belles fleurs n'apparaissent dans la région du Midi que pendant 45 jours environ, en juillet et août. Les fleurs qui s'épanouissent en septembre sont souvent refusées par les parfumeurs.

Les fleurs des jasmins irrigués sont les plus nombreuses, mais elles sont moins odorantes que les fleurs des pieds qui ne sont pas arrosés.

Le jasmin d'Espagne est en plein rapport à la quatrième année. Il peut durer de dix à douze ans, lorsqu'il occupe des terrains perméables et exempts d'une humidité prononcée pendant l'automne et l'hiver.

Lorsqu'il pleut, on arrache les fleurs et on les jette. On agit ainsi pour que les cueilleuses ne les récoltent pas le soir ou le lendemain matin. Les fleurs que les pluies ont mouillées n'ont aucune odeur, parce qu'elles brunissent et perdent promptement leur arome. Néanmoins, on doit les enlever, afin de faciliter le développement des autres boutons. Les fleurs oubliées la veille n'ont aucune valeur.

Une femme peut récolter par jour de 1 à 2 kilog. de fleurs. Le prix de la cueillette varie entre 0 fr. 50 et 0 fr. 60 le kilogramme.

Les fleurs doivent être livrées le plus tôt possible aux parfumeurs.

Rendement.

Chaque pied de jasmin d'Espagne en plein rapport donne de 200 à 250 grammes de fleurs chaque année.

Un hectare contenant 12,000 pieds en donne de 2,400 à 3,000 kilogrammes.

M. Sauget, à Hydra (Algérie), récolte 180 à 200 kilog. de fleurs par 1,000 pieds.

Le plus grand produit obtenu à Grasse et en Algérie s'est élevé à 500 kilog. par 1,000 pieds.

10

Essence de jasmin.

La fleur du jasmin est très odorante, mais on extrait très difficilement par la distillation le suave parfum qu'elle exhale.

Ordinairement 100 kilogrammes de fleurs fraîches ne donnent que 12 à 13 grammes d'essence.

Les fleurs produites par un hectare peuvent donc donner de 2 k. 800 à 3 k. 600 d'essence de jasmin.

D'après les remarques de M. Millon, l'essence obtenu par la distillation a toujours une odeur forte et légèrement empyreumatique ; elle ne soutient pas la comparaison avec la fleur fraîche, tandis que le parfum obtenu par l'éther en rappelle assez fidèlement la suavité.

Enfleurage.

La très faible quantité d'essence qu'on obtient quand on distille les fleurs du jasmin a forcé depuis longtemps les parfumeurs à fixer leur parfum à l'aide de l'huile de ben ou mieux au moyen de l'*enfleurage*, opération qui se fait chaque jour pendant le temps de la cueillette. A cet effet, on couvre de fleurs, très régulièrement, des cadres garnis d'un verre sur lesquels on a coulé à chaud de la graisse de porc bien épurée au bain-marie et de belle qualité, et ayant une épaisseur de $0^m,008$ à $0^m,010$. C'est lorsque cette matière grasse est devenue solide qu'on s'occupe de la pose des fleurs. Les cadres qui ont été ainsi garnis sont placés les uns au-dessus des autres. Au bout de douze ou de vingt-quatre heures, on retire avec précaution, une à une, toutes les fleurs, qui ne développent plus alors de parfum pour les remplacer par des fleurs fraîches. On renouvelle cette opération huit, dix ou quinze fois suivant l'arome que doit avoir l'axonge. Quand la graisse contient suffisamment de parfum, on l'enlève à l'aide d'une spatule pour la déposer dans des pots ou la traiter de suite à l'aide de l'alcool si on veut obtenir de l'*huile de jasmin*. La graisse solide sert à la fabrication de *la pommade au jasmin*.

Valeur commerciale.

Le prix des *fleurs fraîches* varie entre 1fr. 50 et 2 francs le kilogramme.

L'*essence pure de* jasmin vient de Tunis et d'Audrinople; elle est rare. On la vend en Égypte et en France de 500 à 550 francs les 31 grammes (l'once) ou 16,000 à 17,000 francs le kilogr. ou près de cinq fois le poids de l'or.

L'*huile de jasmin* est vendue à Paris 25 francs le kilog.; elle sert à parfumer des pommades, des eaux de senteur et à faire des extraits.

———————

Le *nyctanthe somnambule* (NYCTANTHES ARBOR TRISTIS), arbre originaire de l'Inde, appartient aussi à la famille des jasminées. Il atteint 3 à 4 mètres de hauteur. Ses fleurs blanches à tube orange répandent une odeur très agréable, malheureusement elles ne s'ouvrent que la nuit.

On extrait à Madagascar un agréable parfum des fleurs blanc rosé de l'*Ixora odorata*, arbrisseau qui appartient à la famille des rubiacées. Cet arbuste est glabre; ses feuilles sont luisantes, coriaces et ovales-lancéolées. Ses fleurs, très odorantes, sont disposées en panicules terminales. Il demande une chaleur humide. On le multiplie de boutures.

CHAPITRE III

ACACIE DE FARNÈSE.

ACACIA FARNESIA, Wild.; FARNESIA ODORATA, Gasp.; MIMOSA FARNESIANA,
Wild.; ACACIA INDICA, Ald.

Plante dicotylédone de la famille des Légumineuses.

Mode de végétation. — Multiplication. — Soins d'entretien. — Récolte des
fleurs. — Produit par hectare. — Usages des fleurs.

Cet arbrisseau, que l'on désigne souvent sous le nom de
cassier, cassier du Levant, et que les Arabes appellent *ben,*
est originaire des Indes ; il a été introduit de Saint-Domingue en Europe en 1656. Il croît facilement dans les
jardins des habitations mauresques des environs d'Alger.

On le cultive à Cannes, Grasse, Antibes et Nice (Var),
en Égypte, en Algérie, à Tunis, aux Canaries, dans l'Inde,
à la Guyane, la Martinique, la Guadeloupe, etc.

Mode de végétation.

L'acacie de Farnèse (fig. 26) est vivace avec des épines
géminées. Ses rameaux sont légèrement pubescents, et
portent des feuilles caduques qui ont 8 à 16 pennes pour-
vues chacune de 10 à 20 paires de folioles linéaires et glabres. Ses fleurs sont axillaires, globuleuses, jaune d'or ou
jaune isabelle, très odorantes, et réunies en capitules pé-

donculés et glabres; elles produisent chacune une gousse

Fig. 26. — Acacie de Farnèse.

cylindrique un peu arquée, fusiforme, glabre, indéhiscente et brun noirâtre.

10.

Les fleurs appelées *cassies* apparaissent et s'épanouissent pendant les mois de juillet, août, septembre, octobre et novembre. En Égypte, elles se succèdent sans interruption pendant près de neuf mois. L'arome qu'exhalent ses *boutons d'or* est frais, pénétrant et très suave.

Cette légumineuse atteint jusqu'à 5 mètres de hauteur, mais lorsqu'elle est cultivée sur des terres peu fertiles, ses tiges dépassent rarement 1 mètre. Elle est commune à l'île Maurice et dans les parties chaudes de l'Australie.

L'acacie de Farnèse périt sous un froid de — 3° à — 4°. L'hiver de 1863-64 en a détruit beaucoup à Cannes.

On doit le cultiver dans le midi de l'Europe dans des champs abrités des vents du nord par une haie bien fournie ou un mur ayant 2 à 3 mètres de hauteur.

A Grasse, il réussit très bien dans les jardins exposés au midi. Il est rare qu'on se trouve dans la nécessité de le garantir contre les froids pendant l'hiver avec des paillassons.

Terrain.

L'acacie de Farnèse demande un terrain léger, sablonneux, profond, fertile et frais sans être humide.

Les terres où il est cultivé se vendent à Cannes jusqu'à 5,000 et 6,000 francs l'hectare.

Multiplication.

On multiplie le cassier de graines qu'on sème au mois d'avril sur une plate-bande bien préparée, bien ameublie ou dans des pots remplis de terre légère de bonne qualité. Souvent on fait tremper les semences pendant deux ou trois jours dans du sable humide avant de les confier à la terre. Ce trempage a pour effet de ramollir l'enveloppe des graines qui est très dure, et de faciliter la sortie des germes. On peut aussi exécuter les semis sur une côtière ou une couche froide.

On mouille fréquemment le semis, dans le but de hâter la germination des semences et le développement des jeunes plantes.

A l'automne ou au printemps suivant, on opère la mise en place des plants par un terrain profond ou défoncé profondément et fumé. Les plants ont alors environ $0^m,01$ de diamètre.

La plantation se fait en quinconce sur un terrain bien abrité des vents du nord et de l'est. Tous les pieds doivent être espacés en tous sens de 2 à 3 mètres. Les fosses doivent avoir $0^m,50$ au carré.

Après la mise en place, on rabat tous les plants à $0^m,40$ ou $0^m,50$ au-dessus du sol, et on les arrose de temps à autre pour assurer leur reprise.

Les plants sont ensuite dirigés en gobelets ou en vases.

On peut aussi multiplier l'acacie de Farnèse en détachant les rejetons qui se développent à la base des anciens pieds et en les mettant en pépinière.

Soins d'entretien.

Chaque année au mois de mars ou avril, suivant les localités, on laboure à la houe ou à la bêche la surface occupée par la cassie.

Avant ou après cette opération, on taille les rameaux qui ont produit des fleurs l'année précédente, en les rabattant tout près des branches charpentières ou secondaires, et on enlève toutes les branches gourmandes (1).

(1) On dit généralement que le bois de l'acacie de Farnèse peut occasionner la mort si on le brûle dans un endroit clos.

Un ouvrier peut tailler 40 cassiers dans une journée.

Pendant le mois de mai on exécute un binage.

Tous les 3 ou 4 ans, on fertilise le sol avec du fumier ou des déjections humaines. Ces engrais sont toujours appliqués avant le labour, qu'on opère à la fin de l'hiver, c'est-à-dire après les froids.

Récolte des fleurs.

La récolte des fleurs se fait, à Cannes, tous les jours le matin après le lever du soleil, depuis le mois d'août jusqu'au 15 novembre, époque à laquelle le froid arrête ordinairement l'épanouissement des boutons à fleur.

Cette récolte n'est pas facile à cause des épines que présentent les ramifications. On accorde aux femmes qui l'exécutent de 0 fr. 25 à 0 fr. 30 par kilogramme.

Les fleurs sont livrées fraîches aux parfumeurs.

Après la récolte des fleurs et à la fin de l'automne, on butte tous les cassiers aussi haut que possible, afin de bien les garantir des gelées.

Un homme peut butter 35 à 40 acacias en une journée.

Produit par hectare.

La cassie n'est productive que lorsqu'elle a 3 à 4 années de plantation, c'est-à-dire lorsque chaque pied a la forme d'un véritable gobelet et qu'il produit de nombreux bourgeons florifères.

Un pied en plein rapport, c'est-à-dire âgé de 5 à 6 ans, produit chaque année, en moyenne, 1 kilog. de fleurs fraîches, mais ce rendement dans les contrées chaudes, quand les sujets sont âgés, peut s'élever jusqu'à 6, 8 et même 10 kilogrammes.

Un hectare peut donc fournir jusqu'à 5,000 kilog. de fleurs ; mais, en général, on est très satisfait quand on peut compter sur 1,500 à 2,000 kilogrammes.

Les *fleurs fraîches* de l'acacia de Farnèse se vendent de 5 à 6 francs le kilogramme. Les fleurs sèches valent de 20 à 25 francs

Usage des fleurs.

Les fleurs de cet arbrisseau exhalent un parfum d'une parfaite suavité ; elles servent à parfumer des pommades et elles fournissent, après avoir été traitées à chaud à l'aide de l'axonge et de l'alcool, l'huile essentielle que l'on désigne vulgairement sous le nom d'*huile à la cassie*.

Un kilogramme de fleurs ne donne que 3 à 4 grammes d'essence. C'est pourquoi celle-ci se vend à Tunis 100 francs les 30 grammes, soit plus de 3,000 francs le kilogramme.

L'essence de cassie obtenue dans l'Asie est souvent fraudée avec l'essence de girofle.

M. Chiris, à Boufarick, récolte annuellement plus de 20,000 kilog. de fleurs de cassie.

Les fleurs de l'Acacia de Farnèse se vendent sur les marchés de Nice, de Cannes, d'Algérie, etc., sous forme de petits bouquets très odorants.

CHAPITRE IV.

HÉLIOTROPE.

HELIOTROPIUM PERUVIANUM, L.

Plante dicotylédone de la famille des Borraginées.

L'héliotrope a été importé du Pérou en 1757. Cet arbrisseau a une tige dressée et garnie de rameaux poilus. Ses

Fig. 27. — Fleurs d'héliotrope.

feuilles sont lancéolées, ovales, rugueuses et légèrement
blanchâtres. Ses fleurs sont disposées en corymbes (fig. 27);
elles sont petites, blanchâtres, exhalent une délicieuse odeur
de vanille, et se succèdent de juin à novembre.

Cette plante demande une terre légère, très substantielle, et exposée au midi et surtout bien éclairée. Elle est annuelle ou vivace selon le climat où elle est cultivée. Ses fleurs sont plus odorantes dans la région méridionale que dans les contrées du nord. On la multiplie de graines qu'on sème en mars ou avril, et de boutures ou de marcottes qu'on opère au mois de mai. Les boutures reprennent facilement en toute saison si elles sont faites avec des pousses herbacées attenant chacune à une partie ligneuse ou aoûtée. Les boutures faites en automne doivent passer l'hiver sous châssis dans le nord et le centre de l'Europe.

La mise en place des plants provenant de semis ou des boutures et des marcottes enracinées, se fait souvent au printemps de l'année suivante. On agit ainsi afin d'avoir des plantes plus développées et plus florifères.

L'héliotrope demande des arrosements fréquents mais modérés pendant l'été, et doit être protégé contre les froids par des paillassons pendant l'hiver.

On récolte les fleurs à mesure que les corymbes s'épanouissent, depuis le mois de juin ou juillet jusqu'en octobre ou novembre.

Les fleurs, remarquables par la suavité du parfum qu'elles exhalent, se vendent à Grasse de 4 à 5 fr. le kilog. On les emploie dans la parfumerie.

Le parfum de l'héliotrope est d'une finesse très remarquable; il est très recherché, mais on ne distille pas les fleurs qui l'exhalent. C'est par l'enfleurage qu'on peut l'obtenir ou en faisant dissoudre dans l'alcool à 92° centésimaux une graisse qui en est saturée.

On imite assez bien ce délicieux parfum en associant l'essence de rose, l'huile de jasmin, le baume du Pérou et l'huile d'amande amère.

L'huile d'héliotrope est vendue de 30 à 40 fr. le kilog.

On cultive dans les jardins une composée remarquable par le suave parfum qu'elle exhale et à laquelle on a donné le nom d'*Héliotrope d'hiver*. Cette plante aromatique, appelée NARDOSMIA FRAGRANS ou TUSSILAGO SUAVEOLENS, est vivace et a des racines traçantes. Ses fleurs, réunies en thyrses oblongs, sont d'abord blanc rosé et ensuite purpurines; elles se succèdent pendant l'hiver, c'est-à-dire durant les mois de décembre et janvier. Les feuilles radicales et pétiolées se développent toujours deux à trois mois après la floraison.

On multiplie l'Héliotrope d'hiver par la séparation de ses drageons.

CHAPITRE V.

VACQUOIS ODORANT.

PANDANUS ODORATISSIMUS, Jacq.

Plante dicotylédone de la famille des Pandanées.

Cet arbrisseau appelé *pandang* par les Malais, *keora, keenla* ou *kawrah* à Calcutta, *kadar* par les Arabes, *kadi* par les Persans, *fragrant screwpine* par les Anglais et *vacoua* à la Réunion, est répandu dans l'Inde, en Chine, en Égypte, à la Nouvelle-Zélande, aux Antilles, etc.

Il a 3 à 4 mètres de hauteur et des rameaux diffus; sa cime est ramifiée et arrondie. Il produit des racines aériennes qui vont se fixer en terre. Ses feuilles, longues de 1 à 2 mètres, sont armées de piquants très aigus sur leurs bords. Ses fleurs sont en épis terminaux et pendants; elles sont blanches et très odorantes, surtout les fleurs mâles qui ont été desséchées. Ses fruits sont dorés.

Ce vacquois ou *baquois* est commun à la Nouvelle-Zélande, sur les rochers et dans les sables qui bordent la mer.

A Lucknow et à Calcutta, on extrait des fleurs mâles une essence qui est recherchée et qu'on nomme *kawra-ka-utter* ou *keenla-ka-utter.*

Le *Pandanus candelabrum*, assez répandu sur les bords du Formose (Chine), a aussi des fleurs ayant une odeur très suave, très pénétrante.

Les fleurs de ces deux pandanées servent, dans l'Inde et la Chine, à parfumer les habitations. Un bouquet est odorant pendant près d'un mois.

CHAPITRE VI.

YLAND-YLAND.

Uvaria odorata; Unona aromatica; Unona odoratissima.

Plante dicotylédone de la famille des Anonacées.

Cet arbre est originaire de la Chine. Il est répandu à Java, aux Philippines où il est appelé *ihlang-ihlang*, dans l'archipel Indien, en Chine et au Sénégal. Les Malais le nomment *kanonga* ou *canang*.

Cet arbre est rameux et élégant ; il est commun aux Moluques près des habitations, parce que ses fleurs répandent au loin une odeur délicieuse. Ses feuilles sont alternes, ovales, oblongues et entières. Ses fleurs jaunes sont au nombre de 2 à 4 par pédoncule.

L'odeur fine et fraîche que développent les fleurs rappelle un peu celle du jasmin et du lilas.

On extrait des fleurs et des semences un parfum très suave qui est très recherché par les Malais et les Indiens.

Les fleurs de l'*Uvaria longifolia* fournissent à l'Ile-de-France une essence qui est très odorante.

L'*Uvaria cananga*, qui a une grande analogie avec l'*Uvaria odorata,* fournit les *fleurs de canang,* qui sont aussi très fragrantes et qui servent à faire des infusions très recherchées.

L'*Uvaria odorata* est cultivé dans tous les jardins des villes de l'Inde. Il exige, comme les autres espèces, un climat équatorial.

CHAPITRE VII.

CAJEPUTI.

MELALEUCA, ou MYRTUS LEUCODENDRUM; LEUCODENDRUM CAJAPUTI.

Plantes dicotylédone de la famille des Myrtacées.

Le *cajeputi*, *cajeput* ou *cayapouti* est une espèce de myrte très élevé qu'on rencontre dans les forêts montagneuses de la Malaisie, à la Nouvelle-Calédonie, à Bornéo, etc. Cet arbre, haut de 5 à 6 mètres et un peu tortueux, est originaire des Moluques. Il est cultivé à Java et sur divers points des Indes orientales. En Australie, à Bornéo, etc., il a le port d'un grand arbre. Il se plaît dans les marais.

Son tronc, qui est gros, est revêtu d'un écorce feuilletée et cendrée; ses branches sont flexibles et très pendantes. Ses feuilles alternes, brièvement pétiolées et velues, sont très étroites et longues de 0^m,12 à 0^m,14; elles développent une odeur aromatique très forte quand on les froisse entre les doigts. Ses rameaux florifères sont aussi pendants; ses fleurs sont très petites, rose pâle, sans odeur et en épis; ses graines sont anguleuses et cunéiformes.

Le cajéputi est rustique et doué d'une grande vitalité. On le multiplie de semences, de rejetons, de boutures et de marcottes. Recépé, il produit des jets vigoureux.

On extrait de ses feuilles par la distillation une huile essentielle un peu verdâtre, aromatique, à odeur de camphre et remarquable par sa propriété sudorifique. Cette essence à odeur très pénétrante est appelé par les Malais *cajaputi* ou *cajaput*. Elle est importée en Europe des îles de l'archipel Indien, sous le nom de *cajotvoti oil*, par les Hollandais. On l'utilise dans la parfumerie et la pharmacie.

La couleur légèrement verdâtre qui caractérise l'huile essentielle bien fabriquée, est due à la résine spéciale qu'elle contient. L'essence qu'on importe en Europe est souvent très verte ; cette coloration a pour cause les appareils de cuivre dans lesquels les feuilles sont distillées par les Indous. Sa densité égale 0,960.

L'écorce du cajeputi, qui est très épaisse, est employée avec succès pour calfater les navires, parce qu'elle jouit de la propriété de se gonfler dans l'eau ; elle remplace très heureusement les étoupes.

L'odeur de cette plante préserve les étoffes des insectes.

CHAPITRE VIII.

CHAMPAC OU MICHELIA.

MICHELIA CHAMPACA; MICHELIA SUAVEOLENS.

Plante dicotylédone de la famille des Magnoliacées.

Sous le nom de *champac*, au Malabar, de *champagnac*, à Calcutta, de *champaka* au Bengale, de *ciampa* en Cochinchine et de *champa* en Orient, on désigne une espèce de magnolia qui est très répandue dans les Indes orientales, au Brésil, à la Réunion, etc.

Cet arbre croît naturellement en Cochinchine et au Bengale. Il doit son nom à l'île de *Ciampa* qui appartient à la Cochinchine. Les Hindous le vénèrent parce qu'ils l'ont dédié à *Vischnou,* le dieu conservateur du monde. Il est très cultivé par les Malais qui l'appellent *tsjampacca*. On le connaît en Europe depuis 1779, mais il y est rare.

Le champac a 10 mètres environ de hauteur. Sa cime est étendue. Ses feuilles sont persistantes, alternes, pétiolées, aigües, entières, lisses en dessus et un peu pubescentes en dessous. Ses fleurs, d'un beau jaune rougeâtre, sont solitaires et terminales aux aisselles des feuilles ; elles se succèdent toute l'année et répandent une odeur très suave et très appréciée par les Malais. Ses fruits sont alimentaires, mais leur saveur est peu agréable.

Dans la province de Tpong, au Cambodge, le champac se rencontre jusqu'à 900 mètres d'altitude.

On multiplie cet arbre à l'aide de ses graines au ou moyen de boutures.

Comme tous les magnolias, il demande une terre argilo-siliceuse, saine, profonde, aérée et de bonne qualité.

L'essence qu'on extrait de ses fleurs dans les Indes anglaises se vend 3,000 fr. le kilog. On l'emploie dans la parfumerie. Elle constitue un délicieux parfum et est connue à Madras sous le nom de *sampaughi.*

Les fleurs du champac développent une odeur si agréable, si pénétrante, que les Malais s'en servent pour parfumer leurs maisons, leurs bains et leurs vêtements. Ce sont les bayadères qui, dans l'Inde, les vendent aux dames qui les utilisent pour orner leur chevelure. Les Javanais les répandent sur leurs lits.

L'essence qu'on retire des fleurs de cet arbre, qui est très élégant par son port et la beauté de son feuillage, est aussi recherchée dans l'Inde que l'essence de rose.

L'écorce de la *racine rouge* du champac est douée d'une saveur amère et d'une âcreté aromatique. On l'utilise dans la Malaisie comme substance excitante et fébrifuge.

Le bois de cet arbre est très résistant et très recherché ; il est grisâtre et à grain fin. On l'emploie dans la fabrication des meubles.

CHAPITRE IX.

JONQUILLE.

NARCISSUS JONQUILLA, L.

Plante monocotylédone de la famille des Narcissées.

Le *narcisse jonquille* est originaire des provinces du midi de l'Europe. Son oignon est petit, uni et brun; ses feuilles sont demi-cylindriques, linéaires et lisses. Ses fleurs sont petites, d'un beau jaune, et très odorantes; elles s'épanouissent en mars et avril.

Cette plante a produit trois variétés : la *jonquille grande*, la *jonquille moyenne* et la *jonquille naine*. On cultive de préférence la première.

La jonquille est cultivée à Grasse dans les jardins. Elle y végète très bien, et y produit des fleurs nombreuses.

On plante les oignons peu profondément dans des terres légères et de bonne qualité. Cette opération se fait en septembre, et est suivie en octobre d'un binage. L'année suivante, si le temps est sec, on arrose la plantation à l'époque de la floraison. La récolte des fleurs a lieu à Grasse depuis le mois de janvier jusqu'en mars.

Les bulbes ont une certaine tendance à prendre une forme allongée, et à produire alors des fleurs moins belles. On doit les relever tous les deux ou trois ans.

Les fleurs de jonquille se vendent à Grasse de 2 à 3 fr. le kilog. On en extrait par macération, à l'aide de l'huile de ben, une huile essentielle ayant un parfum des plus délicats.

CHAPITRE X.

TUBÉREUSE.

POLIANTHES TUBEROSA L.

Plante monocotylédone de la famille des Amaryllidées.

Anglais. — Tuberose.
Allemand. — Tuberose.

Indien. — Chab-bâ.
Italien. — Tuberoso.

Cette plante est originaire du Mexique. Elle a été introduite de Java à Ceylan en 1591, par Simon de Towar, médecin espagnol. Son introduction en France date de 1632. C'est Théophile Menuti qui l'a importée de Perse dans la basse Provence. Elle est aujourd'hui naturalisée dans les parties méridionales de l'Europe. Les Indiens la nomment *chab-bô.*

Mode de végétation.

La tubéreuse est une plante bulbeuse. Son oignon est brun et allongé. Sa tige élancée a de 0ᵐ,70 à 1ᵐ,20 de hauteur suivant les localités ; elle est accompagnée de feuilles longues et étroites ; elle est terminée par un épi simple formé de fleurs sessiles, tubulées, à cinq pétales d'un beau blanc lavé de rose (fig. 28), ayant une odeur très suave et très pénétrante, mais très expansive, très volatile.

La variété dite *tubéreuse à fleurs doubles* n'est pas cultivée pour la parfumerie.

Les fleurs de la tubéreuse se montrent en août et septembre. Elles s'épanouissent chaque jour, au nombre de deux, de onze heures du matin à trois heures de l'après-midi. On doit les cueillir de suite parce que leur agréable senteur est éphémère.

Culture.

La tubéreuse demande un terrain de consistance moyenne

Fig. 28. — Fleurs de tubéreuse.

d'excellente qualité, exposé au midi et susceptible d'être arrosé.

Cette amaryllidée se propage par ses oignons et les caïeux qu'ils produisent.

Les oignons ou les caïeux âgés de deux ans sont plantés en lignes distantes les unes des autres de $0^m,25$. Chaque planche, ayant 1ᵐ,50 de largeur, comprend six lignes de plantes. Les caïeux âgés de deux ans et les oignons sont plantés sur les lignes, à 0ᵐ,15 ou 0ᵐ,20 de distance les uns des autres.

La plantation se fait en mars ou avril et quelquefois en automne. On doit couvrir légèrement les caïeux de terre. Losqu'une planche a été plantée, on relève ses bords afin de rendre les arrosements plus faciles.

En juillet, alors que les tiges commencent à apparaître, on répand par hectare 1,000 kilogr. de poudrette ou de crottin de bête à laine, ou de tourteau en poudre.

Pendant la végétation de la tubéreuse on arrose tous les dix ou quinze jours selon l'état du sol, et on sarcle à la main, s'il y a lieu, le lendemain de chaque arrosage.

Lorsqu'on met en terre les caïeux, en automne, on les couvre de litière pendant l'hiver.

Récolte des fleurs.

C'est vers la fin de l'été qu'on opère la cueillette des fleurs. Le mois de septembre est l'époque où la tubéreuse est dans toute sa beauté. Alors on enlève les fleurs à mesure qu'elles s'ouvrent.

Les fleurs de la tubéreuse sont vendues à Grasse et à Nice de 2 fr. 50 à 4 fr. le kilogramme suivant les années.

La cueillette est payée 0 fr. 10 à 0 fr. 15 le kilogramme. 1,000 tubéreuses donnent, en moyenne, de 12 à 15 kilog. de fleurs, et un hectare de 2,000 à 2,500 kilogrammes.

Opérations qui suivent la cueillette des fleurs.

Aussitôt que les fleurs ont été récoltées on fume le sol, et on lui donne un labour à la bêche.

Lés oignons ou caïeux ne sont relevés que tous les deux ou trois ans. On les arrache à l'aide de la bêche ou de la houe, puis on sépare les oignons des caïeux. Ces derniers ne fleurissent que quand ils ont deux ans. Les uns et les autres sont conservés dans un local sain dans lequel la température ne descend jamais à 0°. Au printemps suivant on plante séparément les oignons et les caïeux.

La préparation d'un hectare exige 75 journées, et la plantation 15 journées.

Extraction du parfum.

Le parfum que développent les fleurs de la tubéreuse est extrait par expression. Ainsi, sur une couche de fleurs, on étend du coton qui a été imbibé préalablement *d'huile de ben,* et sur cette ouate un second lit de fleurs, et ainsi de suite. On renouvelle les fleurs plusieurs fois. Alors on presse le coton, et on obtient une huile très parfumée qu'on traite de suite par l'alcool à 85° centésimaux, pour qu'il s'empare du principe odorant.

Cette essence très parfumée est vendue 30 à 35 francs le kilogramme.

L'*enfleurage* se fait en plaçant des fleurs sur des châssis en verre recouverts d'une couche d'axonge, et placés les uns au-dessus des autres exactement comme on opère l'enfleurage des fleurs de jasmin d'Espagne.

L'esprit qu'on en obtient est rendu plus agréable, plus délicat, en y ajoutant de l'eau de fleur d'oranger simple

CHAPITRE XI.

MUGUET DES BOIS.

CONVALLARIA MAIALIS.

Plante monocotylédone de la famille des Asparaginées.

Cette plante vivace, appelée souvent *lis de mai, lis des*

Fig. 29. — Muguet des bois.

vallées, est très connue en Europe (fig. 29). Elle croît dans les bois ombragés sur les sols légers, sablonneux et frais. Son rhizome est grêle et rampant. Ses feuilles sont ovales et d'un beau vert. Ses fleurs, d'une blancheur virginale, ont l'aspect de perles globuleuses ou de petits grelots ; elles répandent une odeur suave, délicieuse, rappelant un peu celle de l'oranger.

On possède aujourd'hui une variété qui se distingue de l'espèce type par des fleurs beaucoup plus grandes, plus étoffées. Cette plante, connue sous le nom de *Muguet à grandes fleurs*, *Muguet Fortin*, développe un peu moins de parfum que le muguet commun.

La culture du muguet est très facile quand on peut planter dans un sol léger et un peu ombragé, contenant du terreau de feuilles, les rejetons ou drageons émis par les rhizomes. Ces tiges souterraines sont mises en place soit en automne, soit au printemps. On les espace les unes des autres en tous sens de $0^m,12$ à $0^m,16$.

On doit renouveler les plantations tous les quatre ou cinq ans.

Les fleurs du muguet apparaissent, suivant les localités, depuis la fin d'avril jusqu'en juin. On les livre fraîches aux parfumeurs au prix de 3 à 4 fr. le kilogramme.

On extrait l'odeur que développent ces gracieuses fleurs à l'aide des huiles ou des graisses. Le produit qu'on obtient est utilisé par la parfumerie.

L'eau de muguet, qu'on obtenait autrefois par la distillation, n'est plus utilisée par la médecine.

CHAPITRE XII.

RÉSÉDA.

RESEDA ODORATA, L.

Plante dicotylédone de la famille des Résédacées.

Le réséda odorant est originaire de l'Égypte ; il est annuel lorsqu'on le cultive en pleine terre. Il a été importé en Europe en 1752.

Sa tige est ascendante avec des rameaux étalés ; ses feuilles sont oblongues, alternes, entières ou à trois lobes ; ses fleurs sont verdâtres et exhalent une odeur très suave ; son fruit est une capsule courte et renflée.

On possède aujourd'hui une variété qui se distingue par ses épis très compacts, pyramidaux et à grandes fleurs. Cette race est appelée *réséda pyramidal à grandes fleurs.*

Dans le midi, où il est cultivé en grand, on le sème en automne et au printemps. Dans le nord de l'Europe, on ne peut confier ses graines à la terre qu'au mois de mars ou avril sur un terrain bien préparé et disposé en petites planches. On répand 2 à 3 kilog. de semences par hectare. Ces graines sont enterrées à l'aide d'un râteau.

Le réséda demande un sol léger, riche, frais et exposé au soleil. Les pieds qui végètent sur des sols secs et pauvres, et ceux qui croissent dans des situations ombragées, produisent des fleurs qui ont peu d'odeur.

On peut le transplanter lorsqu'il a $0^m,03$ à $0^m,05$ de

hauteur. Il reprend assez facilement si on a soin de l'arroser quand le temps est sec.

Quand les plantes ont l'élévation précitée, on les éclaircit
de manière que les pieds soient éloignés les uns des autres en
tous sens de 0^m,16 à 0^m,20 suivant la fertilité du terrain.

Dès que cette opération est terminée, on donne un binage
pour maintenir le sol propre et meuble.

On peut, pendant les temps de sécheresse et lorsque les
circonstances le permettent, opérer de temps à autre des
arrosages ou des irrigations modérées par infiltration.

Le réséda fournit des rameaux fleuris pendant deux à
trois mois. Chaque matin, après la disparition de la rosée,
on cueille avec l'ongle les sommités fleuries pour les déposer
dans une corbeille et les livrer de suite aux parfumeurs.

Le réséda ne se distille pas. On extrait son parfum au
moyen de l'*enfleurage*.

On l'emploie pour aromatiser des pommades et des eaux
de senteur.

Le parfum qu'exhalent les fleurs du réséda odorant est
très suave et très agréable.

On vend ses *fleurs fraîches* 2 à 3 fr. le kilogramme.

Un hectare peut donner 2,000 kilog. de fleurs. Dans les
cultures bien conduites on récolte de 200 à 250 grammes
de sommités florales par mètre carré.

CHAPITRE XIII.

VIOLETTE ODORANTE.

Viola odorata, L.

Plante dicotylédone de la famille des Violariées.

Anglais. — Sweet violet.
Allemand. — Maerzxeilchen.
Danois. — Martsfioler.
Suédois. — Aekta fioler.
Polonais. — Skopek.
Arabe. — Benefsig.

Espagnol. — Violeta.
Italien. — Viola.
Russe. — Pachutschaja fialko.
Arménien. — Manischar.
Portugais. — Violetta.

Mode de végétation. — Espèces et variétés. — Terrain. — Multiplication. — Soins d'entretien. — Récolte des fleurs. — Dessiccation des fleurs. — Valeur commerciale. — Usages.

La violette est très ancienne. Homère, Théophraste, Dioscoride et Pline l'ont signalée comme l'une des fleurs odorantes qui plaît le plus. C'est à bon droit qu'on l'a toujours regardée comme l'emblème de la modestie, car elle semble dire en se dérobant aux regards : *Qui m'aime me cherche !*

La violette odorante, ou *violette de mars,* croît dans les bois un peu ombragés, le long des haies, et dans les lieux un peu couverts. On la cultive sur d'importantes surfaces dans les départements du Var, de la Seine, de la Haute-Garonne et des Alpes-Maritimes.

La violette odorante est commune dans l'Atlas, en Algérie.

En Égypte, la violette fleurit en novembre.

Mode de végétation.

La violette odorante a des racines vivaces qui produisent annuellement plusieurs rhizomes traçants. Les tiges sont couchées et radicales ; ses feuilles sont aussi toutes radicales, longuement pétiolées, cordiformes, finement dentées sur leurs bords, un peu aiguës à leur sommet, vertes et glabres. Ses fleurs sortent directement des racines, et restent en partie cachées sous les feuilles; elles sont portées sur de longs pédoncules simples, uniflores, glabres, et munies de plusieurs petites bractées ; elles sont violettes, et exhalent, à l'état frais, une odeur très douce, très suave et délicieuse. Ses fruits sont des capsules à trois valves concaves, contenant un grand nombre de graines arrondies et jaune brunâtre.

Espèces et variétés.

La violette odorante a produit quatre variétés. La première, à laquelle on a donné le nom de *violette des quatre saisons*, fleurit au printemps et en automne.

La seconde est connue sous le nom de *violette à grande fleur*. Elle se distingue par des feuilles plus larges et plus longuement pétiolées, et par des fleurs plus grandes, plus foncées en couleur ou plus violettes et portées par de longs pétioles. Ces fleurs sont moins odorantes que les fleurs de la violette des quatre saisons.

Chaque année, on cueille sur le mont Mezin les fleurs de la violette à grande fleur qui croît en abondance sur cette montagne. La quantité qui se vendait autrefois à la foire de Beaucaire s'élevait à 30,000 kilogrammes.

La *violette double* est plus odorante que la violette simple, mais elle produit moins de fleurs.

On cultive à Nice, à Grasse sous les orangers, en Italie, etc., une variété à *fleur bleu pâle* et double que l'on nomme *violette de Parme*. Cette violette est très odorante et son odeur est fine et douce. Ses fleurs sont nombreuses. Cette belle variété périt quelquefois à Nice, à Vence ou à Grasse quand la température pendant l'hiver descend à — 6°.

La violette de Parme doit être abritée sous châssis depuis le mois de novembre jusqu'au printemps suivant dans le centre et le nord de la France. Elle ne produit pas de graines.

Terrain.

Toutes les terres un peu ombragées ou fraîches conviennent à la violette, mais les terrains un peu légers comme les sols silico-argileux, silico-calcaires sont ceux qui lui conviennent le mieux, surtout si ces terrains sont riches en humus.

A Nice, en Égypte, etc., la violette est protégée par les orangers contre les rayons du soleil.

Le terrain destiné à la violette est d'abord bien divisé par un labour à la bêche, et disposé ensuite en planches ayant 0^m,30 de largeur et séparées les unes des autres par des sentiers. Quand elles sont bien *dressées* à l'aide du râteau, on les borde d'un bourrelet de terre de 0^m,05 à 0^m,06 de de hauteur, ce qui rend plus tard les arrosages plus faciles et plus efficaces.

Multiplication.

On multiplie la violette simple ou la violette double en divisant les vieux pieds, ou, ce qui vaut mieux, en enlevant aux anciennes touffes les drageons rampants, rameux et fibreux qu'elles produisent.

Ces drageons peuvent être plantés en pépinière ou en

place. Dans le premier cas on les met à demeure quand ils se sont enracinés.

C'est après la récolte des fleurs, c'est-à-dire en mars ou avril que la plantation à demeure est exécutée. On peut aussi mettre les plants ou les éclats de pied en place au commencement de l'automne, mais les violettes donnent toujours moins de fleurs au printemps suivant.

La plantation se fait *en ligne* ou *en plein* en espaçant les pieds en tous sens de 0^m,20 à 0^m,30.

Quelquefois on plante 3 à 4 jeunes pieds ou drageons à côté les uns des autres, afin d'avoir de belles touffes le plus tôt possible.

Quand on plante les drageons en pépinière, on les espace sur les lignes de 0^m,10 environ.

On facilite la reprise des plants ou des drageons en les arrosant après qu'ils ont été mis en place.

Soins d'entretien.

Chaque année, après la cueillette des fleurs, on donne un ou plusieurs binages dans le but de maintenir le sol meuble et propre. Puis, on exécute chaque mois un ou deux arrosages suivant les besoins.

Après la cueillette et aussi en automne on enlève les rejets, afin qu'ils ne nuisent pas aux plantes mères.

Chaque année à l'automne ou au printemps on fume le sol occupé par la violette en y répandant du terreau, du fumier divisé, du tourteau réduit en poudre ou des vidanges. La violette est une plante épuisante et exigeante.

Tous les quatre ou cinq ans, on renouvelle la violette en la déplaçant. Toute violette qui occupe le même terrain pendant longtemps donne toujours moins de fleurs.

Récolte des fleurs.

On cueille à la main les fleurs de la violette deux ou trois fois par semaine pendant les mois de mars et d'avril, lorsque le temps est beau et après le lever du soleil.

A Nice, la cueillette des fleurs de la violette double de Parme a lieu en janvier, février et mars.

Les sentiers qui séparent les planches rendent la cueillette facile et expéditive.

Les fleurs sont livrées fraîches aux parfumeurs et sèches aux droguistes ou aux pharmaciens. Une femme ramasse en 10 heures de 4 à 5 kilogr. de fleurs.

Rendement.

La violette, pendant l'année qui suit sa mise en place, ne donne que moitié ou un tiers de récolte.

Elle est ordinairement en plein rapport pendant la deuxième et la troisième année. Alors elle produit de 1,000 à 1,500 kilogrammes de fleurs par hectare. Les plus forts rendements ne dépassent pas 2000 kilogrammes.

Dessiccation des fleurs.

Avant de faire sécher les fleurs de violette, on sépare les pétales des calices, et on les étend de suite dans un grenier ou une étuve. On doit éviter de les exposer directement à l'action du soleil, parce que la lumière solaire altère sensiblement leur couleur et leur parfum.

Quand elles sont bien sèches, on les enferme dans des bocaux ou caisses fermés qu'on conserve dans un endroit sec. L'humidité altère leur parfum et leur couleur.

Emplois.

On retire des fleurs fraîches, à l'aide de l'alcool, un esprit très suave qui se vend, selon la qualité, de 25 à 35 fr. le kilog. La macération doit être prolongée. Cette essence sert à parfumer des pommades, des savons et des eaux de toilette.

1 kilogramme. de fleurs sert à parfumer un kilogramme de pommade.

Les *fleurs sèches* sont employées en médecine ; elles sont émollientes et béchiques. Fraîches, elles servent à préparer le *sirop de violette* ou sirop antispasmodique.

On prépare l'*esprit de violette* avec des fleurs fraîches et en ajoutant de l'iris de Florence et des fleurs de cassie.

Valeur commerciale.

Les fleurs fraîches de violette odorante se vendent de 3 à 6 fr. le kilogramme, suivant la variété et la saison.

La parfumerie donne la préférence aux violettes cultivées sur les violettes qu'on récolte dans les prés ou sur la lisière des bois.

Le prix des violettes sèches varie entre 3 fr. 50 et 4 fr. 50 le kilogramme.

Le commerce achète chaque année, pour la pharmacie, des fleurs de la *violette éperonnée* (VIOLA CALCARATA, L.), qui croît naturellement dans les Alpes, et des fleurs de la *violette pédalée* (VIOLA PEDATA, L.) qu'on a importée en Europe, en 1759, de l'Amérique septentrionale. Les fleurs de la première espèce sont bleu clair, munies d'un éperon plus long que les pétales ; la seconde espèce a des feuilles pédalées et des fleurs bleues.

On fraude les fleurs sèches en y mêlant des fleurs de mauve, de vipérine ou des fleurs d'ancolie aromatisées avec l'iris de Florence.

On cueille chaque année sur le mont Mezin, dans le Vivarais, les fleurs de la *violette à grandes fleurs* (VIOLA GRANDIFLORA), qui croît en abondance dans les prairies situées sur cette grande élévation. Ces violettes sont connues sous le nom de *violettes* du mont Mezin; elles sont violettes, plus grandes et mieux colorées que les violettes ordinaires, mais elles sont moins odorantes.

Depuis une vingtaine d'années, on cultive dans les environs de Paris et de Toulouse diverses variétés simples ou doubles qui se distinguent par des fleurs plus grandes et des *queues plus longues*. Les fleurs de ces violettes par leur manière d'être sont d'une cueillette plus facile, plus expéditive que les fleurs de la violette ordinaire, qui ont le défaut d'avoir une queue courte et d'être souvent ombragées par les feuillages qui les accompagnent. La variété la plus estimée sous ce rapport est appelée *violette des quatre saisons Reine Victoria*.

TROISIÈME DIVISION.

PLANTES CULTIVÉES POUR LEURS PARTIES HERBACÉES VERTES OU SÈCHES.

CHAPITRE PREMIER.

GÉRANIUM ROSAT.

PELARGONIUM CAPITATUM, ou PELARGONIUM ROSA.

Plante dicotylédone de la famille des Géraniacées.

Mode de végétation. — Composition. — Terrain. — Multiplication. — Soins d'entretien. — Récolte. — Quantité d'essence fournie par les feuilles. — Valeur commerciale. — Emplois des produits.

Le géranium rosat ou *rose* est originaire du cap de Bonne-Espérance. Il a été introduit en Europe en 1690. Il est assez répandu dans les jardins. On le cultive pour ses feuilles comme plante à parfum dans la basse Provence, le comté de Nice, en Espagne, dans la province d'Alger, en Turquie, en Égypte, à la Réunion, etc. Il ne supporte pas toujours les hivers à Grasse ; mais à Valence, en Espagne et en Algérie il acquiert un grand développement.

Mode de végétation.

Le *Pelargonium capitatum* a des tiges diffuses, assez fortes et hautes d'un mètre (fig. 30 et 31). Les feuilles sont digitées à 5 ou 6 lobes divisés, dentés, à nervures apparentes et un peu velues ; elles développent une odeur de rose très

Fig. 30. — Géranium rosat.

agréable quand on les froisse. Les fleurs sont disposées en ombelles capitulées et multiflores ; les pétales inférieurs sont roses ou purpurins ; les deux supérieurs sont striés de lignes rouge sanguin. Ce géranium devient ligneux dans les pays tout à fait méridionaux.

Cette espèce fleurit d'avril à octobre dans les pays très

Fig. 31. — Branche fleurie du géranium rosat.

tempérés. Les Égyptiens la nomment *yt'r beledi*. Elle est très cultivée en Algérie.

Le *Pelargonium odoratissimum* a des feuilles cordiformes,

arrondies ; ses fleurs sont rose foncé, mais il n'est pas très cultivé, bien que l'essence qu'on en retire soit très agréable, parce qu'il fournit une faible production herbacée. Il en est de même du *Pelargonium fragrans* qui a des feuilles à 3 lobes dentés et des fleurs blanches.

Composition.

L'huile essentielle qu'on retire des feuilles du géranium rosat par la distillation et non de la fleur est légèrement citrine. Son odeur et sa saveur rappellent l'*essence de rose* avec un arrière-arome de géranium. Elle se liquéfie à + 18°, mais elle ne se congèle pas. Exposée à l'air elle perd assez facilement l'odeur spéciale qu'elle possède et elle se rapproche alors par son parfum de l'essence de rose.

Terrain.

Ce géranium doit être planté dans un terrain profond, de consistance moyenne et situé dans une contrée où le thermomètre ne descend pas au-dessous de + 5° pendant l'hiver. Il redoute aussi l'humidité durant cette saison. Les terres qui sont les plus favorables sont celles qui sont saines, un peu fraîches pendant l'été et riches en humus ou terreau.

En outre, il est nécessaire que la plantation en coteau ou dans une vallée soit garantie des grands vents de l'ouest et du nord et bien exposée au midi. La chaleur, pendant l'été, exerce une influence considérable sur le développement des feuilles et de l'arome ou huile essentielle qu'on en extrait.

Il est très utile aussi de le cultiver sur des terrains qu'on puisse arroser pendant l'été, car les grandes chaleurs et surtout les sécheresses intenses nuisent sensiblement à son développement.

Enfin, il est important d'éloigner les cultures des routes poudreuses pendant l'été, afin que la poussière, durant cette saison, ne couvre pas les feuilles.

Les cultures de géranium à Chéragas (Algérie) sont exposées au midi sur un terrain légèrement déclive.

Multiplication.

On multiplie le géranium rosat de boutures. Celle-ci sont formées de pousses de l'année et munies d'un talon. On les fait à l'air libre au printemps ou en été si la terre est fraîche ou si on peut exécuter de temps à autre des arrosements.

Les boutures âgées de deux ans forment ordinairement de très belles touffes.

La mise en place des boutures doit être faite en lignes espacées de 0ᵐ,65 à 1 mètre. On laisse entre les boutures sur les lignes un intervalle de 40 à 50 centimètres. M. Simonnet, à Hussein Dey et M. Chiris, à Bouffarick, ne plantent que 10,000 à 12,000 boutures par hectare, parce qu'ils les espacent de 90 centimètres à 1 mètre en tous sens. Par contre, M. Mercurin, à Chéragas, et M. Ferraud, à Hydra, ne laissent que 50 centimètres au plus entre les plants. Un hectare ainsi planté contient environ 40,000 plants.

Le mode de plantation adopté par M. Simonnet laisse beaucoup à désirer. D'abord, il ne permet pas aux jeunes plantes de garantir promptement le sol de l'action du soleil ; ensuite, l'espacement qu'il laisse aux géraniums leur permet de végéter avec une grande vigueur, et de développer des ramifications fortes et nombreuses au détriment des feuilles et des fleurs.

L'expérience prouve chaque année qu'un carré de 30 à

40 centimètres de côté est suffisant pour que le géranium rosat présente de belles touffes bien garnies de feuilles.

Soins d'entretien.

Chaque année, en automne, on opère, sur toute la surface occupée par cette plante aromatique, un labour à la houe. Ce travail est destiné à ameublir le sol et à enfouir l'engrais.

Au printemps suivant, on exécute un binage, qu'on répète une seconde fois, si cela est nécessaire, avant le moment où les ramifications commencent à couvrir entièrement la surface du sol.

Pendant les fortes chaleurs, on arrose, si on le peut, dans le but de paralyser l'action du soleil sur les racines des plantes.

Bien cultivé, c'est-à-dire lorsqu'on lui donne tous les soins, toutes les façons qu'il exige, le géranium peut durer cinq à six ans dans le midi de l'Europe et en Algérie.

Récolte.

La récolte des pousses se fait à plusieurs reprises. En Algérie, on opère ordinairement la première coupe dans le mois de juin, la seconde en juillet et la troisième en novembre. Quand on ne fait que deux coupes, la première a lieu en avril ou mai et la seconde en septembre ou octobre. On l'exécute à l'aide d'une faucille.

On doit livrer les tiges et les feuilles aux distilleries aussitôt qu'elles ont été récoltées, c'est-à-dire lorsqu'elles sont encore fraîches et lourdes. Quand on les abandonne à elles-mêmes en tas pendant un certain temps, elles s'échauffent, fermentent et perdent de leur valeur commerciale.

On dessèche les feuilles qui ont été séparées des tiges en les exposant à l'air ou au soleil. On hâte cette dessiccation en les remuant de temps à autre avec une fourche en bois. Quand elles sont sèches, on les emballe pour les soustraire à l'action de l'air.

Les feuilles sèches ayant une couleur noirâtre sont peu appréciées par les distillateurs.

Le géranium rosat forme ordinairement de très belles touffes en Algérie et à Grasse. Chaque pied y fournit en moyenne 1 kilog. de feuilles et 1 hectare de 30,000 à 40,000 kilog. suivant le mode de plantation adopté et le nombre d'arrosages opérés.

Quantité d'essence fournie par les feuilles.

Les feuilles du géranium rosat contiennent, en moyenne, 1 pour 100 d'essence ; mais comme elles sont toujours distillées avec les pousses auxquelles elles sont attachées, le rendement dépasse bien rarement 0,70 à 0,75 pour 100.

De ces faits il résulte que 100 kilog. de tiges et feuilles vertes ne fournissent pas au delà de 300 à 350 grammes d'essence.

Un hectare qui produit annuellement de 30,000 à 40,000 kilog. de parties herbacées peut donc donner 100 à 120 kilog. d'essence.

La feuille desséchée rend moins d'essence que la feuille fraîche, mais l'huile essentielle qu'elle fournit est de qualité supérieure. En général, les feuilles récoltées en Algérie sur des plantes qui ne sont pas cultivées à l'arrosage donnent plus d'essence que les feuilles que le géranium fournit dans le comté de Nice.

Les 48 distilleries qui existent dans le Sahel et la plaine de la Mitidja en produisent annuellement 3,000 kilog. M. Chiris, à Bouffarick, en produit 2,000 kil. chaque année.

12.

A la Trappe de Staouëli (Algérie), chaque hectare de géranium produit en trois coupes de 30 à 35 kilog. d'essence qui est vendue 40 fr. le kilogramme.

Valeur commerciale.

Les *feuilles vertes*, munies de leur pétiole et de leurs ramifications, se vendent, à Grasse, 10 à 15 fr. les 100 kilogramme.

L'*essence très pure* se vend de 200 à 250 fr. le kilog. Son prix dans l'Inde est beaucoup moins élevé.

Le prix de l'*essence ordinaire* varie comme suit :

Essence de France.....	120 à 130 fr.
— d'Alger........	50 à 70
— de Turquie....	40 à 50

L'essence obtenue dans l'Inde est vendue à bas prix, mais elle est peu recherchée. Celle qui vient d'Espagne est remarquable par sa finesse. Il en est de même de l'essence qu'on importe de l'Ile Bourbon.

Emplois.

L'huile essentielle de géranium rosat sert à fabriquer des parfumeries ou à remplacer l'essence de rose. Quelquefois même elle est utilisée pour frauder cette dernière essence. Il y a vingt ans, un droguiste de Paris fut condamné à 16 fr. d'amende pour avoir vendu de l'essence de géranium pour de l'huile essentielle de rose.

CHAPITRE II.

LAVANDE.

LAVANDULA ANGUSTIFOLIA, Erht.; LAVANDULA OFFICINALIS, Ch.;
LAVANDULA VERA, Dec.

Plante dicotylédone de la famille des Labiées.

Anglais. — Lavender.
Allemand. — Lavendel.
Polonais. — Lawanda.
Suédois. — Lavendel.
Indes. — Ustakhudac.

Espagnol. — Lavandula.
Italien. — Lavandola.
Russe. — Lawendal.
Portugais. — Espliego.

Mode de végétation. — Espèces. — Composition. — Terrain. — Culture. — Soins
d'entretien. — Récolte. — Usages.

La lavande est connue depuis fort longtemps. On l'utilisait sous les Romains pour parfumer les bains.

La *lavande à feuilles étroites*, *lavande véritable*, *lavande vraie*, *lavande des Alpes*, ou *officinale* (fig. 32), croît naturellement sur les montagnes arides de la Provence, du Comtat, en Corse, en Italie, en Espagne et en Algérie, où elle insinue souvent ses racines dans les fentes des rochers. Dans ces diverses contrées, toutes ses parties dégagent sans cesse, sous l'action du soleil, des émanations camphrées, fortes et balsamiques.

On la cultive en France dans la région du midi, à Mitcham, dans le comté de Surrey, et à Hitchn, dans le comté d'Herdfort (Angleterre). On la cultive aussi aux Canaries,

aux Açores, en Perse, dans la Confédération Argentine, etc.
Elle résiste très bien aux froids de l'hiver en Angleterre.
C'est elle qui fournit l'essence la plus estimée.

Mode de végétation.

Cette labiée est un véritable sous-arbrisseau buissonneux

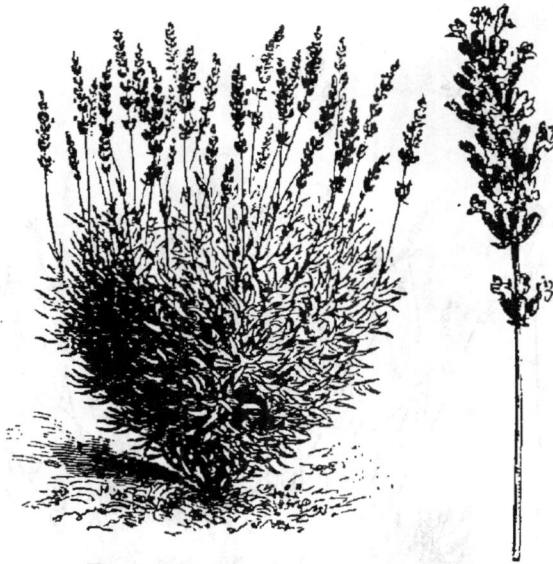

Fig. 32. — Lavande véritable.

de $0^m,60$ à $0^m,75$ de hauteur. Ses rameaux sont grêles, dressés, simples, garnis de feuilles oblongues-linéaires, étroites,
entières, blanchâtres ou cotonneuses en dessous, enroulées
sur les bords et longues de $0^m,03$ à $0^m,04$. Ses fleurs sont
bleuâtres ou lilas et disposées en épis terminaux grêles et
lâches ; les corolles sont plus longues que les calices ; elles
s'épanouissent de juin à septembre.

La lavande officinale craint, dans le nord de la France,
les grands froids et l'humidité. C'est pourquoi on ne la rencontre à l'état indigène que dans les parties méridionales
de la France et de l'Europe.

Espèces cultivées.

On cultive aussi quelquefois deux autres espèces de lavande :

1° La *lavande spic* ou *lavande aspic* (LAVANDULA SPICA)
(fig. 33). Cette espèce a des tiges ligneuses, des rameaux
dressés, simples et munis de feuilles oblongues, lancéolées,

Fig. 33. — Lavande spic.

très étroites, à duvet étoilé, puis vertes. Ses fleurs sont lila-
cées ou bleuâtres, et disposées en épis courts, oblongs et
presque interrompus ; leur odeur est délicieuse, très suave.

Ce petit arbuste est commun sur les *sols calcaires* dans les
provinces méridionales, en Sicile, en Italie et aux environs
de Murcie (Espagne). Cette espèce est plus délicate que la
lavande officinale.

C'est cette lavande indigène qui fournit l'essence appelée *huile d'aspic,* ou *essence de spic.* Elle était connue des Romains.

2° La *lavande des îles d'Hyères* ou *lavande stœchade* (LAVANDULA STŒCHAS, L.). Cette espèce est plus arbustive, très rameuse et s'élève à 1 mètre. Ses feuilles sont sessiles, linéaires, à bords enroulés et blanchâtres sur les deux faces. Ses fleurs pourpre foncé ou violet foncé s'épanouissent en mai, juin et juillet; elles forment des épis serrés et brièvement pédonculés; leur odeur est délicieuse.

Cette lavande croît dans la région méditerranéenne, dans les départements du Var, des Bouches-du-Rhône, de l'Hérault et des Pyrénées-Orientales. Elle existe aussi en Espagne, dans les plaines de l'Estramadure, au Portugal, aux Canaries, dans les Indes occidentales et en Arabie.

On la cultive quelquefois dans les jardins, mais elle est, comme la précédente espèce, moins aromatique que la lavande officinale. Son principal mérite est de fournir beaucoup d'essence par la distillation.

Les îles d'Hyères ont été nommées par les Romains *îles Stœchades.*

Composition.

La lavande a une odeur vive et pénétrante, une saveur chaude et un peu amère.

Elle fournit une huile essentielle blanche, incolore lorsqu'elle est pure, et jaunâtre quand elle provient d'un mélange d'huile essentielle et d'alcool. L'odeur de cette essence est aussi très pénétrante, mais elle est moins agréable que le parfum qu'exhalent les parties fraîches ou sèches. Cette huile contient une notable quantité de camphre; elle ne rancit pas comme la plupart des autres essences, et, en vieillissant, elle acquiert plus de finesse et un parfum plus suave.

L'*huile fine de lavande* a une densité qui varie, lorsqu'elle a été rectifiée, entre 0,872 et 0,898. Le poids spécifique de l'*huile d'aspic* est de 0,907. Cette dernière essence a une odeur plus forte, mais moins suave, et même désagréable.

Terrain.

On cultive la lavande en pleine terre en France comme en Angleterre ; elle demande des terres saines, profondes, de consistance moyenne, et exposées au midi.

La *lavande aspic* croît sur les *sols calcaires* et la *lavande stœchas* sur les *terrains granitiques et schisteux*.

Le sol destiné à la lavande ne doit pas être entouré de haies vives élevées, parce que cette labiée végète mal sur les terres ombragées.

Les plantes sont vigoureuses sur les *sols riches et frais*, mais elles sont beaucoup plus parfumées sur les *terrains secs et pierreux* ou les sols arides.

Culture.

La lavande se multiplie de graines, de boutures et d'éclats de pieds, sur des terres disposées en *petits ados* ou *billons*.

On sème les graines au mois de mars ou d'avril. Un litre de semences pèse environ 600 grammes.

Les boutures se font à la fin de l'été.

On sépare les vieux pieds en octobre ou novembre, époque à laquelle on plante les éclats, afin que leur reprise ait lieu avant l'apparition des froids. On peut aussi ne diviser les anciens pieds qu'au mois de mars. On plante souvent les éclats en pépinière pour les mettre à demeure l'année suivante, ou, ce qui vaut mieux, pendant l'automne.

Les boutures et les éclats doivent être plantés à 0^m,65 de distance en tous sens, et à 0^m,06 ou 0^m,10 de profondeur. Quelquefois on plante les pieds à une distance les uns des autres de 0^m,80 à 1 mètre, sur des lignes espacées de 1 mètre à 1^m,20.

Il est utile de ne pas laisser fleurir les pieds la première année, afin de les avoir plus vigoureux l'année suivante.

On renouvelle les plantations tous les cinq ou six ans.

La lavande, pendant la végétation, ne demande que des labours et des binages.

Récolte.

On opère la récolte des tiges avant le complet développement de toutes les fleurs, c'est-à-dire lorsque les fleurs inférieures des épis commencent à prendre une coloration plus foncée. On coupe le plus près possible de la souche ligneuse à l'aide d'une faucille.

La lavande produit peu de tiges pendant l'année qui suit la mise en place des boutures ou des éclats de pieds ; mais elle est productive à partir de la seconde année.

La lavande destinée à la parfumerie est livrée à l'*état frais*.

Lorsqu'on doit la conserver pour la livrer en bottes ou en gros paquets aux herboristes ou aux droguistes, on la dessèche à l'abri du soleil sous des hangars ou dans des greniers.

100 kilogrammes de tiges et feuilles vertes donnent 50 kilog. de la vandesèche.

100 kilog. de parties vertes fleuries produisent ordinairement 2 kilog. d'huile essentielle.

Un hectare de lavande fournit ordinairement 20 à 25 kilogrammes d'essence.

La récolte d'un hectare occasionne à Mitcham une dépense de 18 à 20 francs.

On prépare l'*esprit de lavande* avec 25 litres d'alcool à 85° et 3 kilog. de lavande.

Il existe dans la région méridionale des industriels qui distillent la lavande sur place, c'est-à-dire dans les garrigues où elle est commune.

Usages.

L'essence de lavande est employée pour parfumer des objets de toilette : savons, pommades, cosmétiques, eau de toilette, alcoolat de lavande.

Les rameaux secs servent à préparer l'*eau de lavande* et l'*eau de Cologne*. On en fait aussi des sachets odoriférants ou de petites boîtes que l'on place dans les endroits où l'on veut masquer de mauvaises odeurs.

On emploie l'*huile d'aspic* dans la parfumerie commune et pour la dilution des couleurs fines avec lesquelles on peint sur la porcelaine et sur l'émail. Elle entre aussi dans la composition de plusieurs vernis.

Les lavandes ont des propriétés thérapeutiques qui rendent leur emploi utile dans la médecine humaine et vétérinaire.

En Espagne et au Portugal, la lavande fraîche sert à tapisser le sol des églises.

Valeur commerciale.

L'*huile essentielle* fine *de lavande* se vend de 10 à 15 fr. le kilogramme. La même essence obtenue des fleurs vaut de 15 à 18 fr. Le prix de l'*essence d'aspic* varie entre 4 fr. 50 et 6 fr. 50, suivant sa finesse.

Les fleurs sèches sont vendues de 0 fr. 80 à 1 fr. le kilogramme. La poudre de fleurs vaut 2 fr. le kilogramme.

CHAPITRE III.

MENTHE POIVRÉE.

MENTHA PIPERITA, L.; MENTHA OFFICINALIS, S.

Plante dicotylédone de la famille des Labiées.

Anglais. — Peppermint.
Allemand. — Pfeffermuenze.
Suédois. — Pepparmynta.
Égyptien. — Nânah.

Italien. — Menta pepata.
Espagnol. — Menta pimentada.
Portugais. — Hortelana pimentosa.

Mode de végétation. — Composition. — Terrain. — Culture. — Récolte des parties herbacées. — Quantité d'essence fournie par la menthe. — Dessiccation des feuilles. — Valeur commerciale. — Emplois des produits.

La menthe est connue depuis les temps les plus anciens. Ovide, Dioscoride, Théophraste ont vanté ses propriétés; son odeur balsamique est très pénétrante, très agréable. Les anciens la répandaient dans la salle de leurs festins.

Cette labiée, que l'on désigne souvent sous le nom de *menthe anglaise*, est originaire d'Angleterre; elle croît naturellement dans quelques vallées humides des Pyrénées. Mais dans de telles situations son parfum est moins prononcé que lorsqu'elle végète sur des terrains secs et aérés.

On la cultive en grand aux environs de Mitcham et Tooting, dans le comté de Surrey, à Hitchin, dans le comté d'Hersfordshire, et à Wisbeah, dans le comté de Cambridge (Angleterre); en France, près de Sens, à Gennevillers, dans la Provence; en Algérie, en Cochinchine, aux États-Unis

Mode de végétation.

La *menthe poivrée* (fig. 34) a des racines vivaces, fibreu-

Fig. 34. — Menthe poivrée.

ses, longues et traçantes ; elle croît par touffes. Ses tiges
sont nombreuses, droites, quadrangulaires, à rameaux axil-

laires, légèrement pubescentes, et hautes de 0^m,40 à 0^m,50. Ses feuilles sont ovales, oblongues, lancéolées, aiguës, opposées, pétiolées, dentées en scie, d'un beau vert foncé en dessus, et légèrement pileuses en dessous. Ses fleurs sont petites, rougeâtres et purpurines, et disposées en un épi court, lâche, cylindrique et terminal ; elles s'épanouissent de juillet en septembre.

Cette espèce est vigoureuse quand elle est cultivée sur un terrain défoncé, frais, bien fumé et riche en sels potassiques, et qu'elle reçoit l'action du soleil.

On cultive trois sortes de menthe :

1° La *menthe poivrée* qui vient d'être décrite.

2° La *menthe cultivée* (MENTHA SATIVA OU MENTHA SUAVIS) que l'on nomme aussi *menthe des jardins, herbe du cœur* et *baume des jardins.* Cette espèce a une odeur très agréable, mais ses feuilles n'ont pas cette saveur chaude, très aromatique qui rafraîchit en disparaissant.

3° La *menthe pouliot* (MENTHA PULEGIUM), le *Penny royal* des Anglais, qu'on rencontre dans les vallées fraîches et sur le bord des cours d'eau. Cette menthe est commune en Algérie ; elle produit une essence secondaire, mais qui a néanmoins une certaine importance. M. Chiris, à Boufarik, en produit 2,000 kilog. par an.

La menthe poivrée est aussi appelée *menthe d'Angleterre.* C'est elle qui sert à préparer les *pastilles de menthe.* Elle est chargée de principes très odorants et très agréables.

Composition.

Les feuilles de la menthe poivrée ont une odeur aromatique très volatile. Elles ont une saveur piquante qui laisse sur la langue une chaleur vive, stimulante, une saveur particulière qui plaît beaucoup parce qu'elle rafraîchit la

bouche et procure une agréable sensation, par le froid gla-
cial, pénétrant, qu'elle produit.

L'essence que renferme la menthe est extraite des feuilles
et surtout des sommités fleuries. Cette huile essentielle est
jaune verdâtre ; elle a une odeur légère de camphre très pénétrante. A la température de zéro, elle se coagule en cristaux abondants ou en prismes incolores. A la température
ordinaire, elle est fluide ; elle entre en ébullition à 190°. Sa
densité est 0,899. Elle rougit avec le temps.

M. Mialhe a constaté que l'essence de menthe perd, en
vieillissant, son odeur herbacée, et qu'elle est bien plus
suave, plus fragrante après une année de préparation.

Cette essence a souvent une odeur empyreumatique dite
coup de feu, goût de vert, défaut qui tient ordinairement à
l'imperfection des appareils dans lesquels on distille la
menthe.

Terrain.

Cette plante doit être cultivée sur des terres de jardin
profondes, substantielles et toujours fraîches sans être humides. Elle réussit très bien sur de riches alluvions.

Les terres qu'elle occupe à Ancy-le-Libre (Yonne) et
qu'on nomme *courtils*, sont arrosées par la Vanne.

Ses racines pénètrent assez avant dans le sol.

Les sols très humides ou marécageux ne lui conviennent
pas. Sur de tels terrains, elle est attaquée par la *rouille*.

Culture.

On multiplie la menthe en divisant les vieux pieds, soit
en automne, soit au printemps, ou en enlevant, à la fin de
mars ou dans la première quinzaine d'avril, les rejetons qui
se sont développés les années précédentes sur les pieds déjà
âgés ou vigoureux.

Ces éclats ou ces rejetons sont plantés sur un terrain bien labouré, divisé en planches ayant 1^m,50 ou 2 mètres de largeur; les lignes doivent être espacées les unes des autres de 0^m,35 à 0^m,50, et les pieds, dans les rayons, de 0^m,25 à 0^m,30.

Pendant le cours de l'année, on exécute deux ou trois binages et sarclages. Le sol doit être maintenu propre.

Les rayons facilitent les arrosages qui sont nécessaires dans le Midi quand le sol est sec. Ces arrosages se répètent chaque semaine.

Avant l'hiver, M. Roze, à Sens (Yonne), couvre le sol de fumier ou de boues de ville, dans le but de prévenir les effets fâcheux des gelées, et d'activer la végétation pendant l'année suivante. On renouvelle les plantations tous les trois ou quatre ans.

Récoltes des parties herbacées.

On fauche les pousses pendant le mois de juillet et août lorsque les fleurs sont sur le point de s'épanouir ou lorsque les premières fleurs sont épanouies. On doit les couper rez terre et en plein soleil.

Quelquefois on obtient une seconde pousse en septembre, surtout quand on a pu exécuter les arrosages avec des eaux fertilisantes.

On livre fraîche et exempte de mauvaises herbes la menthe aux distilleries. On doit éviter de réunir les pousses pendant plusieurs jours en tas volumineux. La menthe qui a fermenté est moins recherchée par les distillateurs.

Lorsqu'on veut obtenir une essence très fine, on récolte à la main, touffe par touffe, les tiges fleuries pour ensuite les émonder et ne distiller que des feuilles et des fleurs.

Lorsqu'on veut dessécher la menthe pour la livrer aux droguistes ou aux pharmaciens, on doit la monder, c'est-à-dire détacher les feuilles des tiges pendant le mois de juillet, un peu avant la floraison, et les faire sécher rapidement dans un endroit obscur et aéré, afin qu'elles conservent une partie de leur couleur verte et de leur odeur.

Souvent on se borne à mettre les tiges fraîches en très petites bottes qu'on enveloppe chacune d'un cornet de papier, afin de les soustraire à l'action décolorante de la lumière. Ces cornets sont ensuite disposés en guirlandes, et séchés dans une étuve ou un grenier.

100 kilog. de tiges et feuilles fraîches fournissent environ 15 kilog. de tiges et feuilles sèches.

Rendement.

La menthe poivrée fournit peu de tiges la première année, et ses produits vont en s'amoindrissant d'année en année, à partir de la quatrième année.

La menthe cultivée à Grasse produit, en moyenne, de 8,000 à 10,000 kilog. de pousses vertes en deux coupes. C'est accidentellement qu'elle donne 15,000 et 20,000 kilog. par hectare.

M. Roze a obtenu, en moyenne, 7,000 kilog. de tiges et feuilles fraîches sur la même surface.

En général, la menthe poivrée fournit son produit maximum pendant sa troisième année d'existence.

On augmente artificiellement le poids de la production herbacée en arrosant copieusement environ quinze jours avant la coupe de la pousse.

Essence et eau aromatique fournies par la menthe.

M. Roze a constaté que 560 kilog. de tiges et feuilles fraîches donnent 1 kilog. d'essence. En Angleterre, où il existe des alambics qui contiennent jusqu'à 1,000 kilog.

de parties herbacées vertes, la même quantité en fournit jusqu'à 1 kil. 500. En outre de ce produit, on obtient 36 litres environ d'*eau de menthe*.

En Angleterre, la quantité d'essence fournie par la menthe varie entre 14 et 25 kilog. par hectare.

En résumé, 100 kilog. de menthe verte donnent de 180 à 280 grammes d'essence et 6 à 8 litres d'eau de menthe.

L'*esprit de menthe* est préparé avec 26 litres d'alcool à 85° et 6 à 7 kilog. de parties vertes. On prépare aussi de l'*eau de menthe* en distillant 40 litres d'eau, 10 kilog. de tiges et feuilles vertes, et 250 grammes de sel.

Emplois des produits.

L'*essence* sert à aromatiser les pastilles, les bonbons, les liqueurs, les savons et les pommades.

L'*eau de menthe* est employée dans les préparations pharmaceutiques, et elle sert à parfumer les eaux de bouche, des élixirs dentifrices et des eaux de toilette.

Les *feuilles sèches* servent à faire des infusions-théiformes. On les classe au nombre des plus puissants antispasmodiques.

Valeur commerciale.

L'*essence pure de menthe* de Paris est vendue de 120 à 130 fr. le kilog. L'essence de Grasse rectifiée vaut de 80 à 90 fr.; celle qui ne l'a pas été est vendue 70 à 75 fr.

L'essence de menthe anglaise véritable est vendue jusqu'à 150 fr. le kilog.; le prix de l'essence de menthe de Paris ne dépasse pas 120 fr.

A Alger, l'essence de menthe poivrée est livrée au prix de 70 à 80 fr. le kilogramme.

On *falsifie l'essence* de menthe poivrée en y mêlant de *l'essence de menthe sauvage* (MENTHA SYLVESTRIS), ou de l'essence de lavande, ou de l'essence de térébenthine.

L'essence de menthe qui vient d'Amérique égale celle que l'on importe d'Angleterre, mais elle n'est pas toujours pure. Souvent elle contient de l'essence de térébenthine.

L'eau de menthe est vendue de 0 fr. 50 à 0 fr. 75 le litre. Celle fabriquée à Tarbes est très concentrée ; elle est vendue 2 fr. 50 le litre.

Les *tiges et feuilles sèches* sont vendues 0 fr. 80 à 1 fr. le kilogramme.

Le prix des *feuilles mondées* de la menthe poivrée varie entre 2 fr. et 2 fr. 50.

Les *tiges et feuilles vertes* (1re coupe) sont vendues de 10 à 13 fr. les 100 kilog. Celles de la 2e coupe (septembre) ne valent à Grasse que 6 fr. les 100 kilogrammes.

La poudre de menthe se vend 4 fr. le kilogramme.

Toutes les menthes développent une odeur forte, mais leur saveur n'est pas toujours agréable. Celles qui sont indigènes et qui peuvent remplacer la menthe poivrée, la menthe des jardins et la menthe pouliot, quand ces espèces font défaut, sont les suivantes : la *menthe à feuilles rondes* (MENTHA ROTUNDIFOLIA), qui a des fleurs rosées ; la *menthe aquatique* (MENTHA AQUATICA), à fleurs rouge pâle ; la *menthe sauvage* (MENTHA SYLVESTRIS), à fleur rouge clair ; la *menthe des champs* (MENTHA ARVENSIS), à fleur rose ; la *menthe verte* (MENTHA VIRIDIS), qu'on nomme aussi *menthe romaine*. Toutes ces menthes sont vivaces et végètent dans les terrains humides.

13.

CHAPITRE IV.

MÉLISSE.

MELISSA OFFICINALIS, L.

Plante dicotylédone de la famille des Labiées.

La mélisse est une plante herbacée très ancienne. Dioscoride, Pline, Virgile ont signalé ses propriétés.

Cette labiée croît naturellement en Europe, mais elle est surtout commune dans les contrées méridionales. Elle est vivace et donne naissance à des tiges dures très rameuses, et hautes de $0^m,50$ à $0^m,60$. Ses feuilles sont ovales, pétiolées, dentées, luisantes et d'un beau vert. Ses fleurs, réunies en bouquets axillaires, sont petites et blanc jaunâtre ; elles s'épanouissent pendant l'été.

La mélisse existe dans un grand nombre de jardins et surtout dans les huertas de Valencia (Espagne). L'odeur qu'elle développe est suave, vive, pénétrante, agréable et très recherchée.

Elle doit être cultivée sur une terre de moyenne consistance, profonde, saine, substantielle, un peu fraîche et bien exposée. On la propage à l'aide de ses graines ou au moyen de boutures. Les jeunes plants ou les boutures enracinées sont mis en place à la fin de l'hiver. On les espace de $0^m,25$ à $0^m,50$ sur des lignes éloignées les unes des autres de $0^m,50$. On arrose ensuite si le temps est sec.

La mélisse n'est productive qu'à partir de la seconde

année. Dans les terres riches et celles qu'on peut arroser pendant l'été, elle donne souvent deux coupes : l'une vers la fin de mai ou au commencement de juin, et l'autre en août. Ces deux coupes s'élèvent au total à 15,000 ou 20,000 kilog. par hectare.

Cette production verte, qui doit être récoltée avant la floraison, est distillée. L'essence qu'elle fournit entre dans la fabrication de l'*eau de mélisse des Carmes* et de l'*eau de Cologne*. Cette huile essentielle est vendue de 60 à 80 fr. le kilogramme.

Les *tiges et feuilles sèches* valent 0 fr. 90 à 1 fr., et les *feuilles mondées* de 2 fr. 25 à 2 fr. 50 le kilogramme.

C'est à tort qu'on appelle la mélisse officinale *mélisse citronnelle.*

La mélisse est utilisée en médecine. Elle est stimulante, tonique, carminative et antispasmodique.

Dans bien des cas, elle sert à faire des infusions théiformes qui sont agréables, parce qu'elles raniment les forces vitales.

La *mélisse calament* (MELISSA CALAMINTHA) n'est pas cultivée, mais elle est commune dans les sols un peu ombragés et accidentés de la région méridionale. Ses fleurs sont purpurines et elles s'épanouissent en août et septembre. Ses tiges, ses feuilles et ses fleurs développent une odeur agréable ; elles servent parfois à faire des infusions théiformes. Les feuilles et les fleurs de la *mélisse à petites fleurs bleu clair* (MELISSA NEPETA ou CALAMINTHA NEPETA) développent une odeur qui rappelle celle de la menthe pouliot ; elle végète dans les sols secs et pierreux.

CHAPITRE V.

VERVEINE OFFICINALE.

VERBENA OFFICINALIS.

Plante dicotylédone de la famille des Verbénacées.

La verveine est l'*herba sacra* des anciens Grecs et l'*herba Veneris* des Romains. Les druides, au temps des Gaulois, l'avaient en grande vénération. Elle servait alors à préparer l'*eau lustrale* ou *eau sacrée*.

Au moyen âge, on utilisait ses tiges pour faire des couronnes, destinées aux soldats victorieux.

Cette plante herbacée est commune au nord comme au midi de l'Europe. Elle a des tiges tétragones et un peu velues, des feuilles opposées, pétiolées, lancéolées et d'un vert sombre; des fleurs petites d'un bleu violacé, disposées en épis grêles et terminaux et accompagnées de bractées courtes et aiguës. Ces fleurs s'épanouissent en été.

On la multiplie de graines et de boutures. Toutes les terres de bonne qualité lui conviennent.

La verveine officinale n'est un peu odorante que dans les contrées méridionales.

Les feuilles sèches sont vendues 1 fr. 20 le kilog.; 100 kilog. de feuilles fournissent seulement 60 grammes d'essence.

La poudre de verveine est vendue 3 fr. le kilogramme.

En Amérique, l'essence de verveine est retirée de la *verveine de Miquelon* ou *verveine à bouquet* (VERBENA AUBLETIA), plante annuelle qui appartient aussi à la famille des Verbénacées et qu'on cultive en France comme plante d'ornement.

CHAPITRE VI.

BASILIC.

OCYMIUM BASILICUM, F.

Plante dicotylédone de la famille des Labiées.

Cette plante est originaire de l'Inde où elle est très culti-vée pour l'agréable parfum que contiennent ses feuilles et ses sommités fleuries. Elle est annuelle.

Le basilic était autrefois dans l'Inde une plante sacrée. Les Brahmes l'utilisaient dans les cérémonies religieuses en l'honneur de Vishnou et dans les funérailles.

On connaît deux races : le *grand basilic* et le *petit basi-lic*. Le premier est celui qu'on cultive pour son parfum. Il a $0^m,30$ environ de hauteur et croît rapidement. Ses fleurs sont blanc rosé et se succèdent pendant 5 à 6 mois. Son odeur est particulière et agréable, quoiqu'elle soit un peu forte. Le second est encore moins élevé; il ne dépasse pas $0^m,20$ et est très rameux ; ses feuilles sont très petites. Cette race n'est cultivée que comme plante d'ornement. Il en est de même du *basilic à feuilles violettes*.

Le basilic forme un petit arbrisseau au cap de Bonne-Espérance. Il exhale un parfum très apprécié. On l'a appelé *Ocymium fruticosum*.

L'espèce dite *Ocymium sanctum* est cultivée ou indigène dans l'Inde près des temples. Elle est originaire des Indes orientales. Ses tiges ne dépassent pas $0^m,30$ en hauteur. Son parfum rappelle un peu celui de la girofle.

Le basilic connu sous le nom d'*Ocymium gratissimum* est répandu dans l'Inde. C'est de ses parties herbacées qu'on extrait l'essence la plus odoriférante.

Le basilic est d'une culture facile. On sème ses graines qui sont très fines et qui ne doivent pas être très enterrées, sur une couche sourde ou sur une costière au mois de février, ou en pleine terre en mars ou avril.

Lorsque les plantes ont 4 à 6 feuilles, on les transplante en pleine terre, à bonne exposition, et sur des sols substantiels. On doit arracher les plants avec précaution, opérer, autant que possible, par un temps couvert ou pluvieux, et arroser de temps à autre, si le temps est sec, jusqu'à la complète reprise des pieds. Les plants doivent être espacés de 0^m,25 à 0^m,30. On opère les binages nécessaires pendant la croissance des plantes.

On coupe les tiges avant que les fleurs soient épanouies et on les livre fraîches aux parfumeurs. Quand on les destine aux pharmaciens, on les réunit en petites bottes qu'on fait sécher à l'ombre.

L'huile essentielle qu'on extrait des tiges encore vertes est jaune doré, liquide, et d'une odeur suave. Elle rougit en vieillissant. On la vend 115 à 130 fr. le kilog. Elle vient de l'Inde.

Les tiges et les feuilles sèches valent de 1 fr. 30 à 1 fr. 50 le kilog.; elles conservent bien leur arome. Celles qu'on récolte dans le Midi sont plus estimées que les parties herbacées qu'on obtient sous le climat de Paris. La poudre est vendue 5 fr. le kilogramme.

Les parties sèches sont employées en médecine.

CHAPITRE VII.

THYM.

Thymus vulgaris, L.; Thymus tenuifolius, Mil.

Plante dicotylédone de la famille des Labiées.

Anglais. — Thyme.
Allemand. — Thinuan.
Danois. — Timian.
Polonais. — Tym.
Grec. — Tumos.

Italien. — Timo.
Espagnol. — Tomillo.
Portugais. — Tomilho.
Russe. — Fimian.

Le thym est très ancien. Il a été vanté par Théophraste, Horace et Virgile. Les Romains l'utilisaient pour assaisonner leurs aliments.

Ce petit arbuste croît dans le midi de l'Europe et sur les collines rocailleuses, sèches et exposées au soleil. On le cultive dans les jardins et on le désigne sous les noms de *thym commun, thym des jardins, farigoule, tin.*

Il a de 0ᵐ,12 à 0ᵐ,25 de hauteur. Ses tiges sont cylindriques, cendrées ou brun rougeâtre, et chargées de nombreux rameaux opposés, grêles et redressés. Ses feuilles sont sessiles, ovales, opposées, blanchâtres en dessous, très petites et à bords roulés en dessous. Ses fleurs sont petites, roses ou blanches, et réunies en épi au sommet des rameaux.

Le thym fleurit depuis les mois de mai ou juin jusqu'en juillet et août.

Cette labiée a une odeur forte, aromatique, mais plus agréable, plus suave à l'état frais qu'après avoir été desséchée. Sa saveur est chaude, aromatique et amère. Toutefois, son odeur est d'autant plus aromatique, plus chaude, qu'il croît dans une contrée plus méridionale. Cette odeur rappelle un peu celle de la mélisse et du citron.

L'huile essentielle qu'elle fournit quand on la distille est très odorante, âcre et rouge-brun. Mais, après avoir été rectifiée, elle est presque incolore et très odorante. Sa densité est 0,905. Sa couleur rouge-brun très foncé est due à une résine qu'elle renferme. Elle laisse déposer des cristaux cubiques qui sont insolubles dans l'eau, mais solubles dans l'alcool.

On rencontre dans les Alpes, en Provence, en Suisse et en Allemagne, une espèce plus petite et plus jolie que l'on a appelé *Thym des Alpes* (THYMUS ALPINUS, L.). Elle a des tiges droites, anguleuses, ramifiées et velues; ses feuilles sont ovales, assez grandes, entières ou un peu dentées; ses fleurs sont grandes, violettes ou bleues, axillaires, et portées sur des pédoncules velus. Cette espèce est aussi cultivée; elle possède les mêmes propriétés que le thym des jardins.

Le *thym serpolet* ou *thym sauvage* (THYMUS SERPILLUM) a des tiges couchées, des feuilles entièrement vertes et des fleurs purpurines ou roses. On le rencontre toujours dans les lieux arides et secs. Ses feuilles sont plus grandes et moins aromatiques que les feuilles du thym ordinaire.

On multiplie le thym de graines qu'on sème en mars ou en avril, ou en séparant au printemps les anciennes touffes. Les pieds doivent être espacés de 0^m,25 à 0^m,30.

Un litre de graines de thym pèse environ 650 grammes.

On le récolte lorsqu'il est en pleine fleur. Lorsqu'on doit le conserver sec, on en forme des guirlandes qu'on suspend dans un séchoir ou à l'air libre, mais à l'abri de la pluie.

100 kilog. de rameaux, garnis de feuilles et de fleurs, se réduisent à 34 kilog. par la dessiccation.

L'essence de thym est employée dans la préparation de

plusieurs cosmétiques. On l'extrait par la distillation de toutes les parties de la plante. Cette essence est aussi usitée dans diverses préparations culinaires.

On la vend à des prix différents, suivant l'espèce qui l'a produite. L'huile essentielle de *thym blanc* ou *thym ordinaire* (THYMUS VULGARIS, L.) vaut de 10 à 12 fr. le kilog.; celle du *thym rouge*, ou *serpolet* (THYMUS SERPILLUM), se vend de 7 à 8 fr. Ce dernier est distillé avant ou après l'épanouissement de ses fleurs. Son odeur est bien moins pénétrante que celle du thym ordinaire.

Les ramifications et les feuilles sèches sont vendues 0 fr. 50 à 0 fr. 80 le kilogramme.

La poudre se vend 2 fr. 50 le kilogramme.

A l'état sec, le thym sert à aromatiser les sauces, les jambons, les figues, les pruneaux, etc.

On l'emploie quelquefois en médecine, à cause de ses propriétés stomachiques, emménagogues et résolutives. Ses propriétés excitantes permettent de le regarder comme un excellent stimulant.

Les abeilles recherchent les fleurs du thym.

On possède dans les jardins une variété de *thym à feuilles panachées* de vert et de jaune. Cette race sert à faire de jolies bordures dans les jardins où les terres sont sèches pendant l'été.

CHAPITRE VIII.

ROMARIN.

ROSMARINUS OFFICINALIS, L.

Plante dicotylédone de la famille des Labiées.

Anglais. — Rosmary.
Allemand. — Rosmarin.
Suédois. — Rosmarin.
Arabe. — Klyl ou Aselbân.

Espagnol. — Romero.
Italien. — Rosmarino.
Portugais. — Rosmarinho.
Chinois. — Yong-tsao.

Mode de végétation. — Composition. — Multiplication. — Récolte. — Valeur commerciale : essence, parties sèches. — Usages.

Le romarin est une plante fort ancienne. Pline l'a appelé *rose marinus*, rosée de la mer. Ovide le nomme *Rosmaris*. Cette labiée jouait autrefois à Rome un rôle important dans les cérémonies religieuses et les fêtes du plaisir.

Le romarin végète naturellement dans la région maritime du midi de l'Europe. Il est commun en Provence, en Italie, en Espagne, en Grèce et en Afrique, dans la tribu des Hadjoutes. C'est à lui qu'on attribue, dans le Languedoc, la saveur aromatique du miel de Narbonne.

Mode de végétation.

Le romarin (fig. 35) est un arbrisseau buissonneux de 1ᵐ à 1ᵐ,30 de hauteur, d'un port agréable. Ses tiges rameuses portent des feuilles persistantes opposées, sessiles,

entières, linéaires, à bords roulés inférieurement, cotonneuses en dessous et vertes et chagrinées en dessus. Ses
fleurs sont disposées en petites grappes axillaires; elles
sont bleuâtres, et se succèdent de janvier à mai dans les
contrées du Midi.

Le romarin craint les gelées dans la région du Nord.

Composition.

Toutes les parties de cette labiée, mais surtout les feuil-

Fig. 35. — Romarin.

les et les sommités fleuries, exhalent une odeur fragrante,
aromatique et très agréable, mais les feuilles sont bien plus
aromatiques que les fleurs.

Cette plante a une saveur chaude, aromatique et un peu
amère. L'huile essentielle qu'elle fournit est très fluide, jau-

nâtre, et rappelle par son arome l'odeur forte de la plante fraîche ou sèche. La rectification la rend incolore ; sa densité est alors de 0,887.

Multiplication.

On cultive le romarin sur des terres sèches, perméables, graveleuses et exposées au midi. Il réussit très bien sur les sols riches, mais les tiges et les feuilles qu'il produit ont toujours moins d'odeur que les mêmes parties provenant de sols légers et chauds.

Cette labiée se multiplie de graines, de boutures, de marcottes et d'éclats de pied. La propagation par boutures et marcottes est simple et facile. On l'opère à l'automne ou à la fin de l'hiver sur des terres un peu fraîches et situées à mi-soleil. La mise en place des marcottes ou des boutures enracinées se fait pendant l'automne suivant.

Les graines se sèment au mois de mars. On exécute les semis en pépinière. Quand les plants ont un ou deux ans, on les transplante à demeure à 0^m,50 ou 0^m,75 de distance les uns des autres.

Récolte.

On exécute la récolte des rameaux lorsque les fleurs de la plupart des épis sont épanouies.

100 kilog. de feuilles et sommités fraîches donnent par la distillation environ 200 grammes d'huile essentielle.

Usages.

L'essence de romarin sert à préparer divers cosmétiques et l'eau de Cologne, et elle fait la base de l'eau de toilette que l'on a nommée en 1370 *eau de la reine de Hongrie,* et qui était autrefois très renommée.

Les feuilles et les fleurs sont utilisées dans la pharmacie ; elles sont toniques et excitantes. On les administre aussi en infusion théiforme.

En Grèce, en Turquie et dans le midi de la France, le romarin en fleur est si odorant qu'il sert à parfumer les bains.

Cette labiée, au siècle dernier, avait en France une certaine importance. A cette époque, lorsqu'un boulanger était reçu à la maîtrise, il présentait au grand panetier un romarin auquel il avait attaché le plus beau fruit de la saison.

Dans les contrées méridionales, le romarin sert à faire des haies qui ne manquent pas d'élégance. Ces haies sont assez élevées, lorsque cet arbrisseau occupe un terrain de bonne qualité et un peu frais pendant l'été.

Valeur commerciale.

L'essence de romarin se vend de 8 à 10 fr. le kilog., selon son degré de rectification. Elle est très odorante.

Le prix des sommités sèches varie entre 0 fr. 80 et 1 fr. le kilog. Les feuilles mondées sont vendues 0 fr. 40 à 0 fr. 50 le kilogramme.

CHAPITRE IX.

ORIGAN.

ORIGANUM VULGARE.

Plante dicotylédone de la famille des Labiées.

Cette plante herbacée, indigène et vivace, était connue des Romains. Elle est surtout commune dans le midi de l'Europe sur les terres bien exposées au soleil. Elle produit des tiges qui ont de $0^m,33$ à $0^m,40$ de hauteur et qui sont dressées et velues ou pubescentes. Ses feuilles sont pétiolées, ovales, dentées, vertes en dessus et un peu velues en dessous. Ses fleurs rosées, pourpres ou blanches, sont disposées en épis oblongs et courts.

Toutes ses parties sont aromatiques ; mais on ne livre aux parfumeurs, dans la Provence ou en Espagne, que les fleurs ou les feuilles sèches.

L'essence qu'on extrait de l'origan à la Guadeloupe, à la Martinique, etc., est vendue de 25 à 30 fr. le kilogramme.

Les *tiges sèches* sont vendues de 0 fr. 80 à 1 fr. le kilogrammes.

L'origan est d'une culture facile en ce qu'il est très rustique. On le propage par ses graines ou par la division des touffes. Toutes les terres de jardin lui sont favorables, mais il redoute les sols humides.

L'*origan marjolaine* (ORIGANUM MAJORANA) est aussi vivace et herbacé, mais il ne ressemble pas à l'*origan*, (voir chapitre XI).

CHAPITRE X.

HYSOPE.

HYSSOPUS OFFICINALIS, L.

Plante dicotylédone de la famille des Labiées.

L'hysope est l'*esobis* de la Bible. Il est mentionné dans le Lévitique, chap. XIV. Les Indiens le nomment *zufi yiabas*. Il est répandu dans les parties accidentées des contrées méridionales de l'Europe. Toutes ses parties sont odoriférantes. Son parfum est recherché des abeilles.

L'hysope est un petit arbrisseau ayant un aspect assez agréable. Il a de $0^m,30$ à $0^m,50$ de hauteur. Sa souche est sous-frutescente. Ses feuilles sont oblongues et lancéolées. Ses fleurs sont bleues ou bleu rougeâtre et en épis ; elles s'épanouissent en juillet et août. Cette labiée est commune sur les collines calcaires, les terres légères et sèches. On ne la rencontre pas dans les sols humides.

L'hysope se multiplie de graines, de boutures, de marcottes ou d'éclats de touffes. Les semis se font en avril et en mai. La division des pieds ainsi que les boutures sont faites au printemps. On plante les boutures enracinées à $0^m,35$ en tous sens les unes des autres.

On extrait de ses parties herbacées vertes, par la distillation, une huile essentielle qui se vend de 200 à 220 fr. le kilog.; 100 kilog. en fournissent 1 kilog. Cette essence est ambrée, très fluide, très odorante ; elle est utilisée par les parfumeurs. Les sommités sèches valent 0 fr. 90 le kilog. et les feuilles mondées de 1 fr. 75 à 2 fr.

CHAPITRE XI.

MARJOLAINE.

ORIGANUM MAJORANA; MAJORANA HORTENSIS.

Plante dicotylédone de la famille des Labiées.

Cette labiée, que l'on nomme souvent *origan marjolaine, marjolaine d'Orient*, est originaire de la Palestine. Elle est vivace et cultivée pour l'odeur pénétrante et très agréable qu'elle répand. Elle a été introduite en Europe en 1573. On la cultive dans le midi de l'Europe et en Arabie.

Cette espèce a des tiges semi-ligneuses, hautes de 0^m,20 à 0^m,40, garnies de rameaux ligneux et glabres. Ses feuilles sont ovales, entières et blanchâtres. Ses fleurs sont rosées ou blanches, et disposées en petits épis terminaux et sessiles ; elles s'épanouissent en juillet et août.

On ne doit pas confondre la marjolaine d'Orient, ou *Marjolaine des jardins*, ou *Marjolaine d'Angleterre*, avec la marjolaine commune dite *origan* (ORIGANUM VULGARE), espèce qui est indigène dans les lieux incultes et qui est pubescente ou velue (voir chapitre IX).

La marjolaine demande les mêmes terres et les mêmes soins que le basilic. On la sème sur couche et en pleine terre au mois de mars ou avril, ou on la multiplie de boutures et par la division des touffes qu'on met en place au printemps.

On récolte les sommités herbacées pendant la floraison et on les livre fraîches aux parfumeurs. L'essence qu'on extrait de la marjolaine d'Orient par la distillation est très odorante ; elle se vend de 20 à 30 fr. le kilog. Elle vient de Cos et est riche en camphre, substance qui est dure, incolore et inodore et qu'on sépare de l'essence en distillant de nouveau cette huile essentielle.

En France, 100 kilog. de parties vertes ne donnent que 135 grammes d'essence.

En 1766, Baumé a obtenu par 100 kilog. de parties vertes :

> En juin,   141 grammes d'essence.
> En juillet, 600   —   —
> En août,   250   —   —

J'ai dit précédemment que la marjolaine épanouissait ses fleurs en juillet et août.

Les confiseurs font des dragées fines avec les semences de cette labiée.

On emploie les feuilles et les fleurs de la marjolaine en médecine : elles sont à la fois toniques et stimulantes.

La marjolaine sèche se vend 0 fr. 90 à 1 fr. 50 le kilogramme.

La poudre est vendue 3 fr. le kilogramme.

On cultive aussi en Orient comme plante à parfum : 1° le *dictame des anciens* (ORIGANUM DICTAMUS), sous-arbrisseau peu élevé et originaire de l'île de Crète ; ses fleurs rosées sont disposées en épis ; 2° l'*origan à petites feuilles* (ORIGANUM MARU), sous-arbrisseau qui est indigène à l'île de Candie et qui ne dépasse pas $0^m,50$ en hauteur ; ses fleurs sont rosées et disposées en épis globuleux.

CHAPITRE XII.

VERVEINE CITRONNELLE.

VERBENA TRIPHYLLA, Lhér.; LIPPIA CITRIODORA, Kunth;
ALOYSIA CITRIODORA.

Plante dicotylédone de la famille des Verbénacées.

Cette verveine, que l'on a appelée *verveine odorante, verveine citronnée*, et qu'il ne faut pas confondre avec la verveine officinale (voir Chapitre V), est originaire du Pérou, et a été importée en Europe en 1784. Elle est aujourd'hui naturalisée en Italie et répandue dans tous les jardins de l'Europe centrale. Elle existe aussi dans l'Inde, à la Martinique, à la Réunion.

Elle constitue un joli sous-arbrisseau à tige rameuse et lisse et haut de 0ᵐ,65 à 1ᵐ,50, à ramilles scabres et striées, à feuilles verticillées, lancéolées, pétiolées, aiguës et ordinaiment entières. Ses fleurs sont disposées en épis axillaires, verticillés ou paniculés; elles fleurissent en juillet, août et septembre, et sont petites, blanches en dehors, et bleu purpurin en dedans.

Cette espèce a des feuilles odorantes, surtout quand on les froisse. L'arome qu'elle exhale alors rappelle l'essence de citron.

Elle ne peut être cultivée en pleine terre que dans les parties méridionales de l'Europe. Elle végète bien en Algérie. Elle demande un terrain de consistance moyenne, per méable, de bonne qualité et abrité du nord ; en outre, elle exige des arrosements fréquents pendant l'été.

D'après M. Naudin, le *Lippia citriodora* fournit dans le midi de l'Europe des feuilles pour la parfumerie et pour aromatiser les aliments. Sous le climat de Paris, ce sous-arbrisseau doit être rentré en orangerie pendant la saison hivernale.

On la multiplie de graines, de drageons ou de boutures qui sont d'une reprise très facile.

On récolte les feuilles pendant tout l'été, mais de préférence au moment de la floraison. On utilise les feuilles sèches.

Les feuilles sont très riches en essence. 100 kilog. en ont donné à M. Levens 150 grammes. Cette huile essentielle se vend de 90 à 100 fr. le kilogramme.

Les feuilles sèches ont une valeur commerciale de 1 fr. à 1 fr. 20 le kilogr.

Les feuilles de la citronnelle servent à fabriquer des liqueurs. En médecine, on les emploie sèches en infusion théiforme ; leur saveur est très agréable.

On connaît dans les Indes orientales, et principalement à la Guyane, à la Martinique et à la Nouvelle-Calédonie, une autre citronnelle appartenant à la famille des graminées. Cette plante est l'*Andropogon citratum* ou *Andropogon citriodorum* (voir chapitre XVI).

CHAPITRE XIII.

SAUGE OFFICINALE.

SALVIA OFFICINALIS.

Plante dicotylédone de la famille des Labiées.

La sauge a eu une grande célébrité (fig. 36). Elle déve-

Fig. 36. — Sauge officinale.

Ioppe un parfum agréable. Elle est commune sur les terrains arides dans la région méridionale. Ses fleurs bleu rougeâtre sont disposées en épi lâche et terminal. On ne la cultive qu'accidentellement. Dans les Indes occidentales on la nomme *salbia*. Cette labiée est buissonnante.

Cette espèce ne doit pas être confondue avec 1° la petite *sauge de Provence* ou *sauge de Catalogne*, qui a des feuilles plus petites, plus étroites et blanchâtres des deux côtés et des fleurs blanchâtres ; 2° la *sauge des prés* (SALVIA PRATENSIS), qui croît dans les sols secs, mais qui est peu odorante ; 3° la *sauge sclarée* (SALVIA SCLAREA), dont les fleurs sont violacées et qu'on rencontre dans le midi de l'Europe. Cette dernière labiée a une odeur aromatique très prononcée et elle est employée en médecine.

On la multiplie de graines, d'éclats de pieds ou de boutures. Elle demande des terres de consistance moyenne, un peu calcaires, perméables ; les sols humides ne sont pas toujours favorables. Elle fleurit en mai et juin. On récolte ses pousses avant que les fleurs soient épanouies.

On extrait de la *sauge officinale*, par distillation, dans la Provence, une huile essentielle, ambrée et liquide. Cette essence, dont la densité est 0,920, brunit lorsqu'elle est en contact avec l'air. On l'utilise en parfumerie. 100 kilog. de parties vertes en fournissent 350 grammes.

Cette essence se vend de 15 à 18 fr. le kilog. Le prix des feuilles sèches est de 1 fr. à 1 fr. 25 le kilogramme.

La sauge officinale ou *grande sauge* a une propriété stimulante très prononcée.

14.

CHAPITRE XIV.

MYRTE.

MYRTUS COMMUNIS.

Plante dicotylédone de la famille des Myrtacées.

Le myrte, que les Grecs et les Romains avaient consacré au culte de Vénus et que les Hébreux utilisaient dans la fête des Tabernacles, est un arbuste très intéressant. Il est commun dans le midi de l'Europe, en Grèce et dans l'île de Chypre. Il peut atteindre 7 à 8 mètres d'élévation dans les contrées chaudes de l'Asie et de l'Afrique quand il occupe un bon terrain, c'est-à-dire un sol pierreux, perméable et fertile.

D'après Pline, les Romains regardaient le myrte comme un arbre sacré et c'était avec ses rameaux longs et flexibles qu'ils faisaient les couronnes qu'ils destinaient aux triomphateurs.

Cet arbre est remarquable par l'élégance de son port, de son feuillage et de ses fleurs parfumées. Son tronc est droit et il a de nombreux rameaux. Ses feuilles sont opposées, sessiles, petites, ovales, lancéolées, lisses et d'un beau vert foncé. Ses fleurs blanches sont solitaires à l'aisselle des feuilles ; ses fruits globuleux, petits, à trois loges et bleu noirâtre, sont doués d'une odeur aromatique assez prononcée.

On multiplie le myrte par marcottes, par boutures faites avec des pousses de l'année, lorsque la sève commence à être en mouvement, ou par graines. Les boutures et les jeunes plants sont mis en place à l'âge d'un an. Il est très important, dans les contrées méridionales, de les garantir pendant quelques mois des rayons ardents du soleil. Il est aussi utile, pour faciliter leur reprise, de les arroser de temps à autre.

Ce grand arbrisseau végète rapidement dans les contrées méridionales, quand il occupe un terrain fertile pouvant être arrosé pendant l'été. Il en existe de très beaux à Roscoff, sur le bord de la mer.

On extrait de ses feuilles une huile essentielle qui servait autrefois à préparer l'*eau d'ange,* qui avait le pouvoir de rendre aux personnes âgées la fraîcheur et le coloris de la jeunesse. De nos jours, elles fournissent encore par la distillation une eau aromatique.

L'essence de myrte se vend 35 fr. le kilogramme.

Le bois du myrte est très dur.

Les feuilles du *Myrtus fragrantissima* sont très odorantes ; elles servent à aromatiser le thé.

A la Nouvelle-Calédonie on extrait une huile essentielle qui a pour base la mélaleucine du *Niaouli,* ou *Melaleuca viridiflora,* ou *Melaleuca Leucodendron,* arbrisseau à fleurs verdâtres qui appartient à la famille des myrtacées. Cette essence a une grande analogie avec celle du Cajeput (Voir 2ᶜ division, chap. VII).

Le *Myrtus pimenta* a aussi des fruits odorants. Ses feuilles sont persistantes (Voir *Plantes condimentaires,* chap. Iᵉʳ).

CHAPITRE XV.

PATCHOULI.

POGOSTEMON PATCHOULI.

Plante dicotylédone de la famille des Labiées.

Le patchouli, très connu par son odeur particulière, est originaire de l'Inde. On le connaît en Europe depuis 1824, époque à laquelle il fut importé de Malaca en Angleterre sous le nom de *Putchaput*.

Cette labiée est un sous-arbrisseau ayant 1 mètre environ de hauteur, qui est pubescent et porte des feuilles pétiolées, ovales, aiguës, un peu veloutées ; celles-ci sont dentées et cotonneuses en dessous ; elles sont très odorantes. Ses fleurs sont disposées en épis terminaux, axillaires et longuement pédonculés ; elles sont blanches.

Le patchouli est cultivé à la Martinique, à la Réunion et dans les Indes, jusqu'aux îles Moluques. On le propage par boutures. Il demande une terre un peu fraîche et de bonne qualité. Lorsqu'on le cultive à l'arrosage, il végète avec une grande rapidité et forme de très belles touffes.

On coupe les pousses herbacées de l'année avant le complet épanouissement des fleurs.

Les feuilles, après avoir été séchées, développent une odeur franche si pénétrante, que diverses personnes ne peuvent la supporter. Ces feuilles, après avoir été mondées, sont mises à sécher à l'ombre, opération assez longue et qui a lieu dans des bâtiments non humides.

On fait aussi sécher des pousses bien garnies de feuilles. Les unes et les autres sont très recherchées. On les emploie pour faire des sachets odorants. On en retire par la distillation une huile essentielle qui se vend de 120 à 130 fr. le kilog. Cette essence, abandonnée à elle-même, fournit un dépôt particulier qu'on a appelé *camphre de patchouli*.

100 kilog. de patchouli desséché donnent environ de 1 kilog. 500 à 2 kilog. d'essence.

Le patchouli est vendu dans tous les bazars de l'Inde. Ce sont les Mogols qui alimentent ceux qui en font commerce.

L'essence qu'on retire de ses pousses et de ses feuilles sèches vaut de 100 à 130 fr. le kilogramme.

Les feuilles sèches de patchouli sont vendues 6 à 7 fr. le kilog.; pulvérisées elles valent 8 fr. le kilogramme.

L'odeur que développent les feuilles est très recherchée par les Indiennes.

Le patchouli est aussi vendu en petites bottes de 250 grammes. On l'utilise dans les habitations pour parfumer les vêtements ou les préserver des mites. Son odeur est si forte, si pénétrante, qu'elle domine toutes les autres.

Le camphre particulier qu'on extrait de ses ramifications et de ses feuilles est jaunâtre, gélatineux, insoluble dans l'eau, mais soluble dans l'alcool et l'éther.

La parfumerie fait un grand usage de patchouli.

C'est bien à tort qu'on a dit souvent que le patchouli provenait du *Plectranthus crassifolius*, plante herbacée, à tige charnue, qui appartient à la famille des Labiées.

CHAPITRE XVI.

JONC ODORANT.

ANDROPOGON CITRATUS; ANDROPOGON FRAGRANS.

Plante dicotylédone de la famille des Graminées.

Anglais. — Lemon grass.   *Indien.* — Karpura-pullu-Yenney.

Cette graminée, connue aussi sous les noms de *jonc aromatique, chiendent citron*, est cultivée dans les jardins de l'Inde. On la trouve à l'état indigène dans l'Arabie déserte, au pied du Mont-Liban et au cap de Bonne-Espérance, dans les montagnes de la Réunion. Elle est surtout cultivée à Ceylan et à Singapore. Les Anglais la nomment *Roosa-Grass* ou *Indian geranium.*

Elle a un rhizome unique, très court, ligneux, cylindrique et présentant des nœuds circulaires très rapprochés. Chaque nœud donne naissance à une tige très déliée, pleine, glabre, de 0m,80 à 1m de longueur; cette tige porte des feuilles linéaires, longues et un peu rudes sur les bords, mais d'un beau vert foncé. Ses fleurs mutiques, petites, disposées en paniciules terminales et longuement pédicellées, s'épanouissent en juin et juillet dans l'Inde et l'Arabie.

Les feuilles, lorsqu'on les froisse entre les doigts, développent une odeur persistante qui rappelle celle du bois de Rhodes. Leur saveur est âcre, aromatique, résineuse, très amère et très désagréable.

Dans l'Inde, mais principalement à Ceylan, à Singapour,

à Madras, à Penang, et dans le Nagpore, on extrait de ses feuilles, par la distillation, une huile essentielle très odorante. Cette essence a la couleur de l'essence de l'*Aloysia*, ou *Luppia citriodora*, ou *Verbena tryphylla*. On la désigne souvent sous le nom de *verveine des Indes*, parce que son parfum rappelle très bien le parfum de la véritable verveine. On la nomme aussi *citronnelle* (voir chapitre XII).

L'*essence de verveine des Indes* ou *verveine de la Martinique* est vendue de 60 à 85 fr. le kilog. Les tiges sèches valent de 1 à 1 fr. 20 le kilogramme.

L'*Andropogon iwarancusa* fournit aussi dans les Indes une huile essentielle qui est utilisée en parfumerie. Cette espèce est vivace; elle forme de très grosses touffes un peu rampantes. Ses tiges atteignent de 1 à 2 mètres de hauteur. Ses feuilles sont allongées, linéaires et peu épaisses. Elle croît dans les parties montagneuses des Indes orientales.

C'est à l'*Andropogon calamus* que les Indiens demandent l'huile essentielle appelée *nemaur* dans l'Orient.

En Cochinchine, c'est du *vétiver* ou *Andropogon squarosus* qu'on extrait le parfum appelé *Tram-toc* et *Tram-Kuong*, et qui est si estimé des peuples de l'extrême Asie.

Tout porte à croire que l'*Andropogon citralus* est le *roseau odorant* ou le *stanh-hotteb* du Cantique des cantiques de Salomon.

19

CHAPITRE XVII.

EUCALYPTUS.

EUCALYPTUS GLOBULOSUS.

Plante dicotylédone de la famille des Myrtacées.

Végétation. — Multiplication. — Essence d'Eucalyptus.

L'*Eucalyptus* est originaire de la Nouvelle-Hollande (Australie). Il a été observé pour la première fois en 1788, dans la Tasmanie, par L'Héritier. Labillardière le remarqua en 1792 sur la terre de Van-Diemen. Cette myrtacée a été importée en France vers 1860.

L'Eucalyptus croît très bien dans le midi de l'Europe et en Algérie. Il en existe à Hyères, Cannes, Nice, etc., qui sont âgés de 25 à 30 ans, et qui ont 30 mètres de hauteur et un diamètre de plus d'un mètre. Les plus anciens ont été plantés en 1864.

Cet arbre résiste très bien dans la basse Provence et le comté de Nice à la violence glaciale du mistral, et, en Égypte, au vent desséchant appelé *Khamsin*. Il constitue en Australie de grandes et magnifiques forêts.

Végétation.

L'eucalyptus (fig. 37) est un arbre qui atteint jusqu'à 100 mètres et même plus dans la région australienne. Sa racine est forte et très pivotante, et elle possède une très

Fig. 37. — Eucalyptus.

grande force d'absorption. Son tronc est lisse et cendré. Ses feuilles, à pétioles moyens, sont alternes, lancéolées, aiguës ou légèrement obtuses; elles sont vert bleuâtre, coriaces, un peu brillantes et de consistance résineuse; elles ont de $0^m,10$ à $0^m,20$ de longueur et $0^m,05$ à $0^m,06$ de largeur. Ses fleurs sont axillaires géminées ou ternées, sessiles et jaunâtres; elles donnent naissance à des fruits hémisphériques ou déprimés.

L'*eucalyptus globuleux*, le *gommier bleu de la Tasmanie*, (BLUE GUM TREE) est remarquable par la rapidité de sa croissance. Ses feuilles fraîches et ses boutons à fleurs développent une odeur pénétrante et douce de citronnelle. C'est bien l'arbre des lieux insalubres. On a constaté qu'il absorbait 10 fois son poids d'eau par 24 heures. Il commence à produire des graines fertiles à l'âge de six années.

Les espèces connues aujourd'hui sont très nombreuses. On les divise en quatre classes : les espèces des plaines, les espèces alpestres, les espèces forestières et les espèces ornementales. L'eucalyptus globuleux est un des plus rustiques et des plus remarquables par la rapidité de son développement. Malheureusement, il n'est pas décoratif, parce que son feuillage n'est pas très fourni. Il existe en Australie des eucalyptus qui ont plus de 100 mètres de hauteur et 12 mètres de circonférence à un mètre au-dessus du sol. Il n'est pas rare de voir de jeunes sujets pousser de 5 à 6 mètres par an. L'*Eucalyptus amygdalina*, le *Tasmanian peppermint* des Australiens, est regardé comme l'espèce dont les feuilles sont les plus riches en huile essentielle. Cette espèce est commune dans les vallées abritées du sud-est de l'Australie et situées à 400 mètres d'altitude, mais elle est d'une culture difficile dans le jeune âge. L'*Eucalyptus aleosa* végète très bien dans les contrées arides et désertes de cette région.

J'ai dit que le feuillage de l'*eucalyptus globuleux* n'était pas très épais et qu'il était facilement pénétré par les rayons du soleil. Nonobstant, le soir, les feuilles de cette espèce comme celles de l'*Eucalyptus citriodora,* développent aisément une odeur balsamique qui parfume l'air.

Multiplication.

L'eucalyptus doit être planté dans un terrain d'alluvion ou dans un sol argilo-siliceux perméable à ses puissantes racines. Il se développe très lentement dans les terrains calcaires et il périt dans les terres salifères. Les terrains frais lui sont très favorables. Dans de tels sols, il attéint, à l'âge de quatre ans, 10 mètres de hauteur et $0^m,90$ à 1 mètre de circonférence, dans le Midi de l'Europe et en Algérie. C'est pourquoi on le regarde comme l'arbre qu'il faut propager dans les plaines basses où les fièvres intermittentes ont leur foyer.

Cet arbre se propage par graines qu'on sème en septembre dans une bonne terre sablonneuse. Ces semences doivent être peu enterrées; elles germent aisément vers le huitième ou dixième jour. On repique les plants pendant l'automne, quand ils ont de deux à trois feuilles, pour les mettre en place, quand ils ont de 12 à 15 mois, dans les trous ayant $0^m,50$ à $0^m,60$ au carré et dans un sol bien défoncé. Il est très important de les planter à demeure quand ils sont encore très jeunes et de les espacer de 2 à 3 mètres seulement les uns des autres. Plantés en massif, ils sont toujours plus droits, plus élancés que lorsqu'ils sont isolés, et ils luttent mieux contre la violence des vents.

Essence d'eucalyptus.

L'essence qu'on extrait de l'eucalyptus et que les Australiens nomment *mentha australis,* a pour base, selon M. Cloëz, un principe spécial qu'il a appelé *eucalyptol*, et qui se rapproche du camphre par sa composition et ses propriétés chimiques. Ce principe est doué d'une action tonique, stimulante et antispasmodique. Son odeur balsamique très suave rappelle le parfum de la rose. On l'utilise en parfumerie.

L'essence eucalyptique est légèrement jaunâtre et très fluide ; elle bout à 170° ; sa densité varie de 0,896 à 0,905. Pour l'avoir bien pure, on la traite par la potasse et on la distille de nouveau. Cette essence est peu soluble dans l'eau, mais elle se dissout bien dans l'alcool. Son odeur est très agréable.

On l'obtient des feuilles et des boutons à fleurs par la distillation. Les feuilles en contiennent de 1 à 2 pour 100. Le territoire de Boufarik (Algérie) en produit annuellement 2,000 kilogrammes.

En général, 100 kilog. de feuilles fraîches donnent de 1 kilog. à 1 kilog. 500 d'essence.

Diverses autres espèces d'eucalyptus donnent la même essence.

On la vend 15 fr. le kilog. quand elle est pure. Celle qui vient en Europe de l'Australie est vendue seulement 7 à 8 fr. parce que sa pureté laisse beaucoup à désirer. Les 100 kilog. de feuilles valent de 6 à 7 francs.

Le bois de l'eucalyptus est très dur. L'écorce fournit un excellent tanin. Les feuilles pétillent en brûlant comme si elles contenaient du salpêtre et elles répandent une odeur balsamique pénétrante.

QUATRIÈME DIVISION.

PLANTES CULTIVÉES POUR LEURS RÉSINES.

CHAPITRE PREMIER.

BOSWÉLIE.

BOSWELLIA THURIFERA.

Plante dicotylédone de la famille des Térébinthacées.

Cet arbre, que les anciens appelaient *thurifera* et que le modernes nomment *Boswellia thurifera* ou *Boswellia sacra,* est originaire de l'Arabie ; il est commun dans le Nagpore (Inde). Les Arabes le nomment *Luban.* Il y fournit la gomme-résine à odeur balsamique qu'on brûle comme *encens* ou *oliban* dans les temples et les mosquées.

L'encens, le *lebonah* de la Bible, qu'on utilisait comme le parfum le meilleur au temps de Jérémie, venait de Saba, contrée située dans le Sud de l'Arabie. A l'époque où vivait Virgile, l'encens qu'on brûlait dans les sacrifices venait aussi de l'Orient.

Le Boswellia est un arbre de 6 à 8 mètres de hauteur. Ses feuilles sont caduques, alternes, pennées et à folioles opposées. Les fleurs sont blanches, petites et disposées en grappes simples. On le trouve dans le grand désert de l'Arabie, dans la vallée du Nil et dans l'Abyssinie. Il est aussi répandu dans les Indes orientales où il fournit l'*encens de l'Inde* qui développe, quand on le brûle, une odeur très suave.

Le *Boswellia papyrifera* est commun au Maroc dans les forêts de l'Atlas. Il fournit aussi de l'encens. Il en est de même du *Boswellia Carteri* qui croît dans l'Afrique tropicale, du *Boswellia serrata* qu'on cultive dans l'Asie.

Tous ces encens proviennent d'incisions faites sur l'écorce à la base des troncs et avant que la sève soit de nouveau en mouvement.

Le meilleur encens de l'Arabie est récolté dans la baie septentrionale de la mer Rouge, près de Thur. Celui qu'on récolte entre le Caire et Suez lui est inférieur en qualité. Les Romains le désignaient sous le nom de *Thus*. Le plus recherché en Arabie, comme je l'ai dit, vient de Saba.

C'est en février et mars qu'on opère en Asie, sur les écorces, les incisions qui sont nécessaires pour l'écoulement de la gomme-résine que l'arbre contient. Cette résine apparaît sous forme de larmes collées les unes aux autres que le soleil dessèche aisément, mais que l'humidité rend facilement molle. Sa saveur est fade et un peu âcre.

Le commerce distingue deux sortes d'encens :

1° L'*encens mâle* ou *encens d'Arabie*, qui est rond, blanc intérieurement, onctueux, demi-opaque, jaune pâle ou à peine rougeâtre extérieurement, et à odeur très fragrante. C'est le plus estimé parce qu'il s'enflamme facilement. On le désigne quelquefois sous le nom d'*encens de la mer Rouge*. Il est plus recherché que l'encens de l'Inde qui est rougeâtre, en masse ou en petites larmes.

2° L'*encens femelle* ou *encens d'Afrique* qui est mou, plus résineux et à odeur moins suave. Il est en larmes jaunes alliées à des larmes marron ou rougeâtres. Ces larmes se ramollissent dans la bouche et entre les doigts. Il vient principalement de Darfour. On le nomme souvent *encens du Levant*.

La gomme-résine ou *résine oliban* qui provient du *Boswellia thurifera* développe, lorsqu'elle est pure et quand on la projette sur des charbons ardents, une odeur très prononcée et très balsamique. Toutefois, elle ne constitue pas l'encens qu'on brûle dans les temples, car seule elle produirait une fumée désagréable. Aussi se trouve-t-on dans l'obligation de la mêler à du benjoin et à de la poudre de Santal.

L'encens fourni par le *Boswellia serrata* est aussi connu sous le nom de *gomme d'oliban*, résine qui exsude d'un Balsamodendron sous forme de larmes oblongues, jaunâtres ou rougeâtres et dont la densité égale 0,960 à $+$ 30". Cette résine est brûlée, en Asie comme en Europe, dans les cérémonies religieuses.

Les Boswellia appartiennent aux régions asiatiques et et africaines. On les propage par leurs graines et accidentellement par des boutures faites à l'aide de jeunes pousses arrivées à l'état ligneux. Ils doivent être plantés dans des sols assez profonds et de bonne qualité. Les sujets ne fournissent de la gomme résineuse et odorante que quand ils ont, au minimum, de quatre à cinq années de végétation.

CHAPITRE II.

MYRRHE.

BALSAMODENDRON ERHENBERGIANUM; BALSAMODENDRON MYRRHA.

Plante dicotylédone de la famille des Térébinthacées.

La myrrhe est célèbre dans l'Arabie depuis les temps les plus anciens; elle a été dédiée à Myrrha, fille de Cinyrus, roi de Chypre. On la regarde à juste titre comme un des plus précieux parfums du sud de l'Arabie. Elle a toujours été réputée comme l'aromate le plus exquis. L'*Exode*, les *Cantiques*, les *Psaumes* et les *Proverbes* la mentionnent à diverses reprises sous les noms de *mor*. En Orient, les prêtres seuls avaient le droit d'en brûler dans les temples le matin et le soir. Au temps de Théophraste, les rosiers et les arbres à encens étaient nombreux dans les plaines de Jéricho.

La myrrhe est appelée *merar* en chaldéen, *mar* en syriaque et *marrar* en arabe.

Ce parfum est une gomme-résine qui découle d'un arbre qui est commun dans l'Arabie et l'Abyssinie, le long de la mer Rouge jusqu'au détroit de Bab-el-Mandeb et sur les collines habitées par les Danakils ou Adarils. Cette résine, obtenue à l'aide d'incisions, se présente d'abord comme un liquide blanc jaunâtre, puis sous forme de larmes rougeâtres et irrégulières.

L'arbre qui la produit est appelé *kurbela;* il a la taille d'un petit acacia. La meilleure vient des montagnes voisines de la mer Rouge, sous le 10", 40 longitude nord, en face de l'archipel Parsan. On la récolte en janvier après les pluies ou en avril après la floraison.

La myrrhe a quatre provenances :

1º Ghizen sur la côte ouest de la mer Rouge entre Schoa et Tadschoura ;

2º La côte méridionale de l'Arabie, à l'est d'Aden ;

3º La côte Somali, au sud et à l'ouest du cap Guardafai ;

4º La contrée située entre Tadschoura, et la vallée d'Hurrur.

Il existe un grand marché à Berbéra en novembre, décembre et janvier. Les banians de l'Inde l'importent à Bombay.

La plus belle myrrhe vendue dans l'Inde vient de la vallée de Wadis-Nogal qui débouche dans l'océan Indien, au sud du cap de Guardafui, sous le 8º degré de latitude, et provient des districts d'Ogahden, Marreyham et Murrajah.

Cette myrrhe est appelée *Hésabol* par les Arabes ; elle se consomme dans l'Inde et en Chine.

On en récolte aussi sur la côte ouest de la mer Rouge, entre Schoa et Tadschourra.

La *myrrhe d'Arabie* est une gomme-résine, rougeâtre, en larmes irrégulières, demi-transparentes, fragiles, brillantes, et à saveur âcre très aromatique. Elle est peu soluble dans l'alcool. Sa densité est 1, 15, sa saveur est chaude et amère.

L'essence se vend de 130 à 140 fr. le kilog. La myrrhe en larmes vaut de 3 fr. 50 à 4 fr., et la myrrhe ordinaire 2 fr. 50 à 3 fr. 50.

La *myrrhe de l'Inde* provient du *Balsamodendron Roxburghii* ou *Amyris commiphora*. Elle est de qualité inférieure. On la nomme dans l'Inde *Googool, Googul* ou *Googula*.

La myrrhe était autrefois employée pour préparer l'huile sainte destinée au tabernacle des Juifs. En Europe, on l'u-

15.

tilise dans la parfumerie et la pharmacie. Elle entre dans l'élixir de Garus.

Le commerce distingue deux sortes de myrrhe : la *myrrhe en larmes* qui est fragile et présente une cassure brillante; la *myrrhe en sorte* qui est plus brune et dont la cassure est terne.

La myrrhe importée en Europe vient principalement d'Andrinople, de Smyrne, de Tunis et de Benarès dans l'Inde.

Le *bois d'aigle*, ou *bois d'aloès*, ou *bois Colomba*, ou *bois d'Agalloche*, fournit aussi une gomme odorante utilisée comme encens depuis les temps les plus reculés. Scientifiquement on le nomme AQUILARIA AGALLOCHA, AMYRIS AGALLOCHA, AQUILARIA MALACENSIS. On croit que c'est cette espèce qui fournissait l'*élémi* que les anciens Phéniciens brûlaient dans les temples. D'un autre côté, on admet que le produit résineux que fournit cette espèce est bien la *myrrhe* de l'antiquité profane et sacrée, et l'*ahalim* et l'*ahaloth* de la Bible.

Cet arbre est indigène sur la côte orientale du golfe de Siam. En sanscrit on le nomme *aguru*, et en tamoul *agali-chundana*. Les Siamois l'appellent *tchong*, les Hindous *agar*, les Malais *agiula*, les Chinois *kisma*, et les Japonais *karvo*.

La gomme-résine qu'il produit est très odorante, mais elle est très rare et fort chère. Son bois, quand on le brûle, développe une odeur très fragrante qui rappelle celle du benzoin et qui est due à la résine rougeâtre qui est interposée entre ses fibres. On l'exporte de l'Inde ou de la Cochinchine jusqu'à la Mecque et dans les contrées les plus éloignées de l'Asie orientale sous le nom d'*élémi de l'Inde*. La province d'Assam, dans l'Inde, en exporte aussi beaucoup chaque année.

Cet arbre est principalement répandu en Arabie dans la vallée du Nil bleu. Il a 8 à 10 mètres de hauteur et émet des jets longs et minces qui se couvrent de feuilles de juin à octobre. Ses fleurs apparaissent en décembre et ses fruits en avril.

Pour extraire la résine qu'il renferme on incise son écorce et on la récolte à mesure qu'elle se produit.

Le *baume de Pérou* provient du *Myroxylon Peruiferum*, arbre de la famille des légumineuses; il est produit par la résine dite *cabuericica* qui développe un délicieux parfum.

L'*Amyris zylanica* est l'espèce qui fournissait le *baume de Judée* ou *baume de Giléad*, qu'on brûlait aussi autrefois dans les temples et les palais de l'Asie; mais qui n'est pas non plus le véritable *olibanum* que les Anciens employaient comme encens, qui est mentionné dans le livre de Moïse et que les Éthiopiens désignaient sous le nom d'*élémi*. Ce parfum est rare de nos jours, parce que beaucoup d'arbres ont été détruits par les Turcs, et que la faible quantité qu'on récolte aujourd'hui dans les montagnes de Galaad (Judée) est réservée pour le Sultan.

L'*élémi du Brésil* est produit par l'AMYRIS AMBROSIACA ou ICICA ICICARIBA; l'*élémi du Mexique* provient de l'ELAPHRIUM ELEMIFERUM. Ces deux résines, comme les précédentes, sont utilisées dans les pharmacies.

Au Japon, on brûle dans les temples comme encens les fruits de l'*Illicium religiosum*, qu'on nomme *baniane sacrée, baniane des pagodes*. (Voir Ire division, chapitre III.)

CHAPITRE III.

BENZOIN OU BENJOIN.

STYRAX BENZOIN, Dry.; BENZOIN OFFICINALE, Hay.

Plante dicotylédone de la famille des Styracinées.

Cet arbre existe dans les îles de la Sonde, au Bengale, à Java, à Sumatra, à Malaca, en Chine, à Siam, au Brésil, à l'île Bourbon, dans la Malaisie, à Singapour et dans l'île de Kalimantan.

Cet arbre précieux végète principalement dans les plaines chaudes voisines des rivières. Il est de grandeur moyenne. Il commence à trois ans et cesse à douze ans de produire du benzoin. Ses fleurs sont en grappes.

On le propage par semis.

C'est en pratiquant des incisions dans son écorce quand il est encore jeune, qu'on obtient une gomme ou un baume blanc d'abord, et jaunâtre ensuite quand il a subi l'action de l'air; cette gomme développe un parfum suave. On l'emploie comme *encens*. Ce baume, lorsqu'il est solidifié, est très recherché par les Indous, les Chinois et les Européens. Il se présente sous forme de larmes sèches. Il a pour base l'*acide benzoïque*.

Le *Terminalia benzoin* ou *Calappa benzoin* fournit au Malabar, à l'Ile de France, une résine odorante analogue au benzoin qu'on retire du *Styrax benzoin*. Cette espèce atteint 6 à 7 mètres de hauteur et se propage par graines et par boutures. Dans l'Inde, elle fournit la gomme appelée *benzoin* de Calcutta.

Le benzoin qu'on extrait du styrax sert à fabriquer les *pastilles du Sérail*, le lait virginal et un liquide cosmétique.

Le *Laurus benzoin* ou *Benzoin odoriferum*, qu'on rencontre dans le nord de l'Europe et qui est indigène au Canada, à la Virginie et à la Floride, est l'arbrisseau qui fournit *le faux benzoin*. Ses baies, à cause de leur saveur aromatique, servent d'épices aux États-Unis.

Le vrai benzoin a une odeur balsamique très pénétrante, très suave, lorsqu'il est pur ou lorsqu'il se présente sous forme de larmes ovoïdes, blanchâtres intérieurement et jaune foncé en dessus. Il vient principalement du Siam. Réduit en petits fragments et projeté sur des charbons ardents, il brûle en produisant une fumée épaisse et en répandant une odeur pénétrante et très agréable. Le benzoin que le commerce nomme *benzoin de Sumatra* est en larmes ou en gros morceaux ayant environ trois centimètres d'épaisseur.

Le benzoin de qualité secondaire est formé de larmes brunes ayant un aspect terreux.

Le benzoin est très employé par la parfumerie. La médecine en fait aussi usage.

CHAPITRE IV.

OPOPANAX.

PASTINACA OPOPANAX, L.; LASERPITIUM CHIRONIUM, L.

Plante dicotylédone de la famille des Ombellifères.

L'opopanax est une gomme-résine qui a été décrite par Dioscoride. Elle provient d'une ombellifère appelée vulgairement *Panacée de Chiron* qui croît en abondance en Orient, mais qu'on rencontre aussi dans le midi de l'Europe.

La plante qui fournit cette gomme-résine est vivace ; elle a des racines charnues et épaisses, des tiges rugueuses de 2 mètres environ de hauteur, des feuilles à segments irréguliers, obtus et crénelés, des fleurs jaunes disposées en ombelles, des fruits qui contiennent deux semences.

L'opopanax est une plante qui ne manque pas d'élégance.

On la multiplie par ses graines, qui germent assez lentement, comme toutes les plantes qui appartiennent à la famille des ombellifères. Les pieds doivent être espacés de $0^m,60$ à $0^m,75$ les uns des autres.

C'est en opérant des incisions sur les tiges près du collet des plantes qu'on parvient à récolter l'*opopanax*.

Cette gomme-résine vient de Syrie et de l'Inde sous deux états : 1° en *larmes* de la grosseur d'une amande ; ces larmes sont orangé-rougeâtre et le plus souvent opaques ; elles sont légères, friables et irrégulières ; leur saveur est chaude et amère, mais leur odeur est très aromatique et rappelle celle de la myrrhe ; 2° *en masse ;* alors, les larmes sont réunies, agglutinées et mêlées à des corps étrangers ; ces masses pèsent de 50 à 500 grammes.

La densité de l'opopanax est 1,622.

Cette gomme-résine est très utilisée en parfumerie. La pharmacie l'emploie aussi comme stimulante et antispasmodique. Sa saveur est âcre et amère.

J'ai dit que l'opopanax existait dans les contrées méridionales européennes, mais la gomme qu'elle y exsude est en si petite quantité, qu'on ne peut songer un seul instant à la récolter. D'ailleurs, cette gomme-résine est bien inférieure en qualité à celle qui est importée de l'Asie.

CINQUIÈME DIVISION.

PLANTES CULTIVÉES POUR LEURS PARTIES LIGNEUSES.

––––––––––

CHAPITRE PREMIER.

BOIS DE ROSE.

Le bois désigné sous les noms de *bois rose* ou *bois de rose* vient des Canaries, du Brésil, de la Chine et de Cayenne. Il est produit par diverses espèces ligneuses.

1. Bois de rose des Canaries.

Ce bois, originaire de Ténériffe et qu'on nomme aussi *bois de rose de Chypre, bois rose de Rhodes, liseron de Rhodes*, est le *bois de rose des parfumeurs*. Il provient du *liseron arborescent* ou CONVOLVULUS SCOPARIUS, RHODO-RHIZA SCOPARIA.

Cet arbre, de la famille des Convolvulacées, a une tige cylindrique jonciforme, effilée, rameuse, plus grosse à la base que dans la partie médiane. Ses feuilles sont espacées, très étroites et entières. Ses fleurs sont blanches, assez petites et disposées en grappes paniculées et terminales.

Son bois qu'on importait autrefois en Europe de Rhodes et de Chypre, a une écorce grisâtre ; il est jaunâtre et veiné de rouge ; il brûle facilement. L'odeur qu'il développe rappelle celle de la rose, et elle est d'autant plus aromatique

que l'on se rapproche de la souche. La poudre qu'il fournit est très odorante. Les Hollandais distillent ses râpures.

Le *Convolvulus florida,* qui est originaire des Canaries, a des fleurs blanches plus petites et disposées en thyrses. Son bois, connu aussi sous le nom de *bois de Rhodes,* est odorant.

L'huile essentielle qu'on retire du bois sec de ces deux espèces, est liquide mais peu volatile ; elle est onctueuse et jaune d'or ; son odeur de rose est très prononcée ; c'est pourquoi on l'emploie assez souvent pour falsifier l'essence de rose. Sa saveur est amère.

2. Bois de rose du Brésil.

Ce bois, appelé au Brésil *Jacaranda rosa,* est produit par le PHYSOCALYMNA FLORIBUNDA, espèce qui est originaire des Indes orientales et qui appartient à la famille des Lythrariacées.

Cet arbre atteint 10 mètres de hauteur. Ses feuilles, à folioles arrondies, sont glabres. Ses fleurs sont blanches et disposées en panicules solitaires.

Le bois rose du Brésil est pesant, rose ou rouge pâle et veiné de rouge plus foncé. L'odeur de rose qu'il développe est faible, mais elle gagne en intensité sous la râpe. Son parfum se conserve longtemps. On le récolte dans les provinces de Rio-Grande, Pernambuco et Rio-de-Janeiro.

3. Bois de rose de la Guyane.

Le bois de rose de la Guyane provient du LICARIA GUIANENSIS ou DICYPELLICM CARYOPHYLLEUM.

Cette laurinée fournit un bois compact que les insectes n'attaquent pas. C'est un très grand arbre. Distillé, il fournit une huile volatile jaunâtre, onctueuse et à odeur de rose assez prononcée. Son écorce est aussi aromatique et constitue la *cannelle giroflée du Brésil;* sa saveur rappelle celle du poivre.

Le *bois de rose femelle* provient du *Licaria odorata.*

Le *Licaria guianensis* est appelé par les Galibis de la Guyane *Licari Kassali.*

4. Bois de rose de la Jamaïque.

Ce bois est produit par le DALBERGIA LATIFOLIA que les Anglais appellent *rose wood, malabar sissos* ou *chine rose wood.* Il est commun dans les Indes orientales.

Ce bois ressemble au bois rose du Brésil par son odeur de rose et par ses veines rouge foncé, mais il est d'une couleur mordorée qui rappelle un peu celle du palissandre.

Tous les *bois à odeur de rose* sont utilisés par l'ébénisterie de luxe.

5. Bois de rose de Cayenne.

Le bois de rose de Cayenne, dont l'odeur rappelle celle du *bois de citron,* provient du BURSERA ALTISSIMA. Cet arbre contient une résine qui produit en brûlant une odeur qui est analogue à celle de l'encens.

6. Bois de rose de l'Océanie.

Le bois de rose de l'Océanie est produit par le THESPE-SIA POPULNEA qui appartient à la famille des Convolvulacées. A l'état vert, il a une odeur de rose poivrée. Il est peu recherché.

CHAPITRE II.

BOIS DE SANTAL BLANC.

SANTALUM ALBUM; SANTALUM MYRTIFOLIUM.

Plante dicotylédone de la famille des Onagrées.

Anglais. — Sandal wood.   *Arabe.* — Sandale abyza.
Allemand. — Sandalholz.   *Malais.* — Esjendana.
Persan. — Sandale Suped.   *Tamoul.* — Shen Shendanum.

Cet arbre est originaire des Moluques. Il est répandu dans l'Inde, la Malaisie, la Polynésie, en Cochinchine, à Madagascar, dans la Micronésie, au Gabon, dans les Antilles, sur la côte Coromandel, en Chine, en Australie. Il est aussi abondant dans les montagnes de la côte du Malabar et dans les parties accidentées qui séparent le Mysore du Coïmbatore. Cet arbre est rare aujourd'hui à Tahiti et à la Nouvelle-Calédonie par suite des dégâts causés par les santaliers. Les Indiens le nomment *Shandanum.*

Le santal blanc est élevé et à cime arrondie. Son écorce est brunâtre. Ses feuilles sont pétiolées et oblongues. Ses fleurs, petites et inodores, passent du jaune au pourpre foncé. Ses fruits sont noirs, globuleux et de la grosseur d'une cerise.

L'odeur que développe le bois rappelle le parfum que dégage l'iris de Florence et la rose. Ce bois est dur et pesant. Privé de son aubier il est plus lourd que l'eau. On en exporte beaucoup de Madras pour Bombay, le Bengale, l'Arabie, etc. Le meilleur croît dans la partie orientale de Java, à Timor. Il contient, comme les racines, de 2 à 3 p. 100 d'huile essentielle.

L'essence qu'on extrait du bois de santal blanc est jaune verdâtre ou jaune pâle. Sa densité est 0,948. Elle a une odeur forte. On la vend 140 à 160 fr. le kilog. Elle est très employée dans l'Inde, l'Arabie et le golfe Persique. On la mêle à tous les parfums et cosmétiques indiens.

La poudre ou sciure est vendue 1 fr. 30 à 1 fr. 50 le kilog. Elle entre dans la composition de l'encens.

Le commerce distingue le *bois de santal blanc* du *bois de santal citrin*. Ce dernier est produit par l'EPICHARIS LOUREI, qui croît aussi en Cochinchine, dans la province de Bien-Hoa. Le bois de santal blanc est d'autant plus estimé et recherché qu'il est dur, pesant et odorant.

Le bois de santal est brûlé dans les temples indous et les habitations. L'odeur qu'il développe est très agréable. Ce bois a servi dans l'Inde à faire les portes du temple de Somnath.

Les Indiens attribuent à la poudre de santal des propriétés calmantes et sédatives. Cette poudre est aussi brûlée dans les temples hindous pour les parfumer.

CHAPITRE III.

SASSAFRAS.

LAURUS SASSAFRAS; SASSAFRAS OFFICINALE.

Plante dicotylédone de la famille des Laurinées.

Le sassafras est originaire de l'Amérique septentrionale. Il est commun dans la Virginie, la Floride et la Caroline. Il est aussi abondant au Brésil, à Guatemala, dans les districts de Zapata et de Chinquimala et à Van-Diemen. Il a été introduit en Europe au commencement du dix-huitième siècle. Il végète très bien à Harcourt (Eure), sur la propriété qui appartient à la Société nationale d'Agriculture de France.

Ce laurier est un arbre à racines traçantes de 6 à 10 mètres de hauteur à la Floride ; son tronc a souvent jusqu'à 0ᵐ,30 de diamètre. Sa tête est étalée et forte. Ses feuilles caduques sont nombreuses, alternes, trilobées, à lobes aigus et d'un vert gai. Ses fleurs sont petites et en bouquets ; elles produisent des fruits ou baies ovales et bleuâtres. Les racines sont fortes, ramifiées et traçantes.

Le sassafras est d'une culture facile parce qu'il résiste aux froids dans le nord de la France. On le multiplie à l'aide de ses semences, et des rejetons émis par ses racines.

Les graines sont si lentes à germer qu'on préfère souvent le propager à l'aide de ses rejetons ou au moyen de marcottes faites avec des pousses de deux ans.

Le sassafras redoute les terrains humides.

Le bois du sassafras est poreux, léger et aromatique, mais il est moins odorant que l'*écorce,* qui développe un parfum suave et très agréable, quoiqu'elle soit spongieuse. Les fruits, à cause de leur odeur, sont utilisés par les parfumeurs pour faire des sachets. Les feuilles pulvérisées sont employées comme condiments.

C'est par la distillation de sa racine qu'on obtient *l'essence de sassafras.* Cette huile volatile est plus pesante que l'eau. Elle est d'abord limpide, mais plus tard elle prend une nuance jaune et ensuite une teinte rouge. Cette essence a une odeur forte et spéciale ; elle sert à parfumer les savons, les pommades et à faire des extraits. On l'emploie aussi en pharmacie et en confiserie.

Elle est vendue de 13 à 15 fr. le kilogramme.

On utilise aussi la *râpure ;* mais comme celle-ci perd son parfum avec le temps, il est indispensable de ne râper le bois qu'à mesure des besoins.

Le bois de sassafras entier vaut de 0 fr. 80 à 1 fr. et le bois râpé, de 1 fr. 30 à 1 fr. 50 le kilogramme.

La racine de ce laurier est fébrifuge et sudorifique.

SIXIÈME DIVISION.

PLANTES CULTIVÉES POUR LEURS RACINES OU LEURS RHIZOMES.

CHAPITRE PREMIER.

IRIS DE FLORENCE.

Iris Florentina, L. ; Iris alba, Sav.

Plante monocotylédone de la famille des Iridées.

Anglais. — Florentine iris. *Italien.* — Iride de Firenze.
Allemand. — Florentinische iris. *Espagnol.* — Lirio de Florencia.
Hollandais. — Florentynse iris. *Portugais.* — Iris de Florença.

Mode de végétation. — Composition. — Terrain. — Culture. — Récolte. — Produit par hectare. — Falsification. — Valeur commerciale. — Usages.

L'iris de Florence croît naturellement dans la Provence, le Languedoc, et dans les contrées méridionales de l'Europe.

On le cultive dans les départements de l'Ain, des Bouches-du-Rhône et du Var, en Algérie où les Arabes le nomment *Zechlouch*, en Italie et en Allemagne. La racine la plus parfumée vient d'Élis (Grèce).

Mode de végétation.

Cette plante (fig. 38) a une racine épaisse, grosse comme

le pouce, irrégulière, aplatie, contournée et genouillée ; sa pellicule, qu'on enlève aisément lorsqu'elle est fraîche, est grisâtre; son tissu est compact et blanchâtre; sa cassure est

Fig. 38. — Iris de Florence.

nette et marquée de points jaunes ou rougeâtres. Sa tige est droite, glabre, cylindrique, haute de 0ᵐ,35 à 0ᵐ,65. Ses feuilles sont droites, ensiformes, plus courtes que les tiges, et d'un vert glauque. Ses fleurs sont au nombre de deux ou de trois, et sont placées à l'extrémité des tiges ; elles sont grandes, d'une blancheur uniforme, avec des veines bleuâtres et des barbes jaunes, et répandent une odeur douce très agréable. Elles s'épanouissent en mai et juin dans les contrées méridionales.

Le rhizome ou la racine de cette espèce exhale une odeur agréable, pénétrante, qui se rapproche du parfum que répandent les fleurs des violettes odorantes. Sa saveur est amère et âcre.

L'iris de Florence fleurit en mai et juin.

Composition.

Suivant Vogel, la racine de cette iridée contient une huile très âcre et très amère, une huile volatile, une matière âcre, jaune, soluble dans l'eau, de la gomme et de l'amidon.

L'huile essentielle est solide, nacrée et lamelleuse ; elle a une odeur de violette.

Terrain.

Cette plante demande une terre fraîche pendant l'été, et pas trop humide pendant l'hiver.

Elle végète très mal sur les sols secs, calcaires et pauvres.

On doit la cultiver de préférence sur des alluvions de bonne qualité ou dans des jardins.

Les terres grasses ne lui conviennent pas.

Il est nécessaire, dans les contrées septentrionales, de la protéger, pendant l'hiver, contre les grands froids.

Culture.

On multiplie l'iris de Florence de graines ou de portions de racines. Ce dernier mode de propagation est celui qu'on

16

suit le plus ordinairement, parce qu'il permet à l'iris d'être plus promptement productif.

On sépare les rhizomes en automne. Les divisions sont ensuite plantées en pépinière, où elles séjournent durant une année. La plantation des portions de rhizomes tubéreux enracinées, se fait à la fin de l'été ou au commencement de l'automne dans de petites fosses espacées de 0ᵐ,33 les unes des autres.

Chaque plante reste en terre pendant deux ou trois années.

Récolte.

L'arrachage des racines se fait pendant l'été, de juillet à octobre, après la complète dessiccation des feuilles.

Aussitôt qu'elles ont été arrachées, on les nettoie et on les débarrasse de leur épiderme ou pellicule brunâtre. Ce travail est ordinairement le partage des femmes.

On les divise et on les fait ensuite sécher en les exposant plusieurs jours à l'action du soleil, dans des corbeilles plates et rectangulaires. La saveur âcre qui les caractérise quand elles sont fraîches disparaît par la dessiccation.

Quand les racines sont bien sèches, on les renferme dans des boîtes qu'on conserve dans un lieu sec.

Lorsque l'arrachage et le nettoyage sont faits à la tâche, on donne ordinairement 0 fr. 20 par kilogramme.

Les racines d'iris de Florence perdent 6 à 10 pour 100 de leur poids par la dessiccation.

La racine n'est livrée au commerce qu'après avoir été mondée. Ce rhizome est tortueux et irrégulier. Sa grosseur égale 0ᵐ.02 à 0ᵐ.03. Il est blanc, compact et parsemé de petites taches brunes.

Rendement.

L'iris de Florence fournit un produit assez élevé. M. Cazeaux a constaté qu'il donnait à Anglefort (Ain) de 3.000 à 3.500 kilog. de racines par hectare. En Italie, le rendement varie de 5.000 à 7.000 kilogrammes.

100 kilog. de racines séchées à l'étuve, et ensuite bien pulvérisées, donnent environ 80 kilog. de poudre.

Falsification.

On substitue parfois à la racine de l'Iris de Florence la racine de l'*Iris d'Allemagne* (IRIS GERMANICA, L.), espèce commune dans le midi de la France et en Allemagne. La racine de cette espèce est peu odorante, mais on la laisse en contact pendant plusieurs semaines avec de la poudre d'iris de Florence, dans le but de lui communiquer une odeur de violette plus pénétrante.

La racine de l'iris d'Allemagne est plus grosse ; à l'état frais elle répand une odeur désagréable. Cette odeur se perd par la dessiccation. On ne peut l'employer sans danger ; souvent elle détermine des inflammations assez graves.

On rencontre dans les jardins un iris à fleurs bleu pâle dont l'odeur rappelle celle que développe la fleur de l'oranger. Cette espèce, connue sous de nom d'*Iris à fleurs pâles* (IRIS PALLIDA), est très vigoureuse et florifère. Souvent les rhizomes sont aussi vendus pour des racines provenant de l'Iris de Florence.

Emplois des racines.

La racine de cette iridée est employée en médecine ; elle sert à faire les pois sphériques destinés à faciliter la suppuration des cautères, et ceux avec lesquels on fabrique des chapelets, des colliers ou des bracelets d'enfants. Ces pois sont appelés *pois à cautères*, pois d'iris. On l'emploie aussi pour donner au tabac l'odeur de la rose, et aux vins le bouquet des vins de l'Hermitage, de Nuits, etc. Enfin, elle entre, à cause de son odeur de violette, dans plusieurs compositions préparées par les parfumeurs et vendues sous le nom de *préparations à l'iris*. La poudre qu'elle fournit est très recherchée.

La racine sèche sert aussi à parfumer le linge.

Valeur commerciale.

La racine entière se vend 120 à 140 fr. les 100 kilog. La poudre vaut 180 à 210 fr.

En 1858, la France a importé 6,075 kilog. d'iris de Florence. Le commerce nomme souvent cette racine *iris de Livourne*.

Les racines mollasses et vermoulues ont peu de valeur, parce qu'elles n'ont pas une odeur prononcée de violette.

CHAPITRE III.

VÉTIVER.

ANDROPOGON MURICATUS ; ANDROPOGON SQUARROSUS ;
ANATHERUM MURICATUM ; VETIVERIA ODORATA .

Plante monocotylédone de la famille des Graminées.

Anglais. — Cuscus grass.
Indien. — Vetti ver.

Arabe. — Usir.
Persan. — Kas.

Cette plante appelée *chiendent des Indes, chiendent citron,*
croît spontanément dans les jungles de l'Oude (Inde) et
sur les sols sablonneux, perméables et incultes de la Malaisie, de la Réunion, de l'Australie ; elle couvre aussi de
grandes surfaces dans les plaines humides du Sénégal.

Les Malais l'appellent *vetti-vayr, vetti-ver* ou *khuss-
khuss* ou *kus kus.* Ce dernier mot vient du persan *khas.*

La souche de cette graminée émet de nombreuses *racines, fibreuses, tortueuses, jaunâtres,* longues de 0^m,16 à
0^m,33 et très odorantes. Ses tiges sont droites, lisses, aplaties, jaunâtres et hautes de 1 à 2 mètres. Ses feuilles sont
étroites, raides, inodores, embrassantes et longues de
0^m,50 à 1 mètre. Ses fleurs sont petites, mais nombreuses ;
elles sont disposées en panicules pyramidales et composées
de rameaux verticillés.

Le vétiver a une végétation rapide. On le multiplie par
éclats de pieds. Ses racines sèches ont une odeur forte et
tenace qui rappelle celle de la myrrhe. Leur saveur est amère
et aromatique ; elles servent à parfumer le linge, les mou-

16.

choirs, les vêtements, les appartements ou à éloigner les insectes des tissus. On en fait aussi des sachets et des éventails odorants. Dans l'Inde, elles sont souvent employées pour fabriquer des écrans et des nattes que l'on étend dans les habitations ou que l'on fixe aux fenêtres et que l'on arrose, quand la température est élevée.

On extrait de ces racines à Luknow et à Cuttack (Inde), par la distillation, une essence que l'on désigne sous le nom de *khuss* et qui se vend, selon sa pureté, depuis 500 jusqu'à 1,500 fr. le kilogramme.

Au Sénégal, on donne à l'eau potable un goût aromatique en y faisant tremper de petits paquets de vétiver.

Dans l'Inde et en Perse, les racines des plantes suivantes : *Andropogon nardus*, *Andropogon iwarancusa*, *Andropogon schœnanthus* et *Andropogon citratus*, servent souvent à frauder le vétiver; mais on les distingue aisément à leur *couleur blanchâtre*, à leur *régularité* et à leur faible odeur.

L'*essence de vétiver* est plus légère que l'eau ; elle est vert émeraude, mais elle passe au jaune pâle au bout de quelques semaines ; elle bout à 140°. En France, pour la rendre plus agréable, plus fragrante, on y mêle un peu d'essence de mélisse et de rose. 100 kilog. de racines ne donnent que 150 grammes d'essence. Cette huile essentielle est vendue de 500 à 600 fr. le kilogramme.

On peut obtenir de l'essence de vétiver sans le concours de la distillation. Voici comment on procède : on divise 500 grammes de racines en petits fragments qu'on humecte ensuite avec un peu d'eau. Après vingt-quatre heures on pile ces racines dans un mortier, afin de bien les écraser. Alors on y verse de l'alcool à 40°; quand le tout a macéré pendant dix à douze jours, on le soumet à l'action d'une presse et on filtre ensuite le liquide à l'aide d'un papier de soie. Quinze jours après, on filtre de nouveau afin d'obtenir une essence qui ne dépose plus.

CHAPITRE III.

ACORE AROMATIQUE.

ACORUS CALAMUS, L.; ACORUS ODORATUS, Lam.

Plante monocotylédone de la famille des Aroïdées.

Anglais. — Sweet flag.   *Arabe.* — Vaj.
Indien. — Vashambu.   *Persan.* — Agre turki.

L'acore aromatique que la pharmacie désigne sous le nom de *Calamus aromaticus* est une plante vivace originaire de l'Asie. Elle est indigène dans les marais des hautes montagnes de l'Inde. Cette plante est renommée depuis la plus haute antiquité pour ses propriétés toniques. Son rhizome et ses radicelles ont une odeur très prononcée et très suave.

Cette aroïdée appelée souvent *roseau odorant, galanga des marais*, est cultivée en Asie et dans l'Inde. On la rencontre aussi çà et là dans les marais du midi de l'Europe et dans l'Amérique du Nord.

Son rhizome, de la grosseur du doigt, est vivace, articulé, horizontal, spongieux et blanc rosé à l'intérieur. Ses feuilles ressemblent un peu à celle de l'iris, mais elles sont étroites et plus droites; leur longueur varie de $0^m,50$ à 1 mètre. Sa tige est dressée, simple, comprimée et plus courte que les feuilles. Ses fleurs sont petites et très serrées et disposées en longs épis; elles sont jaunâtres. Le fruit est une capsule trigone renversée.

On multiplie l'acore aromatique par la division des pieds. Il demande un sol frais ou des arrosages fréquents.

L'huile essentielle que contiennent les parties souterraines réside dans leur écorce ; aussi importe-t-il, quand on les récolte, de ne pas les monder. 100 kilog. de racines en fournissent 1 kil. 200. Cette essence est utilisée en parfumerie.

On prépare un alcoolat avec 25 litres d'alcool à 85° et 3 à 3 kil. 500 de racines.

L'essence se vend 50 à 60 fr. le kilogramme.

Les racines ordinaires valent de 70 à 80 fr. les 100 kilog., celles qui ont été mondées sont vendues 100 à 110 fr.

Les racines qui ont le plus de valeur commerciale sont celles qui n'ont pas été attaquées par les vers et qui ont été bien séchées et conservées dans un local sec. Elles sont utilisées pour préserver les fourrures, les livres et les étoffes de laine contre les insectes. Elles servent aussi à fabriquer la liqueur que l'on désigne sous le nom d'*eau-de-vie de Dantzig*. Dans diverses contrées, principalement en Lithuanie, on les coupe en rondelles et on les confit au sucre. Les parfumeurs les emploient pour composer le lait virginal.

Les rhizomes que l'on récolte dans le midi de l'Europe sont bien inférieurs à ceux qu'on importe du Levant.

L'acore aromatique diffère complètement du *Calamus aromaticus des anciens*, qui a une tige odorante et qui appartenait à la famille des gentianées.

CHAPITRE IV.

NARD DE L'INDE.

NARDOSTACHYS JATAMANSI; JATAMANSI BALCHHAR;
VALERIANA JATAMANSI.

Plante dicotylédone de la famille des Valérianées.

Le jatamansi est la plante qui fournit le *nard,* parfum qui est connu depuis les temps les plus reculés (1), et que les Hébreux appelaient *nerd,* les Chaldéens *nidra,* les Persans, *nard,* les Indous *jetamansi* et qu'on appelle *nár* en langue tamoul et *jatamansi* en sanscrit.

D'après Ptolémée, le nard croissait à Rangamati, dans le Bootan (Hindoustan); Pline en signale douze espèces. A cette époque ce parfum était d'un prix très élevé. Celui qu'on désignait alors sous le nom de *nard syrien* venait de l'Inde.

Le vrai *nard indien* ou *nard du Gange,* le *nardin* des Persans, le *sumbul* des Arabes, est bien fourni par le *Valeriana jatamansi* qui est assez répandu dans les montagnes du Népaul, au Bengale, dans le Dekham et le Bootan.

Les racines sont grosses comme le petit doigt, longues de quelques centimètres; leur écorce est grise ou gris noirâtre; elles sont couvertes de fibres très déliées, dressées, rougeâtres ou brunes. Ces fibres ne sont autres que les nervures desséchées des feuilles. La chair des racines est

(1) « Le nard, le roseau aromatique, le cinnamome et la myrrhe sont des parfums précieux. » (*Cantique de Salomon,* 4, 14.)

blanche, spongieuse et friable ; ces racines développent une odeur persistante de valériane qui est fort agréable ; leur saveur est aromatique et amère.

100 kilog. de racines produisent 500 grammes d'essence.

Le commerce connaît deux autres nards. Le premier, appelé *nard radicant*, se présente sous forme de corps ligneux long de 0^m,20 et portant une longue chevelure. Son odeur aromatique est bien moins agréable que la senteur du véritable nard. Le second, dit *nard foliacé*, est le même, mais récolté plus jeune. Son odeur est plus forte, plus fragrante.

Le *nard celtique* provient du *Valeriana celtica* qui croît dans les montagnes de la Suisse et du Tyrol. Son odeur aromatique est analogue à celle de la *valériane officinale*. Sa saveur est amère. Il sert en Orient à parfumer les bains.

Il n'est pas inutile de rappeler que l'*héliotrope d'hiver*, le *Nardosmia fragrans* ou *Tussilago suaveolens*, exhale une odeur de nard fort remarquable. Cette plante appartient à l'Europe centrale.

J'ajouterai qu'il ne faut pas confondre le nard véritable avec l'*Andropogon citratus* (voir chapitre XVI), graminée qui produit l'essence connue sous le nom de *verveine des Indes*, et à laquelle les Indiens ont donné le nom de *nartum pillu*.

Au dire de Pline, le *nard indien* était une racine épaisse, lourde, courte, noire. Il valait alors 85 fr. la livre. Le nard syrien, décrit par Dioscoride, venait de l'Inde. On est porté à croire que ces deux nards étaient fournis par l'*Andropogon nardus* qui donne le *géranium des Indes* ou *faux nard*.

La jatamensi se propage par éclats de pieds.

CHAPITRE V.

GALANGA.

KŒMPFERIA GALANGA.

Plante monocotylédone de la famille des Zingibéracées.

Le galanga est cultivé pour ses racines rougeâtres, fibreuses, demi-ligneuses et aromatiques. Il est vivace. On le rencontre à l'état indigène dans les Indes orientales. Il a été importé aux Antilles et est très connu en Chine et au Japon.

Le rhizome de cette plante est rampant, charnu, articulé et cylindrique. Il est brun rougeâtre extérieurement et pâle en dedans. Sa saveur amère rappelle celle du gingembre, mais elle exhale une odeur très pénétrante. On en extrait une huile essentielle très parfumée.

Le commerce distingue deux racines venant de la Chine : Le *grand galanga* et le *petit galanga*. Le premier est le *galanga de l'Inde* (MAJOR JUVANENSIS); le second, appelé aussi *galanga de Chine*, est le MINOR SINENSIS.

Ces deux variétés appartiennent à l'espèce connue sous le nom de *Kœmpferia galanga*.

Le grand galanga ou *galanga de l'Inde* ou *galanga du Japon*, désigné parfois sous le nom d'ALPINIA GALANGA, a une racine très ramifiée ou tubéreuse et articulée; sa surface extérieure est rouge orangé et marquée de franges circulaires blanches; son intérieur est blanc grisâtre. Cette racine est moins agréable que celle du petit galanga; son odeur est pénétrante, mais elle provoque l'éternuement.

Le petit galanga ou *galanga de Chine*, ou *galanga officinal*,

ou HELLENIA SINENSIS, a des racines cylindriques, ramifiées brun noirâtre extérieurement, et fauve rougeâtre à
l'intérieur. Leur odeur est forte, agréable et assez analogue
à celle de la cardamone. Sa saveur est brûlante.

Le vrai galanga est fourni par cette espèce qui est cultivée en Chine dans les jardins.

Sous le nom de *galanga léger*, le commerce désigne une
racine de grosseur moyenne entourée de franges blanches
et ayant un épiderme lisse, luisant et rouge jaunâtre. L'intérieur de cette racine est rouge foncé avec des fibres blanches. Son odeur et sa saveur sont faibles.

On ne doit pas confondre le grand et le petit galanga.
L'amidon du dernier est le seul que le sulfate de fer colore
en noir.

Le galanga croît dans les lieux humides ou frais. Ses
tiges sont enveloppées par les pétioles des feuilles ovales
arrondies qui ont 0^m,10 à 0^m,15 de longueur. Ses fleurs
sont blanches et disposées en panicules oblongues et rameuses. Ses fruits, rouges à leur maturité, rappellent un
peu ceux du genévrier.

On multiplie les galangas en bonne terre légère, par
leurs racines rampantes.

Les racines des galangas sont employées en médecine
comme stimulant. Elles sont aussi utilisées comme condiment ou pour aromatiser le vinaigre, etc. Leurs fleurs fournissent, dans l'Inde, une huile essentielle d'une agréable
odeur et très précieuse en ce qu'une seule goutte suffit
pour parfumer le thé.

Les fleurs du *Kæmpferia rotunda* sont plus odorantes et
plus belles que celles du *K. galanga*.

Les racines des galangas sont vendues de 1 fr. 50 à
1 fr. 80 le kilogramme.

TROISIÈME PARTIE.

PLANTES A ÉPICES ET CONDIMENTAIRES.

Cette division comprend les végétaux qui fournissent des écorces, des fruits ou des semences qu'on utilise comme épices ou comme condiments.

Les *plantes à épices* appartiennent principalement aux régions intertropicales; elles sont toutes ligneuses et pérennes. Leurs produits donnent lieu chaque année à un commerce très important. Elles comprennent le poivrier, le cannellier, le giroflier, le muscadier, et le piment, qui est un sous-arbrisseau dans les contrées équatoriales.

Les *plantes condimentaires* ont aussi leur importance au point de vue cultural. Elles sont répandues en Europe, en Asie et en Amérique. Toutes sont herbacées et annuelles. Dans bien des cas, leurs produits remplacent assez avantageusement les épices. Elles comprennent la moutarde, le fenu-grec et la sariette.

On ne se tromperait pas si on ajoutait à ces plantes le persil, le cerfeuil et le câprier, qu'on cultive dans la basse Provence et qui végète naturellement sur les rochers qui bordent la mer dans le comté de Nice.

Le cumin, la nigelle, l'anis, le thym, l'estragon, etc., ont été classés parmi les plantes aromatiques et sont mentionnés dans la première partie de ce volume.

PREMIÈRE DIVISION.

PLANTES CULTIVÉES POUR LEURS FRUITS OU LEURS GRAINES.

CHAPITRE PREMIER.

POIVRIER.

PIPER NIGRUM.

Plante dicotylédone de la famille des Pipéracées.

Anglais. — Black pepper.
Allemand. — Schwarzer Pfeffer.
Sanscrit. — Maricha.

Persan. — Filfile gird.
Siamois. — Priskski.
Indien. — Golmirch.

Mode de végétation. — Climat et terrain. — Multiplication. — Tuteurs. — Soins d'entretien. — Récolte. — Rendement. — Variétés commerciales.

Le poivrier, le *piper* de Pline, était connu des Grecs comme aromate. Il est originaire des Indes orientales; il végète naturellement sur la côte du Malabar et sur la côte occidentale de Malacca. On le cultive entre le 96° et le 115° longitude est et du 5° latitude sud au 12° latitude nord. Il occupe des surfaces assez étendues à Java, Singapore, Penang, Bornéo, Sumatra, au Malabar, en Chine, en Cochinchine, dans les îles de la Sonde, la presqu'île de Malacca, les îles Philippines, dans l'Hindoustan, à la Guyane, à la Martinique, à l'île de France, au Brésil, dans le Travancore, à Guatémala. On le cultive avec succès sur la côte orientale du golfe de Siam, entre le 11° et 12° latitude. Les indigènes de la Birmanie le nomment *kran*. C'est l'intendant Poivre qui l'a introduit dans la Guyane française.

En résumé, la culture du poivrier a une grande importance dans le *Pays des épices*. Sa culture est bien comprise à Java et au Malabar.

Mode de végétation.

Le poivrier (*Piper nigrum*) (fig. 39) appartient à la famille des Pipéracées. On doit le regarder comme une véritable liane vivace. Il a une petite racine fibreuse, flexible et noirâtre. De celle-ci se développent des tiges dichotomes ou articulées, spongieuses et vertes ; ces tiges rampent sur le sol si elles ne sont pas soutenues, mais elles deviennent grimpantes, sarmenteuses, quand elles peuvent s'élever sur un support et atteignent 6, 8 et même 10 mètres de longueur. De leurs entre-nœuds se développent des racines adventices qui pénètrent en terre quand les tiges reposent sur le sol, mais qui se transforment en griffes lorsqu'elles ont pour appui un tuteur. Les feuilles qui se développent aux articulations sont alternes, solitaires, simples, ovales ; elles présentent cinq nervures apparentes. Les fleurs sont petites, disposées en épis allongés, cylindriques, serrés et pendants. Les fruits ou baies monospermes qu'elles produisent sont d'abord verts, puis rouges, puis noirs ; à la maturité et en se séchant ils deviennent sphériques, ridés et brun foncé. Leur grosseur égale celle des petits pois. Leur cassure est blanc grisâtre ou jaunâtre. Ces fruits, sessiles et monospermes, sont parfumés ou aromatiques ; ils ont une saveur chaude et piquante et constituent le *poivre noir*, le *poivre ordinaire*.

Climat et terrain.

Le poivrier demande le climat des tropiques, comme celui

de Sumatra, du Malabar, du Travancore ou de Malacca. Il prospère aussi à Java, mais moins bien que dans les autres

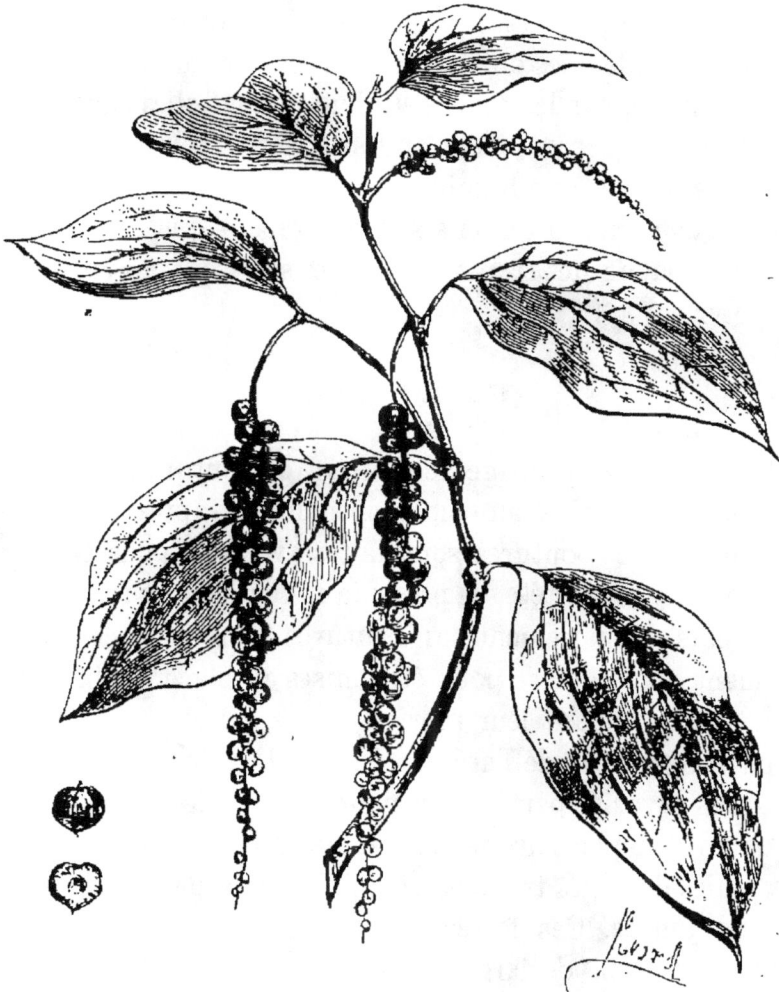

Fig. 39. — Rameau de poivrier.

îles de la Malaisie, où le climat est à la fois chaud et humide. Les vents violents lui sont très nuisibles ; ceux du nord ainsi que les grandes pluies font avorter les fleurs.

Les fruits du poivrier ont besoin de quatre à cinq mois pour mûrir.

Cette plante exige une terre argilo-siliceuse contenant des sels potassiques, un sol riche en humus, un peu frais et bien abrité. Elle se plaît dans les parties basses et moyennes des contrées accidentées ou montagneuses. La lumière lui est indispensable, car les tiges s'étiolent quand elles sont trop à l'ombre des arbres ; les grandes sécheresses lui sont aussi nuisibles que les sols humides.

C'est avec raison qu'on a souvent répété que les climats les plus chauds des tropiques sont les seuls qui conviennent au poivrier.

Multiplication.

Le poivrier se propage de graines, de boutures, et de rejetons qu'on plante au commencement ou après la saison des pluies. Les boutures sont faites avec des pousses bien développées et aoûtées, et présentant quatre nœuds.

Le plus ordinairement les boutures sont plantées obliquement en pépinière pour être mises en place au bout de trois mois. Pendant leur reprise, on les arrose modérément et on les garantit de l'ardeur du soleil. L'inclinaison des boutures favorise particulièrement leur reprise.

La mise en place des jeunes plants se fait avant la saison des pluies dans des trous carrés distants de deux mètres les uns des autres. Ces fosses ont de $0^m,40$ à $0^m,50$ de profondeur et $0^m,30$ de largeur. On en compte 2,500 par hectare.

Aussitôt la mise en place terminée, on implante près de chaque fosse un tuteur de $0^m,07$ à $0^m,08$ de diamètre et de deux à trois mètres de longueur. Ces supports sont placés de manière que les tiges des poivriers puissent s'élever ou grimper sur l'*Acacia catechu*, le *Cassuvium*, l'*Artocarpus*, l'*Erithryna*, l'*Hyperanthera* ou le *Mangifera*, arbres qui leur servent de point d'appui et les préservent de l'action directe du soleil. Parfois, on relie ces arbres par des traverses placées horizontalement à deux ou trois mètres au-dessus du sol, afin que la cueillette des fruits soit plus facile.

Soins d'entretien.

Chaque année on opère les binages qui sont nécessaires pour que le sol soit meuble et propre, et on arrose chaque pied de temps à autre quand il survient de grandes sécheresses. Comme les poivriers redoutent un excès d'humidité, on a le soin de faire écouler l'eau des poivrières pendant les saisons pluvieuses.

Tous les ans, pendant le mois de juin ou de juillet, on applique environ 500 gr. de fumier à chaque pied. Enfin on doit avoir la précaution d'enlever ou de détruire les rejetons.

Au Malabar, on coupe les tiges qui ont trois années de végétation à un mètre environ au-dessus du sol. La partie qui est encore attenante au sol est couchée horizontalement. On agit ainsi dans le but d'avoir un plus grand nombre de jets ou lianes.

Récolte.

Le poivrier produit des fruits depuis la troisième jusqu'à la vingtième ou trentième année. A Java, où il végète bien, il est souvent encore productif à l'âge de quarante et même cinquante ans.

On récolte les fruits deux fois par an, à mesure de leur maturité : en août et septembre, et en février et mars. La récolte qui a lieu en septembre et octobre est la plus forte. C'est quand *les fruits sont presque mûrs* qu'on opère la récolte, c'est-à-dire quatre mois environ après la chute des

fleurs. Il est nécessaire de les cueillir avant leur complète
maturité, afin de les soustraire aux oiseaux, qui en sont
avides, et de prévenir aussi une perte due à l'égrenage. On
se sert d'une échelle et de paniers. Chaque jour, on passe
entre les rangées de poivriers pour couper les branches qui
portent les épis sur lesquels on observe un grand nombre
de fruits rouge très foncé ou rouge brun.

Après avoir fait sécher ces épis au soleil, sur des nattes ou
des toiles, pendant cinq à six jours, on les égrène et on
nettoie les fruits.

Rendement.

Le produit que donne les poivrières est variable, parce
que les pluies font souvent couler un grand nombre de
fleurs. Bon an mal an, on ne doit compter, en moyenne,
sur plus d'un kilog. de poivre par pied, quoiqu'il existe
des poivriers qui en produisent quatre fois plus.

Un kilog. de poivre sec représente ordinairement 2 kilog. de poivre nouvellement récolté.

Un hectare comprenant 2,500 poivriers produit en
moyenne, dans les bonnes et les mauvaises années, de
1,000 à 1,200 kilog. de poivre.

· A Java et à Sumatra, on a constaté que 1,000 poivriers
exigeaient la présence journalière d'un ouvrier pendant
toute l'année.

Variétés commerciales.

Le poivre noir, le *piper nigrum* ou *piper aromaticum* est
le plus odorant et le plus piquant. Le *poivre de Java* et le
poivre du Malabar ont les mêmes qualités. Le *poivre de
Bentam* est supérieur au poivre récolté dans l'île de Java.
Le *poivre du Cambodge* est très noir. Le *poivre d'Haïti* est
grisâtre, mais il est très estimé ; le *poivre de Siam* et le

poivre de Cochinchine sont bien supérieurs au *poivre malais*. Le *poivre de l'Inde* est recherché.

Le poivre noir peut être *lourd*, *demi-lourd* et *léger*.

Le *poivre blanc* qui nous vient de Singapoure, de Sumatra, etc., n'est autre que le poivre noir qui a été dépouillé de son enveloppe externe ou péricarpe noir, à l'aide d'un trempage assez prolongé au soleil et dans de l'eau de mer. C'est en frottant entre les mains les grains qu'on a fait tremper et sécher qu'on détache la pellicule grise ou noire qui y est adhérente dans les circonstances ordinaires. On termine la préparation en opérant un vannage dans le but de séparer les débris des péricarpes des grains de poivre.

Le poivre blanc est moins âcre, moins actif et moins aromatique que le poivre noir.

Le poivre est employé comme épice; il est à la fois carminatif et fébrifuge et il excite l'appétit et facilite la digestion. On en fait un grand usage dans les pays humides. Il doit sa saveur brûlante ou ses propriétés particulières à la *pipérine*, huile essentielle très âcre. L'*essence* qu'on en retire en le distillant est fluide, presque incolore et plus légère que l'eau.

———

On cultive au Sénégal une espèce spéciale, le PIPER CLUSII, dont les fruits sont aussi employés comme condiment sur la côte occidentale de l'Afrique. Cette espèce a aussi des tiges aériennes, grimpantes, des fleurs en épis et des fruits arrondis, rugueux et rouges. Ces fruits prennent une teinte grise en séchant; ils ont l'odeur et la saveur chaude du poivre.

Le *poivrier sauvage* (PIPER SYLVESTRE) est indigène à la Réunion; il fournit aussi des fruits qui sont employés comme ceux du poivrier noir. Au Brésil on remplace souvent le poivre noir par la racine du PIPER UMBELLATUM, à laquelle on a donné le nom de *Pariporobo*.

Les racines du poivrier noir sont vendues dans l'Océanie hollandaise comme tonique et stimulant, après avoir été coupées en morceaux.

Tous les produits désignés dans le commerce sous le nom de *poivre* ne sont pas dérivés du *Piper nigrum*. Ainsi :

1° Le *poivre d'Éthiopie* ou *poivre des nègres* provient de l'ANONA ETHIOPICA, ou UVARIA ETHIOPICA, ou UVARIA AROMATICA, et de l'ANONA SENEGALENSIS, dont les fruits sont plus petits avec moins de saveur.

2° Le *poivre du Brésil* est fourni par le XYLOPIA FRUTESCENS et le XYLOPIA GRANDIFLORA. Au Sénégal, à la Guyane, à la Martinique, à la Réunion, les fruits des XYLOPIA AROMATICA, UNDULATA, RICHARDI remplacent aussi le poivre. Les xylopias sont cultivés à l'intérieur des terres ; ils appartiennent à la famille des Anonacées.

3° Le *poivre du Japon* provient du XANTHOXYLUM PIPERITUM.

4° Le *poivre de Guinée*, le *poivre de l'Inde*, le *poivre de Cayenne* sont des fruits qu'on récolte sur le CAPSICUM FRUTESCENS et le CAPSICUM ANNUUM. (Voir chap. II.)

5° Au poivrier commun, on peut ajouter l'AMOMUM CARDAMOMUM ou AMOMUM MELEGUETA qui appartient à la famille des Zingibéracées. Cette plante intertropicale des côtes occidentales d'Afrique est appelée *meleguette* ou *maniguette*. Elle a 2 mètres de hauteur. Ses feuilles distiques sont sessiles et lancéolées ; ses fleurs très grandes sont jaunes avec des stries carminées ; ses fruits charnus à trois loges contiennent des graines presque rondes, dures, luisantes et brun rougeâtre qui ont une saveur brûlante, piquante et aromatique.

Ces semences, appelées au Sénégal *graines de Paradis* ou

poivre de maleguta, remplacent le poivre. Au Gabon, elles constituent le *poivre énoué*.

Cet amome est répandu sur la côte de Guinée entre le cap Libéria et le cap Palmas ou des Palmes. Il est cultivé dans l'Inde. A Java on le nomme *Kapol*, et au Malabar *Borro eluchec*. Il a été introduit aux Moluques en 1670. Il est répandu dans la Malaisie. L'essence qu'on retire de ses graines est très recherchée des Chinois.

En Cochinchine, où ses graines sont mâchées après les repas par les personnes riches, on récolte ses semences sur les arbres qui végètent dans les clairières des forêts vierges du Cambodge.

Les graines de l'AMOMUM CITRIODORUM servent aussi à falsifier le poivre. On en importe de fortes quantités en Angleterre, en Hollande et en France. Le commerce connaît deux sortes de maniguette : la grosse qui est la plus estimée et qu'on importe d'Acra, et la petite qui vient de Sierra-Leone.

6° Le produit appelé *piment des Anglais, poivre girofle, poivre de la Jamaïque,* provient de l'EUGENIA PIMENTA, ou MYRTUS PIMENTA, ou CARYOPHYLLUS PIMENTA ; arbre à tige droite originaire de la Jamaïque et répandu dans les Antilles. Il appartient à la famille des Myrtacées. Il fleurit tout l'été. Ses fleurs sont blanc rosé et en panicule. Les fruits qu'il fournit sont globuleux ou pisiformes, monospermes, ridés et rougeâtres. Leur saveur est piquante, aromatique et un peu analogue à celle du cannellier et du giroflier. Ses feuilles développent aussi une forte odeur agréable lorsqu'on les froisse entre les doigts.

On récolte les fruits de cette espèce avant leur maturité complète, et on les expose au soleil pendant environ dix jours. Lorsqu'ils sont bien secs on les expédie en Angleterre ou en Hollande sous le nom de *poivre de la Jamaïque*. Ils servent dans l'art culinaire et sont souvent associés au poivre noir.

On en retire par la distillation une huile essentielle qui est souvent vendue sous le nom d'*essence de girofle.* Cette huile parfumée est principalement utilisée par la parfumerie allemande. On la vend 2 à 2 fr. 50 le kilogramme.

Cette myrtacée se propage aisément par les semences ou au moyen de boutures. Toutes les terres lui conviennent.

Les fruits du *pseudo-caryophyllus* constituent le *poivre du Mexique.* On en retire aussi une huile essentielle.

7° Le *poivre de Sedhiou,* au Sénégal, est produit par l'A-NONA PARVIFLORA.

8° Il existe, dans les contrées chaudes de l'Europe et de l'Asie, un arbre de 5 à 7 mètres de hauteur qu'on nomme vulgairement *poivrier d'Amérique* ou *faux poivrier.* Cet arbre dioïque (SCHINUS MOLLE), originaire du Pérou, est commun à Nice, à Cannes, à Menton, etc. ; sa croissance est rapide ; son feuillage, d'une grande élégance, dégage, comme ses longues grappes de fruits roses de la grosseur d'un pois, une forte odeur de poivre. Les fruits de cette belle espèce servent à falsifier le poivre.

9° Le fruit de l'EMBELIA RIBES, que les Indiens appellent *velve lungum,* est aussi employé pour frauder le poivre. Cette espèce volubile abonde dans certains centres de l'Inde ; son fruit desséché est noir ardoisé et rond. On l'utilise aussi comme vermifuge.

10° La racine du *poivrier énivrant* (PIPER METHYSTICUM) sert dans l'Océanie à préparer la boisson amère, excitante et très alcoolique appelée *Kava* ou *ava.*

11° Les feuilles du PIPER BETEL ou CHAVICA BETEL sont employées avec la *noix d'Arec* (ARECA CATECHU (et de la *chaux* pour fabriquer un masticatoire qui est très en usage à Java, au Malabar, aux îles Philippines, etc. Les feuilles du *betel* sont remplacées parfois pour les chatons du CHAVICA SIRIBOA. L'aréquier ou arec est un très beau palmier.

CHAPITRE II.

PIMENT OU POIVRE LONG.

CAPSICUM.

Plante dicotylédone de la famille des Solanées.

Anglais. — Red pepper.
Allemand. — Spanischer.
Arabe. — Filfile ahmar.

Italien. — Peperone.
Espagnol. — Pimento.
Persan. — Fifile-surkh.

Les piments ou *poivrons* sont herbacés (*capsicum annum*) ou sous-frutescents (*capsicum frutescens*). Les premiers sont principalement cultivés dans le midi de l'Europe ; les seconds ne sont intéressants que dans les contrées tropicales.

Les piments annuels ont produit diverses espèces ou variétés dont les plus répandues sont les suivantes :

1º Le *piment long* (CAPSICUM LONGUM), dont les fruits rouges, jaunes ou violets, sont plus ou moins courbés vers la pointe et dont la saveur est très forte.

2º Le *piment gros doux* carré (CAPSICUM GROSSUM), qui produit des gros fruits plus ou moins carrés ou arrondis et sillonnés.

3" Le *piment doux d'Espagne*, dont les fruits rouges ou jaunes sont gros et allongés. Cette variété est celle qui produit les fruits les moins piquants.

4º Le *piment tomate* et le *piment cerise* ont une saveur très forte. Ils sont moins cultivés dans le Midi que les variétés précédentes. Le premier, appelé *awada* par les Égyptiens, est très connu dans la vallée du Nil.

Le piment le plus estimé dans les Indes, aux îles Philippines, au Pérou, à la Bolivie et en Amérique, est produit par le CAPSICUM FRUTESCENS, espèce qui est vivace dans les pays chauds et l'Archipel indien, et annuelle en Europe. Son fruit est mince, très long et un peu recourbé à son extrémité. Il est d'abord verdâtre et ensuite rouge ou violet. Sa saveur est si forte, si âcre, si brûlante qu'on l'appelle *piment enragé, poivre de Guinée, poivre du Brésil, poivre de l'Inde, poivre du Soudan*. Il remplace le poivre dans diverses localités. C'est à l'alcaloïde appelé *capricine* qu'il doit ses propriétés stimulantes et carminatives. Les Égyptiens le nomment *chitita*.

Le CAPSICUM BACCATUM est très cultivé en Asie et en Afrique. Il est frutescent; ses fruits sont petits et globuleux.

Les piments sont d'une culture facile. On les propage à l'aide de leurs semences. On les sème le plus tôt possible à bonne exposition ou bien avant l'arrivée des grandes chaleurs. On les repique quand ils ont quelques feuilles, pour les mettre en place lorsqu'ils ont développé cinq à six feuilles. On ne doit pas oublier, dans le midi de l'Europe, qu'ils redoutent les gelées blanches ou les temps froids.

On récolte successivement les fruits quand ils sont arrivés à maturité et qu'ils présentent une brillante couleur rouge, ou jaune, ou violette. On les fait sécher au soleil ou dans un four pour ensuite les livrer au commerce.

Le *piment enragé* constitue, après avoir été réduit en poudre fine, le condiment qu'on nomme *poivre rouge* ou *poivre de Cayenne*, et qui est à la fois digestif et antiseptique. Sa saveur est forte, piquante et analogue à celle du poivre.

Les graines des piments sont sans saveur; on les enlève des fruits.

En général, les fruits des piments rouges ou jaunes sont

relativement plus doux dans les pays intertropicaux que dans les contrées qui appartiennent à la zone septentrionale de l'Europe.

Le *piment à fruit long*, le *pipool* des Indiens (PIPER LONGUS), est le *piment des vinaigriers*. Il est aussi très cultivé dans les montagnes de l'Oude (Inde) et aux îles Moluques. Sa saveur est aussi brûlante. Il est bien connu dans le midi de l'Europe. C'est lui qu'on utilise dans la préparation des *achars*. Les Japonais le nomment Togarashi.

On donne aussi le nom de *poivre long* au fruit desséché et de couleur grisâtre du CHAVICA OFFICINARUM, arbrisseau grimpant de la famille des Pipéracées qui est cultivé dans les îles Philippines et de la Sonde. Ce fruit est utilisé comme condiment par les Javanais et les Malais. Les chatons et les feuilles de ce chavica constituent le poivre long des pharmacies.

Le CHAVICA ROXBURGHII, plante à tige ascendante et très cultivée dans l'Inde, fournit les racines connues dans le commerce sous le nom de *pippula moola*. Le fruit de cette espèce est aussi employé comme épice dans l'Inde, en Arabie et sur la côte orientale d'Afrique. Il est plus petit que le poivre long des officines. On l'emploie aussi en médecine.

Le poivre long fourni par le *Chavica Roxburghii* est le *Piper longus* de Pline et de Linné. Il est originaire de l'Archipel oriental.

Ces deux plantes fournissent le *poivre long du commerce*.

CHAPITRE III.

MUSCADIER.

MYRISTICA AROMATICA ; NUX MYRISTICA ; MYRISTICA OFFICINALIS ;
MYRISTICA FRAGRANS ; MYRISTICA MOSCHATA.

Plante dicotylédone de la famille des Myristicacées.

Anglais. — Nutmeg.   *Indien.* — Jadikay.
Allemand. — Muskatnuss.   *Persan.* — Jouzboyah.

Mode de végétation. — Multiplication. — Récolte. — Production.
Emplois.

Le muscadier est originaire des Moluques. Les Arabes
le connaissaient depuis fort longtemps. Il a été introduit
par l'intendant Poivre à l'Ile de France et à Bourbon. Il
est cultivé aux Moluques, à la Réunion, à la Martinique, à
l'Ile Maurice, à Cayenne, aux Antilles, en Australie, dans
l'Inde, aux îles de la Sonde, en Cochinchine et à la Nou-
velle-Guinée. De nos jours, il est rare à la Guyane. Il croît
naturellement à Tabaco.

Mode de végétation.

Le muscadier est un arbre de 10 à 12 mètres à écorce gris
cendré. Il est touffu, vigoureux et régulièrement ramifié ;
son port est agréable à voir parce que sa cime est arrondie
et son feuillage élégant et d'un beau vert ; ses feuilles sont
ovales, lancéolées, alternes et blanchâtres en dessous. Ses

fleurs sont dioïques ; les fleurs femelles sont petites, jaunâtres et en groupes pédonculés ; les fleurs mâles sont étalées.
Ses fruits ont un peu la forme du fruit du noyer, mais non

Fig. 40. — Rameau et fruits du muscadier.

la grosseur (fig. 40) ; à leur maturité, ils sont jaune citron
et leur enveloppe charnue s'entr'ouvre en deux valves et
laisse voir une coque qui est entourée d'une *arille* ou *réseau
à maille rouge éclatant*. La coque contient l'amande qui est
la *muscade*. Celle-ci a une chair très dure mais huileuse

et très odorante. L'huile essentielle qu'elle contient a pour base la *myristine*.

Le fruit muni de son écorce ou *brou* a une certaine analogie avec le fruit du brugnon. Il n'arrive à maturité que huit ou neuf mois après l'épanouissement des fleurs. Quand il est complètement mûr, il se détache de l'arbre et tombe à terre. Le *réseau* ou *filet rouge* ou *cramoisi* que couvre le brou et qui enveloppe la noix ou muscade est appelé *macis*, *arille* ou *fleur de muscade*; il est riche en huile essentielle; il devient jaune par la dessiccation. La *coque* est ovoïde, un peu pyriforme; elle est brune, solide, sèche et inodore. La *muscade* est gris rougeâtre ou gris veiné de rouge. Sa saveur est chaude, âcre. L'odeur qu'elle exhale est très fragrante.

Le muscadier porte des fleurs et des fruits une grande partie de l'année.

On rencontre dans la Malaisie huit variétés de muscades.

Multiplication.

On propage le muscadier par ses noix qui germent entre trente et quarante jours ou par marcottes. Les jeunes plants sont mis en place après avoir été greffés. On les espace les uns des autres de 7 à 8 mètres. Le plus généralement cet arbre à épice occupe des enclos bordés de deux rangées d'arbres qui l'abritent contre les vents violents et l'air de la mer. Les muscadiers qui végètent à Amboine dans les montagnes ont des feuilles plus longues et plus larges que les muscadiers cultivés.

On greffe presque toujours les muscadiers obtenus de semis parce que les sexes étant séparés il est très important d'avoir peu d'arbres mâles qui ne portent pas de fruits. Au besoin, on peut y greffer des rameaux pris sur les muscadiers femelles.

Le muscadier exige peu de soin pendant sa végétation. Les faits observés dans les Indes occidentales permettent de dire qu'il produit très peu de fruit quand on le taille comme les arbres fruitiers de nos jardins (1). Il commence à donner des fruits dès l'âge de sept à huit ans.

Récolte.

La récolte des fruits se fait de deux manières : les uns cueillent les fruits quand ils sont suffisamment mûrs en montant sur les arbres ; les autres les ramassent par terre au fur et à mesure de leur chute. Les muscades récoltées sur les arbres sont de *première qualité ;* celles qu'on ramasse au pied des arbres sont de qualité très inférieure.

Après la cueillette on dépouille les muscades de leur brou et du macis qui les enveloppent, puis on les expose au soleil et quelques jours après à l'action d'une température assez élevée. Quand elles sont bien sèches, très souvent on les met dans un panier qu'on trempe dans un lait de chaux additionné de sel marin, afin que l'humidité ne les altère pas et qu'elles ne soient pas attaquées par des insectes. Puis on les fait bien sécher de nouveau, opération pendant laquelle les muscades prennent une teinte plus ou moins brune.

Le plus ordinairement on opère trois récoltes par an :

La première est faite de la fin de mars au commencement d'avril ;

La seconde a lieu de la fin de juin au commencement d'août ;

La troisième est exécutée en novembre.

La première récolte est bien moins abondante que la

_____

(1) Le liquide qui s'écoule des incisions que l'on fait au muscadier tache les étoffes.

seconde, mais les muscades sont remarquables par leur grosseur. La troisième récolte est toujours très faible.

A la Réunion, on connaît deux sortes de muscades : la *muscade d'été* et la *muscade d'hiver.*

Production.

Un muscadier donne ordinairement par an 3 kilog. de noix, mais il en existe qui produisent annuellement 6, 8 et même 10 kilog. de muscades.

Un hectare comprenant 200 muscadiers en plein rapport peut donner chaque année de 500 à 600 kilog. de muscades.

Emplois.

La muscade est utilisée comme condiment et comme parfum; on l'emploie aussi en médecine.

Les muscades qui ont été ramassées sous les arbres sont, comme je l'ai dit, bien moins estimées que celles qui ont été récoltées à la main.

Les muscades qui sont *rondes* et qui sont dites *femelles* sont les plus odorantes ; celles qui sont allongées et qu'on nomme *mâles* ont souvent peu d'odeur.

Les Hollandais ont presque le monopole du commerce de la muscade. Comme celle-ci peut être altérée pendant les transports, avant de l'emballer, on l'examine avec soin et on bouche les trous ou les piqûres qu'on y observe.

Le commerce distingue trois sortes de muscades :

1° Celles de Penang qui ne sont pas chaulées dans l'île;

2° Celles des Beboua qui sont toujours chaulées ;

3° Celles de Singapore qui sont les moins estimées.

Toutes ces muscades proviennent en grande partie des îles Banda (Malaisie.)

La noix muscade des Moluques est vendue de neuf à douze francs le kilogr. Elle sert à aromatiser les aliments. Son odeur plaît à l'odorat. Elle contient de 16 à 18 p. 100 d'huile essentielle.

L'*essence de muscade* ou *baume de muscade* est jaunâtre, très fluide et très volatile ; elle bout à 165 degrés ; elle est peu soluble dans l'eau, mais elle est complètement soluble dans l'alcool pur. Sa densité est 0,853 à + 15°. Elle est préparée dans l'Inde, mais on en fabrique aussi à la Martinique et à la Guadeloupe. Elle se vend de 35 à 40 fr. le kilogramme.

Le *beurre de muscade* qu'on retire des amandes est onctueux, brun orangé et très aromatique. Il fond à 45° et est soluble dans l'éther et l'alcool.

Les muscades servent dans l'Inde à faire des confitures, des marmelades et des fruits confits.

CHAPITRE IV.

GIROFLIER.

CARYOPHYLLUS AROMATICUS ; MYRTUS AROMATICUS ;
EUGENIA CARYOPHYLLATA.

Plante dicotylédone de la famille des Myrtacées.

Anglais. — Cloves.
Allemand. — Gervüre nelken.
Hollandais. — Kruiduegelen.
Italien. — Garofani.

Espagnol. — Clavillos.
Persın. — Mnkhak.
Malaisien. — Ginkel.
Arabe. — Garanful.

Mode de végétation. — Climat et terrain. — Multiplication. — Récolte. — Production. — Variétés commerciales. — Emplois. — Valeur commerciale.

Le giroflier est originaire des îles Moluques. Il est connu des Chinois, des Indiens, des Grecs et des Romains depuis les temps les plus anciens. On le cultive dans la Malaisie, à Sumatra, à Amboine, à Batavia, dans l'Inde, à la côte Tenasserin, à Travancore, à Cochin, dans le Camara, le Tinnevelly, à Zanzibar, à la Guyane, aux Antilles, à la Guadeloupe, à l'Ile Maurice à l'Ile Bourbon, à la Réunion, à Siam, à Cayenne. C'est Poivre, intendant de Maurice et de Bourbon, qui l'introduisit en 1770 dans ces deux contrées. La même année, d'Etcheverry l'importa à l'Ile de France. En 1773, on l'importa à la Guyane. Les Hollandais, ayant chassé les Portugais des Moluques, restèrent, pendant une période assez longue, maîtres du commerce des clous de girofle. Amboine est le centre du commerce du giroflier.

Cet arbre est le *garyophyllum* de Pline et le *kurphyllon* des Grecs.

Le giroflier est cultivé pour ses boutons à fleurs qu'on récolte avant qu'ils soient épanouis, c'est-à-dire lorsque les pétales sont encore soudés et qui constituent les *clous de girofle* ou le *girofle,* qui ont une saveur forte, brûlante et aromatique.

Mode de végétation.

Le giroflier est un arbre de 5 à 8 mètres de hauteur, ayant le port du caféier. Son tronc est droit jusqu'à 2 mètres environ d'élévation avec une écorce gris brun. Sa cime est pyramidale. Ses feuilles opposées sont coriaces, simples, ovales, entières, pointues, lisses et luisantes et portées par de longs pétioles ; elles sont vertes ou persistantes toute l'année. Ses jolies fleurs (fig. 41), à calice rougeâtre et à corolle blanche légèrement purpurine, à pédoncules articulés et disposées en corymbes terminaux, sont nombreuses ; leur calice est rugueux, à tube étroit et allongé ; la corolle est à quatre pétales. Le fruit est sec, ovoïde, couronné par les dents du calice qui est persistant ; il est d'abord vert, puis jaune pâle, et ensuite d'un beau rouge.

Le giroflier est l'un des plus beaux arbres de l'Océanie. Sous le climat de l'Inde toutes ses parties sont aromatiques et ses fleurs exhalent une odeur très agréable et très pénétrante. Aux Moluques, il embellit les paysages et, à Amboine, il décore d'une manière heureuse les parcs et les jardins que les Malais appellent *Tanah-dati.* Chaque année, il produit de nouvelles feuilles en mai, époque où commence la mousson ou saison humide.

Cet arbre toujours vert croît rapidement et est déjà productif quand il est encore jeune. Toutefois, il est délicat et exige une exposition bien choisie. Les vents violents, le

grand soleil et les sécheresses prolongées, ne lui sont pas favorables. Il vit à Amboine de soixante à soixante-quinze ans.

Fig. 41. — Rameau et bouton à fleur du giroflier.

On connaît dans la Malaisie cinq sortes de giroflier : le
giroflier ordinaire, le *giroflier à tige pâle*, le *giroflier Loury*
ou *Kiry*, le *giroflier royal* et le *giroflier sauvage*. Le plus
estimé est le giroflier royal.

Climat et terrain.

Le giroflier demande un terrain argileux, profond et frais, un sol substantiel à sous-sol graveleux ou perméable. Il ne prospère pas très bien sur le bord de la mer parce que les vapeurs maritimes lui sont nuisibles ; c'est pourquoi il végète mal dans les grandes îles de Guilolo et de Céram. J'ajouterai qu'il craint le froid sur les hautes élévations. A Bourbon, à l'Ile de France, il occupe des terrains sablonneux de bonne qualité. A Amboine, les girofliers sont cultivés dans les jardins et les parcs.

Multiplication.

On le multiplie de graines ou de boutures. Les fruits arrivés à parfaite maturité sont semés en pépinière ou, ce qui vaut mieux, en place, parce que la transplantation ne donne pas toujours de bons résultats. Lorsqu'on fait les semis en pépinière, on doit arracher les jeunes plants de manière que leurs racines soient enveloppées de terre.

Pendant la première année, et souvent aussi pendant la seconde et même la troisième, le giroflier doit être abrité du soleil soit par des canarys (BALSAMIFERUM), soit par des bananiers ou des cocotiers. Les boutures se font dans l'Inde, à Cayenne, etc., quand la sève se met en mouvement.

Le giroflier ayant une tête qui donne prise aux vents, on se trouve dans l'obligation de le maintenir à 3 ou 4 mètres de hauteur. Toutefois, on a le soin de ne pas supprimer les branches inférieures.

Les girofliers doivent être espacés les uns des autres de 4 mètres en tous sens.

Récolte.

Le giroflier, dans l'Archipel indien, commence à produire des fruits à l'âge de trois ans, mais c'est à cinq ou six ans qu'il est véritablement en rapport. Il est ordinairement très productif à la huitième ou dixième année.

On commence la récolte des clous de girofle quand les *boutons à fleurs* sont rouges et que les pétales sont encore enroulés sur eux-mêmes, c'est-à-dire d'octobre à février. Les boutons ressemblent alors à de petits clous surmontés d'une petite tête conique, arrondie et jaunâtre. Ainsi, les boutons à fleur sont récoltés bien avant que les corolles soient ouvertes. Cette récolte dure plusieurs mois parce que les fleurs apparaissent successivement pendant longtemps. On récolte à la main les boutons qui sont à la portée des opérateurs ; on abat les autres avec un roseau ou un bâton recourbé après avoir étendu une toile sous l'arbre et sur le sol. On balaie le sol si on secoue les arbres.

Quand ces *fleurs non épanouies* ont été récoltées, on les expose d'abord au soleil et ensuite à l'action d'une fumée légère, afin qu'elles prennent une couleur brune sous l'action de la chaleur et de l'essence qui apparaît un peu à leur surface. Cette nuance indique qu'elles peuvent conserver longtemps toute leur huile essentielle. Quelquefois, avant de les fumer ou boucaner, on les échaude rapidement à l'eau bouillante. Quoi qu'il en soit, on termine leur préparation en les faisant sécher dans une étuve ou en les exposant pendant plusieurs jours à l'action du soleil.

Production.

Chaque arbre produit de 2 à 3 kilog. ou un *tjinkel* de clous de girofle, lorsqu'on maintient par la taille les girofliers à une faible hauteur. Le produit s'élève à 6, 8 et même 10 kilog. quand les girofliers forment de véritables arbres.

Un kilogramme contient 10,000 clous de girofle.

Le clou de girofle à l'état sec est rougeâtre et terminé par quatre petites pointes aiguës. Les boutons qu'on laisse sur les arbres fleurissent et produisent des fruits qui sont beaucoup plus gros, mais qui sont bien moins odorants. Ces fruits sont désignés sous le nom d'*antofles*, de *mère de girofle* ou de *clous matrices*.

Il est essentiel de n'importer en Europe que des boutons sains, entiers, gros, pesants, brun foncé, à odeur forte, aromatique, très pénétrante et à saveur brûlante.

Variétés commerciales.

Le commerce connaît trois sortes de clous de girofle qui proviennent de Penang, Amboine, Bencoulen, Zanzibar, Bourbon et Cayenne :

1° Le *girofle des Moluques* ou *girofle royal,* ou *girofle anglais*, ou *Kiry* ou *Loury* est le plus recherché; il est gros, quadrangulaire, pesant, brun foncé, riche en huile essentielle. Sa saveur est âcre, brûlante ; son odeur est forte.

2° Le *girofle de Bourbon* est plus maigre, plus petit, plus court ; sa tête est mal arrondie ; il est brun rougeâtre et plus foncé que les autres.

3° Le *girofle de Cayenne* est grêle, plus allongé, plus sec ; il est moins aromatique ; sa couleur brune est plus vive. C'est le plus petit et le moins estimé.

Le *girofle des Antilles* est très grêle et rougeâtre ; il est souvent mêlé à des *griffes de girofle* ou pédicelles brisées et grisâtres ; ces débris ont une odeur assez forte, mais qui est moins agréable.

Les boutons du giroflier sauvage sont peu estimés.

Le *girofle de Hollande* ressemble au *girofle anglais*; le *girofle de Batavia* est gris, sec, peu aromatique et peu recherché; le *girofle de Sainte-Lucie* a une grande analogie avec le girofle de Cayenne.

Emplois.

Le girofle contient 18 0/0 d'huile volatile, 17 0/0 de matière astringente et 6 0/0 de résine. Il est utilisé dans l'art culinaire comme aromate, soit à l'état normal, soit après avoir été réduit en poudre. On l'emploie aussi dans la parfumerie. Son essence entre dans la préparation de l'*élixir de Garou* et elle sert à cautériser les dents cariées, à parfumer les savons et à faire des extraits d'œillet.

Voici la composition du girofle, d'après Trommsdorff :

Huile volatile.............	18,0
Matière astringente........	17,0
Gomme..................	13,0
Résine..................	6,0
Fibres végétales..........	28,0
Eau...................	18,0
	100,0

Parfois, dans les colonies, on confie au sucre les *mères de girofle* pour les manger; ils facilitent la digestion.

L'huile essentielle qu'on extrait des clous ou des griffes de girofle par la distillation a une densité de 1,079; elle entre en ébullition à 143 degrés. Elle est limpide quand elle est nouvelle; mais, avec le temps, elle brunit à l'air et à la lumière.

100 kilog. de girofle produisent 15 à 16 kilog. d'essence. Les boutons récoltés à parfaite maturité contiennent plus d'huile volatile que les autres, mais cette essence est bien moins aromatique. Elle a pour base une substance

qu'on a appelée *caryophylline*, principe qu'on trouve dans les girofles de Moluques et de Bourbon mais qui n'existe pas dans le girofle de Cayenne.

La distillation du girofle est facile. On met les clous à macérer dans l'eau pendant deux ou trois jours et on procède ensuite à la distillation du liquide à deux ou trois reprises successives, en jetant chaque fois le produit obtenu sur les girofles, afin de bien les épuiser. Après chaque opération on décante l'huile essentielle qui surnage sur le liquide et on la conserve dans des vases parfaitement fermés.

L'esprit de girofle s'obtient en faisant infuser pendant deux jours 1 kilog. de clous de girofle concassés dans 16 litres d'alcool à 85° centigrades.

Valeur commerciale.

L'essence supérieure se vend de 45 à 50 fr. le kilog. Le prix de l'essence produite en Angleterre, en Allemagne, dans la Confédération argentine, etc., ne vaut que 30 fr. Le *clou de girofle* est vendu de 6 à 7 fr. 50 le kilog. suivant sa provenance et sa qualité.

Les meilleurs clous de girofle sont pesants, foncés en couleur et très odorants.

On fraude le girofle en y mêlant des clous qui ont été épuisés ou en y associant des clous matrices.

CHAPITRE V.

MOUTARDE BLANCHE. — MOUTARDE NOIRE.

SINAPIS ALBA, L. — SINAPIS NIGRA, L.

Plantes dicotylédones de la famille des Crucifères.

Anglais. — Mustard.
Allemand. — Senf.
Danois. — Senep.
Suédois. — Senap.
Hollandais. — Mosterd.

Italien. — Senape.
Espagnol. — Mostaza.
Portugais. — Mostarde.
Égyptien. — Khardal.
Russe. — Gortschisa.

Composition. — Terrain. — Semis. — Soins d'entretien. — Récolte. — Conservation de graines. — Poids de l'hectolitre. — Usages des graines. — Fabrication de la moutarde. — Huile. — Farine. — Bibliographie.

Ces deux plantes sont annuelles et connues depuis fort longtemps. On les cultive principalement dans les contrées septentrionales de l'Europe. La culture de la moutarde noire, que l'on désigne souvent sous le nom de *Sénevé*, n'a pris une extension marquée en Europe que depuis le quatorzième siècle.

Mode de végétation.

La moutarde noire ou *sénevé noir* a une tige droite, cylindrique, très rameuse, un peu velue et haute de 0ᵐ,60 à 0ᵐ,90. Ses feuilles sont pétiolées, lobées et presque glabres. Ses fleurs jaunes sont disposées en grappes allongées et terminales ; ses siliques sont courtes et ridées.

18.

La *moutarde blanche* ou *moutardon*, ou *moutarde anglaise*, ou *sénévé blanc*, a des tiges aussi élevées que celles de la *moutarde noire*, mais ses feuilles sont moins lobées. Ses siliques, au lieu d'être glabres et tétragones comme celles de la *moutarde noire*, sont hérissées de poils, étalées et terminées par un style long et ensiforme à la maturité. Enfin, les graines de la *moutarde blanche* sont sphériques, jaunâtres, lisses, luisantes et grosses; les semences de la *moutarde noire* sont globuleuses, comprimées, brunes ou noirâtres, et plus petites que celles de la *moutarde blanche*.

Composition.

Les graines sont d'une odeur nulle quand elles sont entières, mais très piquantes, très âcres quand on les écrase.

Ces deux semences ont à peu près la même composition. Toutefois, les semences de la *moutarde blanche* renferment une substance amère, inodore, insoluble dans l'eau, l'alcool et l'éther, qu'on n'observe pas dans les graines de la *moutarde noire*. Enfin, cette dernière semence contient une huile essentielle qui n'existe pas dans la moutarde blanche.

D'après M. Moride, la moutarde noire contient les substances suivantes :

Matières organiques.........	63,02
Huile....................	27,36
Phosphate	3,32
Silice, etc................	1,10
Eau....................	5,20
	100,00

Les matières organiques consistent en gomme, sucre, matière grasse, albumine végétale, matière colorante.

Terrain.

La moutarde blanche ou noire demande un bon terrain, parce qu'elle végète très rapidement. Les terres à froment argilo-calcaires ou calcaires argileuses sont celles qui lui conviennent le mieux.

Il est très utile de ne la cultiver que sur les terres bien préparées et propres. On doit éviter de lui destiner des terres qui produisent en abondance la *moutarde sauvage* (SINAPIS ARVENSIS).

Les étangs desséchés et les terres alluvionnelles dans les vallées lui permettent de fournir de très belles graines.

Semis.

On sème la moutarde en mars, ou, au plus tard, dans la première quinzaine d'avril.

Les semis se font à la volée ou en lignes espacées de 0^m,40 à 0^m,50. Les semis en rayons ont l'avantage de rendre les binages plus faciles.

On couvre les graines semées à la volée par un hersage.

Lorsqu'on répand les semences à la volée, on en emploie de 5 à 6 litres par hectare. Les semis en lignes n'en exigent que 3 à 4 litres.

Soins d'entretien.

La moutarde exige pendant sa croissance deux opérations.

1° Lorsqu'elle a 3 ou 4 feuilles, on lui donne un binage dans le but de détruire les plantes indigènes et d'ameublir la surface de la couche arable. On répète cette opération, si elle est nécessaire, quand les plantes ont de 0^m,15 à 0^m,20 de hauteur.

2° La moutarde noire comme la moutarde blanche doivent être éclaircies. Il faut, pour qu'elles puissent facilement se ramifier et donner naissance à des siliques nombreuses, que tous les pieds soient espacés les uns des autres de 0^m,15 à 0^m,25 selon la fertilité de la terre.

Récolte.

Époque. — La récolte de la moutarde se fait à la fin de juillet, ou, au plus tard, au commencement d'août.

On doit l'exécuter aussitôt que les tiges commencent à jaunir et à perdre leurs feuilles, et lorsque les graines des siliques inférieures ont pris une teinte noire ou une nuance jaunâtre. Si on attendait pour l'opérer que toutes les siliques fussent mûres, on perdrait par l'égrenage beaucoup de graines, et celles-ci auraient l'inconvénient d'infester la terre, au détriment des récoltes suivantes.

Exécution. — On coupe la moutarde le soir ou le matin, soit avec la faucille, soit à l'aide de la faux. Il faut éviter d'opérer pendant le milieu du jour, si le soleil est ardent et la chaleur atmosphérique très élevée.

On laisse les tiges en javelles sur le sol, et on les met ensuite en meulons coniques de 1^m,50 à 2^m d'élévation. On doit avoir le soin de couvrir ces derniers de paille, s'ils doivent séjourner dans le champ pendant plusieurs semaines, afin d'empêcher les oiseaux de s'attaquer aux siliques.

Battage. — Lorsque les tiges sont sèches, c'est-à-dire 6 à 10 jours après la coupe, on les rentre à la ferme pour les battre dans une grange à l'aide de fléaux légers ou d'une machine à battre, ou on les bat dans le champ, sur une bâche, comme on opère quand on récolte la navette.

Les graines, après le battage, doivent être déposées, avec une partie des siliques, en couche peu épaisse, dans un grenier.

Lorsqu'elles sont sèches, on les crible pour les nettoyer et les séparer des siliques.

Alors, on les réunit en tas qu'on remue de temps à autre, pour éviter qu'elles fermentent ou qu'elles soient attaquées par des mites.

Rendement par hectare.

La *moutarde noire* est aussi productive que la navette d'été. Cultivée sur des terres de bonne qualité, elle donne, en moyenne, de 12 à 15 hectolitres à l'hectare. Ses produits maximum dépassent très rarement 18 à 20 hectolitres.

La *moutarde blanche* donne les mêmes produits. Il faut qu'elle végète sur des sols d'alluvion ou des terres calcaires argileuses ou calcaires siliceuses fertiles pour qu'on puisse compter sur un produit moyen de 18 à 20 hectolitres.

Un hectolitre de graines de moutarde noire pèse de 66 à 68 kilog. La moutarde blanche est un peu plus lourde.

Emplois des produits.

Le *graine de moutarde noire* sert à fabriquer la moutarde qu'on mange comme condiment ; elle fournit aussi la farine de moutarde qui forme, de temps immémorial, la base des emplâtres rubéfiants, vésicants et révulsifs appelés *sinapismes ;* enfin, on en extrait une huile grasse et une huile essentielle.

La graine de la moutarde noire contient de 25 à 28 pour 100 d'huile grasse. Cette huile est jaune ou verdâtre ; elle est très siccative ; son odeur est forte ; elle est employée dans la médecine et les arts ; elle est aussi douce que l'huile

d'olive, ce qui forme un contraste avec la saveur âcre de sa
graine, mais elle a une saveur désagréable. En France, elle
sert souvent à fabriquer du savon jaune ; au Japon et au
Bengale, on l'emploie pour l'éclairage.

L'*huile essentielle* qu'on extrait de la moutarde noire est
citrine ou incolore, très âcre, très irritante, très odorante,
peu soluble dans l'eau, mais se dissolvant dans l'alcool et
l'éther. Cette *essence de moutarde* entre dans la composition
des pommades rubéfiantes, des lotions irritantes, des potions
excitantes.

100 kilog. de moutarde noire donnent de 400 à 500 grammes d'essence.

La *graine de moutarde blanche* jouit des mêmes propriétés,
mais, à un degré moindre. Le plus ordinairement on l'utilise
entière intérieurement. Prise en grain, elle est purgative.

Farine de moutarde noire.

La moutarde noire est la seule espèce qu'on réduit en farine
et qu'on emploie en médecine. Cette pulvérisation est exécutée après avoir fait sécher les graines, à l'aide d'un pilon
et d'un mortier ou d'une meule. En agissant ainsi, on obtient
une farine ayant une action plus prompte, plus rubéfiante.

100 kilog. de graines donnent 90 à 95 kilog. de farine.

On doit conserver la farine de moutarde dans un endroit
sec et à l'abri de l'air, afin de l'empêcher de rancir et de
perdre sa propriété vésicante.

Fabrication de la moutarde.

Après avoir nettoyé la graine, à l'aide du van ou du ta-
rare, on la fait gonfler dans l'eau pendant vingt-quatre heures
environ. Alors on la pile dans un mortier ou on la broie au

moyen d'une meule. Ce dernier procédé a été imaginé, en 1730, par mistress Clement, dans le comté de Durham (Angleterre). Quand la graine a été réduite en poudre, on arrose celle-ci avec du vinaigre ordinaire ou aromatisé avec l'estragon, le thym, etc., ou du moût de raisin, pour la convertir en une pâte homogène brun jaunâtre, piquante, et ayant une consistance semi-fluide. La pâte, après une légère fermentation, est passée au travers d'un tamis de crin, et renfermée dans des vases en verre, en grès ou en faïence, qu'on scelle avec un bouchon de liège et de la cire.

On mêle souvent à la moutarde ainsi fabriquée, des aromates, des épices, des anchois, etc. On la rend moins piquante en y ajoutant de la fécule et en la fabriquant avec la graine de la moutarde blanche.

Les moutardes françaises les plus estimées sont celles de Dijon, de Paris et de Bordeaux. La moutarde de Brives se fait au moût de raisin ; elle est rougeâtre et peu recherchée ; la moutarde de Bordeaux est moins piquante et plus aromatisée que la moutarde de Dijon.

La moutarde préparée comme condiment est excitante et antiscorbutique. Elle était en usage dans les Gaules dès le quatrième siècle.

Dans l'Inde, la moutarde de table est fabriquée avec la graine du *sinapis alba*.

Valeur commerciale.

La graine de moutarde noire est plus ou moins chère, selon les années. Ordinairement son prix varie entre 40 et 50 francs les 100 kilogrammes.

Le prix de la moutarde blanche varie suivant sa qualité et sa provenance. Les plus belles graines viennent de la Hollande et de la vallée du Rhin. Après ces semences on recherche celles que l'on récolte en Flandre et dans la Pi-

cardie. Ces dernières donnent à la mouture une farine gris
noirâtre mêlée de jaune verdâtre qui est la moins estimée.

En général, la moutarde blanche de belle qualité se vend
de 30 à 40 francs les 100 kilogrammes.

L'*essence* qu'on retire des graines de la moutarde noire
vaut de 120 à 130 fr. le kilogramme.

La moutarde est très cultivée dans l'Inde. Les semences
qu'elle produit donnent lieu à un commerce important. Les
espèces qu'on y cultive principalement sont les suivantes :

Le *Sinapis juncea*, plante annuelle originaire de la Chine.
Ses tiges ont plus d'un mètre de hauteur. Cette espèce four-
nit principalement la graine qu'on importe en Europe et
surtout à Marseille sous le nom de *moutarde de l'Inde*
(Indian mustard). Cette espèce est aussi très cultivée en
Cochinchine.

Le *Sinapis sinensis* qui est aussi annuel et dont les tiges
ne dépassent pas ordinairement $0^m,60$. Les graines de cette
espèce sont utilisées par les médecins hindoux comme semences stimulantes et laxatives. En Cochinchine, ces graines
remplacent en médecine les semences de la moutarde noire.

Le *Sinapis glauca*, plante bisannuelle dont la tige atteint
$1^m,30$. Les tiges et les feuilles de cette espèce sont glauques.

Ces moutardes et les *Sinapis dichotoma* et *ramosa,* sont
semées seules en octobre et récoltées vers la mi-février.

CHAPITRE VI.

FÉNU-GREC.

TRIGONELLA FŒNUM GRÆCUM, L.

Plante dicotylédone de la famille des Légumineuses.

Anglais. — Fenugreek.
Allemand. — Bokshorn.
Persan. — Shanbalid.
Égyptien. — Helbek.

Italien. — Florenogreco.
Espagnol. — Fiegreco.
Arabe. — H'olba.

Historique. — Mode de végétation. — Terrain. — Culture. — Récolte. — Usages des graines et des tiges.

Cette plante est très ancienne. Théophraste, Dioscoride, Pline, etc., l'ont mentionnée dans leurs écrits. Elle croît spontanément en Perse, dans l'Asie Mineure, la Mésopotamie, etc. En Égypte, on emploie ses semences depuis fort longtemps dans l'engraissement des bêtes à cornes ; cet usage est aussi très répandu de nos jours, dans un grand nombre de provinces de la France.

Le fenu-grec, que l'on désigne souvent sous le nom de *sènegrain*, est cultivé comme plante industrielle dans l'arrondissement de Bourgueil (Indre-et-Loire).

On le cultive aussi en Algérie, en Allemagne, en Suisse, en Italie, dans le Malabar, et le Cuttak (Inde), où il est appelé *vindiam*.

Mode de végétation.

Le fenu-grec est une plante annuelle ; ses racines sont pivotantes, grêles et fibreuses ; sa tige est droite, fistuleuse, rameuse, légèrement velue et haute de 0^m,30 à 0^m,60. Ses feuilles sont composées de trois folioles ovales, rétrécies à leur base et un peu dentées à leur sommet. Les fleurs sont blanchâtres ou jaunâtres, axillaires, solitaires ou géminées ; elles produisent des gousses glabres, étroites, longues de 0^m,10 à 0^m,12, comprimées, courbées et contenant de 12 à 15 graines jaunâtres et bosselées. Ces semences répandent une odeur fragrante, analogue à celle du mélilot.

Terrain.

Cette légumineuse doit être cultivée sur des terres légères, sèches, silico-calcaires, argilo-calcaires et de moyenne fertilité. Elle réussit ordinairement mal sur les terres argileuses et humides et sur les sols pauvres.

On doit éviter de fumer les terres qu'on lui consacre, à moins qu'elles soient arides. Quand elle végète sur des sols riches et bien fumés, elle pousse vigoureusement, fleurit facilement, mais produit toujours très peu de graines.

Culture.

On sème le fenu-grec du 15 février au 15 mars. Dans les provinces du Midi, on le sème souvent dans la première quinzaine de septembre. En Égypte, les semis se font après le retrait des eaux du Nil.

Les semis se font à la volée ou en lignes.

On répand par hectare de 8 à 10 kilog. de graines.

Les semences doivent être enterrées par un hersage.

Aussitôt que le fenu-grec a quelques feuilles, on le sarcle, pour débarrasser le sol des plantes indigènes qui pourraient nuire à son développement.

Quand le semis a bien réussi et que les plantes sont très nombreuses, on les éclaircit de manière qu'elles soient espacées les unes des autres de $0^m,15$ à $0^m,25$.

Récolte.

Le fenu-grec est en pleine fleur, en France, vers la fin de juin ou pendant la première quinzaine de juillet.

Il mûrit ses graines vers la fin de juillet ou au commencement d'août, c'est-à-dire quatre à cinq mois après qu'il a été semé. En Égypte et dans l'Inde, on le récolte après deux mois et demi de végétation.

On coupe ses tiges avec une faucille ou à l'aide d'une petite faux, appelée *petit fauchard*, dans la Touraine.

Lorsque les tiges et les gousses sont sèches, on les met en bottes, qu'on rentre dans une grange ou dans un grenier. On opère l'égrenage des siliques avec le fléau.

Un hectare, dans les circonstances ordinaires, produit 1,000 à 1,200 kilog. de graines.

Un hectolitre pèse de 68 à 70 kilogrammes.

Usages des produits.

Le fenu-grec réduit en poudre donne lieu, dans l'Inde, à une grande consommation comme condiment et comme plante aromatique. Les Hindous, à cause de son odeur pénétrante, le mangent aussi à l'état frais.

Les femmes de l'Orient mangent ses semences parce qu'elles augmentent l'embonpoint.

En Europe et en Égypte, ces graines sont données aux bêtes à cornes, aux porcs et aux chevaux qu'on veut engraisser, à la dose de 25 à 40 grammes par jour. Ces semences excitent les animaux à boire et à digérer ; elles renferment une très forte proportion de mucilage et un principe actif dont la nature est encore inconnue. C'est très probablement ce principe qui fait naître, sur les animaux auxquels on en donne, un embonpoint factice.

Les tiges qui ont produit des graines n'ont aucune valeur alimentaire ; on doit les employer comme litière.

La graine de fenu-grec se vend de 40 à 80 centimes le litre.

En Égypte, le fenu-grec est aussi cultivé comme plante fourragère. Souvent on répand sa graine sur les terres que le Nil a détrempées, et lorsqu'elles sont encore boueuses. Dans ces conditions, les semences germent très promptement et le fenu-grec ne tarde pas à couvrir le sol. A cause de sa précocité, on le donne au bétail avant que le trèfle soit fauchable.

Les Égyptiens mêlent souvent de la farine de fenu-grec à la farine de froment dans la fabrication du pain.

DEUXIÈME DIVISION.

PLANTES CULTIVÉES POUR LEURS PARTIES HERBACÉES.

CHAPITRE UNIQUE.

SARIETTE.

SATUREIA HORTENSIS.

Plante dicotylédone de la famille des Labiées.

Çette plante annuelle et herbacée est originaire de la France méridionale (fig. 42). Elle est commune sur les collines pierreuses.

Ses tiges sont droites, très rameuses et hautes de $0^m,16$ à $0^m,25$; ses feuilles sont linéaires, oblongues et lancéolées ; ses fleurs purpurines ou rosées sont géminées et en petites grappes terminales.

Les tiges, les rameaux et les feuilles développent une odeur analogue à celle du thym.

On propage la sariette à l'aide de ses graines. Les semis se font en place au printemps. Dans beaucoup de jardins, elle se reproduit d'elle-même.

On rencontre aussi dans les jardins la *sariette des montagnes* (SATUREIA MONTANA ou HYSSOPIFOLIA), espèce vivace qui sert à faire de jolies bordures et qu'on multiplie par éclats de pied ou par graines. Cette espèce développe, comme la précédente, une odeur pénétrante et agréable.

On utilise la sariette comme condiment ou pour assaisonner divers aliments, mais principalement les fèves.

Fig. 42. — Sariette.

La feuille sèche se vend 0 fr. 50 et l'*huile essentielle* 100 fr. le kilogramme.

Les *feuilles du basilic,* le *Ryhan* des Égyptiens, sont aussi utilisées en Égypte comme condiment.

Au Japon, les feuilles du *clavalier* ou *poivrier du Japon* (ZANTHOXYLUM PIPERITUM) que l'on nomme *Sansho*, sont utilisées comme condiment ; elles ont une saveur poivrée. Les semences de cet arbrisseau sont ovoïdes, dures, noires et de la grosseur d'un grain de poivre ; on ne les utilise pas.

TROISIÈME DIVISION.

PLANTES CULTIVÉES POUR LEUR ÉCORCE.

CHAPITRE UNIQUE.

CANNELLIER.

CINNAMOMUM ZEYLANICUM.

Plante dicotylédone de la famille des Laurinées.

Anglais. — Cinnamon.
Allemand. — Zimmt, kannel.
Hollandais. — Dal-chini.

Arabe. — Dar-Sini.
Persan. — Darchini.
Indien. — Lavangap-pattai.

Mode de végétation. — Climat et terrain. — Multiplication. — Écorçage
des pousses. — Variétés commerciales. — Emplois.

Le cannellier était connu des Hébreux, des Grecs et des
Romains. La Bible signale la cannelle ou le *kinnamon*
dans les Proverbes et les Cantiques de Salomon. Cet arbre
est indigène sur la côte du Malabar, mais sa vraie patrie
est l'île de Ceylan. Les Hollandais, en 1796, après avoir
chassé les Portugais de cette île, conquirent le royaume
du roi Cochin sur la côte du Malabar, afin d'y détruire tous
les cannelliers et de devenir maîtres du commerce de la
cannelle. C'est en 1770 qu'on a commencé à cultiver le
cannellier dans le Ceylan, et c'est en 1805 que les Anglais
firent de nouvelles plantations sur la côte malabare. De nos

jours, on le cultive dans l'île de la Sonde, aux Moluques, en Chine, à l'île Maurice, aux Antilles, à Cayenne, au Pérou, à Guatémala, à la Bolivie, au Japon, en Cochinchine, au Brésil, en Égypte et dans les colonies intertropicales de l'Afrique et de l'Amérique.

Mode de végétation.

Le cannellier est un arbre de 5 à 6 mètres de hauteur, très rameux et remarquable par son feuillage épais.

Le cannellier est cultivé pour son écorce qui constitue la cannelle. Ses feuilles sont ovales, coriaces, oblongues, à trois nervures longitudinales, presque opposées, d'un vert brillant en dessus et cendrées en dessous : les plus amples ont de $0^m,12$ à $0^m,15$ de longueur et de $0^m,05$ à $0^m,07$ de largeur. Ses tiges sont flexibles, à écorce grisâtre sur les jeunes ramifications, et rouge brunâtre sur celles qui ont plusieurs années de végétation. Ses fleurs sont dioïques, petites, disposées en panicules terminales, jaunâtres en dedans et blanchâtres en dehors ; mais, bien qu'elles soient peu apparentes, elles développent comme les feuilles un parfum délicieux qui se fait sentir à une assez grande distance quand l'air est agité. Ses fruits sont ovales, jaunâtres ; ils ont un peu de rapport, quant à leur grosseur, avec le fruit du chêne ou de l'olivier.

La Réunion possède trois sortes de cannelle : la *cannelle cultivée*, la cannelle sauvage ou *cannelle des bois* et la *cannelle marron* qui est fournie par le *Laurus capsularis*.

Le cannellier à l'état sauvage existe aussi dans les districts de Fai-Foo en Cochinchine.

Climat et terrain.

Le cannellier conserve sa verdure toute l'année. Il demande un climat très chaud et un terrain bien exposé, aéré et riche en humus. Dans un tel sol, il commence à donner des écorces dès la quatrième année. Quand il végète sur des sols argileux, humides et mal éclairés parce qu'ils sont ombragés par d'autres arbres, il ne fournit de l'écorce qu'à la sixième année. En Cochinchine, il croît principalement dans les hautes montagnes. Bien cultivé, il fournit des écorces jusqu'à l'âge de douze ans. Au delà de cette période, les écorces sont bien moins riches en huile essentielle. C'est donc avec raison qu'on a dit que l'âge des sujets, l'exposition et la nature du sol où ils sont cultivés, exercent une très grande influence sur la qualité de leurs écorces.

Multiplication.

On multiplie le cannellier de boutures et de rejetons. Pendant sa végétation, il ne demande que des binages comme soins d'entretien.

Écorçage des pousses.

Le cannellier possède trois écorces superposées. La plus externe, de couleur grisâtre, est l'épiderme ; on la gratte pour mettre à nu la cannelle, qui est la seconde écorce, de couleur rouge jaunâtre. La troisième écorce est adhérente à la seconde ; on doit éviter de l'altérer.

L'écorçage est pratiqué deux fois par an : 1° d'avril en août, c'est-à-dire pendant la mousson pluvieuse et lorsque la sève est abondante et en mouvement ; 2° de novembre à janvier ou pendant la mousson sèche. Le second écorçage fournit toujours moins de cannelle que le premier.

Les ouvriers chargés de l'écorçage du cannellier sont ap-

19.

pelés *tchalins* en Cochinchine, parce que l'écorce y est désignée sous le nom de *tchaléas*.

Après avoir divisé l'écorce d'un entre-nœud longitudinalement et en deux ou trois parties, on détache celles-ci, on met les lanières ayant une petite largeur dans les grandes et on les fait sécher au soleil. Pendant cette dessiccation, les écorces se roulent d'elles-mêmes en forme de tubes ou étuis, comme toutes les écorces jeunes et vertes qu'on expose à une chaleur un peu élevée.

Cet écorçage est renouvelé tous les trois ans sur les mêmes ramifications. On l'opère pour la première fois quand les rameaux ont quatre à cinq années de végétation.

Les rameaux âgés de trois ans sont ceux qui fournissent la meilleure cannelle, celle que l'on nomme *cannelle fine*. Les tiges déjà grosses fournissent la *cannelle moyenne*. Les grosses branches donnent toujours une *cannelle grossière* ou moins parfumée.

A Ceylan, on possède des couteaux spéciaux pour couper et râcler la cannelle.

Variétés commerciales.

Le commerce distingue plusieurs sortes de cannelles :

1. La plus estimée est la *cannelle de Ceylan,* qui est obtenue du CINNAMOMUM ZEYLANICUM, espèce qui est très cultivée dans l'Inde et la Malaisie; elle est très aromatique ; sa saveur est chaude et piquante. La *cannelle fine de Ceylan* est mince, flexible; sa couleur est blonde, un peu rosée. On la vend de 10 à 12 fr. le kilogramme. La plus recherchée est récoltée aux environs d'Ékela, Karderave et Katewata. La *cannelle ordinaire* ou *cannelle mi-fine* est plus épaisse, plus foncée en couleur ; son odeur est assez forte. Son prix varie de 8 à 10 francs. La *cannelle commune* ou

grosse a une saveur âcre et une couleur foncée ; son odeur est moins agréable.

L'essence qu'on en retire est vendue de 200 à 250 fr. le kilogramme.

2. La *cannelle de Cayenne* provient de la même espèce ; sa grosseur est variable ; elle est un peu inférieure à la cannelle fine de Ceylan. Elle est légèrement blanchâtre. Cette race réussit aussi très bien à l'Ile de France.

3. La *cannelle mate* est la plus inférieure ; elle est épaisse, presque plate et un peu blanchâtre ; son odeur est peu prononcée. Elle provient des grosses branches et des arbres qui ne fournissent plus de cannelle fine.

4. La *cannelle de Chine* est la moins estimée ; elle est récoltée en Chine et en Cochinchine ; sa couleur est brun rouge et souvent elle est en partie brisée ; sa saveur est chaude, mais son odeur rappelle un peu celle de la punaise. On la vend de 4 à 5 francs le kilog. Cette cannelle est produite par le CINNAMOMUM CHINENSIS ou LAURUS DULCIS qui est très cultivé dans l'Inde, la Chine méridionale et au Japon, et par le LAURUS CINNAMOMUM, espèce originaire de Chine qui est cultivée à Java par les Hollandais et dans la presqu'île de Sumatra par les Malais. Cette cannelle est aussi appelée *cannelle aromatique,* parce qu'elle embaume l'air.

La cannelle désignée en Cochinchine sous le nom de *cannelle de Chine* provient du *Sassafras parthenoxylon,* qui est cultivé dans la partie nord. La cannelle amanite a des qualités exceptionnelles.

L'essence de cannelle de Chine ne vaut que 25 à 40 fr. le kilogramme.

5. La *cannelle de Java* ou *cannelle de Sumatra* provient du CINNAMOMUM JAVANICUM ou LAURUS MALABARICUM ; elle est très aromatique. Cette espèce, haute de 6 à 7 mètres, est originaire des îles de la Sonde. Elle est aussi

cultivée dans l'Asie équatoriale et dans la plupart des colonies qui appartiennent à l'Europe.

6. La *cannelle du Malabar* est produite par le LAURUS CASSIA. Cette espèce croît en Chine, dans les îles de la Sonde, en Cochinchine, etc.; elle est plus élevée que le cannellier de Ceylan; ses feuilles sont aussi plus longues. Son écorce est à peine roulée, assez épaisse et d'une saveur faible; elle fournit *l'essence de cassia.*

7. La *cannelle de l'Inde* provient du CINNAMOMUM TAMALA ou LAURUS CASSIA, espèce qui est cultivée sur une grande surface au Bengale. Cette écorce est de bonne qualité et se rapproche beaucoup de la cannelle de Ceylan.

8. La *cannelle blanche* est produite par le CANELLA ALBA ou WINTERANA CANELLA, arbre de la famille des magnoliacées. Sa face externe est jaune et sa face interne blanchâtre. Elle est récoltée dans les Indes occidentales, au Mexique, à la Martinique, à la Jamaïque, etc. Cette cannelle est de qualité secondaire, quoique son arome soit agréable; on la désigne souvent sous le nom de *cannelle poivrée.*

9. La *cannelle-giroflée* provient du CINNAMOMUM CULILAWAN, du CINNAMOMUM RUBRUM, ou LAURUS CARYOPHYLLUS, ou du DICYPELLIUM CARYOPHYLLATUM. Ces espèces sont originaires des Moluques et elles sont cultivées dans l'Inde, les îles de la Sonde, aux Antilles, au Brésil et dans l'Amérique méridionale. La cannelle giroflée est jaune orangé, mais sa cassure est grenue et blanchâtre. Elle est en bâtons de 0^m,50 à 1 mètre de longueur. Cette écorce, par sa saveur chaude et aromatique et sa forte odeur de girofle, peut plus aisément remplacer le girofle que la cannelle. Le bois du *Dicypellium* est à odeur de rose.

Les bâtons précités se composent de diverses écorces minces roulées les unes dans les autres et maintenues à l'aide d'une lanière végétale un peu flexible.

On falsifie la cannelle avec la cannelle-giroflée ou en y mêlant des écorces qui ont été épuisées. On la falsifie quelquefois aussi avec l'écorce du *Cinnamomum iners*, espèce qui est indigène dans l'Inde et la Cochinchine. Cet arbrisseau a des feuilles d'un vert pâle ; son écorce a une odeur assez prononcée, mais sa saveur est presque nulle.

Emplois.

La cannelle est employée comme condiment dans l'art culinaire et comme aromate par les parfumeurs et les confiseurs. Elle est aussi utilisée en médecine comme tonique.

La racine du *Cinnamomum zeylanicum* contient une essence jaunâtre ayant une odeur et une saveur camphrées.

La véritable essence de cannelle est limpide et jaune doré ; sa densité est de 1,05 à 1,09. Son odeur est suave et sa saveur brûlante. Elle provient de la distillation de fragments d'écorces ; 1 kilogramme d'écorces divisées produit 8 grammes d'huile essentielle.

L'essence qu'on retire des fleurs femelles fécondées et qu'on récolte quand les ovaires commencent à grossir est moins fine et moins odorante ; elle a une couleur jaunâtre.

L'essence de cannelle de Ceylan se vend 200 à 250 francs le kilog. Cette essence est connue à Natal sous le nom de *cinnamomum*. On en fabrique aussi à la Guadeloupe et à la Martinique.

A Ceylan, on retire des fruits du cannellier une huile qui sert à rendre les bougies odorantes.

Le bois de l'espèce appelée *Myrtus caryophyllus* ou *Syzygium caryophyllæum*, qui est un grand arbre à la Guyane et dans les Indes, est très estimé. A cause de son odeur on le nomme *bois de giroflée*, *bois de crabe*, *bois de girofle*. Son écorce constitue la *cannelle bâtarde*, la *cannelle noire*, la *fausse cannelle*.

Sous le nom de *fausse cannelle du commerce*, on désigne aussi l'écorce ferrugineuse du DRIMYS WINTERI ou WINTERA AROMATICA, grand arbrisseau de la famille des magnoliacées qui est commun sur les rives du détroit de Magellan. Cette écorce est utilisée comme épice dans l'Amérique du Sud ; les Javanais, les Chinois et les Japonais l'utilisent comme cosmétique. En Europe, on la nomme *écorce de Winter, écorce de Magellan*; dans la Malaisie, on l'appelle *massoy* ou arbre à épice.

Le *Drymis Winteri* est toujours vert; ses feuilles sont entières, lancéolées, très glauques et aromatiques; ses fleurs sont blanches et solitaires.

L'écorce de la cascarille (CROTON CASCARILLA) est aussi appelée *cannelle fausse;* elle est tonique et stimulante.

A la Guyane, on remplace quelquefois la cannelle et le girofle par l'écorce du *Myrcia acris* ou *Myrtus acris*, arbre élevé qui appartient à la famille des Myrtacées. Son fruit, qui est une baie globuleuse, est employé comme épice à la Guyane et à la Martinique.

QUATRIÈME DIVISION.

PLANTES CULTIVÉES POUR LEURS RACINES.

CHAPITRE UNIQUE.

RAIFORT.

COCHLEARIA ARMORIACA.

Plante dicotylédone de la famille des Crucifères.

Le raifort appelé *cran de Bretagne, moutarde des Allemands, radis à cheval,* est une plante vivace ayant une grande vigueur dans les sols frais.

Sa racine est très longue, cylindrique et charnue; sa peau est rugueuse et blanc jaunâtre; sa chair est blanche avec un goût âcre et brûlant. Ses feuilles radicales sont longuement pétiolées, ovales, oblongues, dentées en scie, d'un beau vert, longues de 50 centimètres et larges de 12 à 15 centimètres. Ses tiges florales ont 65 centimètres de hauteur; elles sont ramifiées dans leur partie supérieure et produisent des fleurs petites, blanches, disposées en longues grappes terminales et qui donnent naissance à des silicules eliptiques très souvent stériles.

Cette plante demande une terre fraîche, très profonde et de bonne fertilité. On la multiplie par tronçons de racines, tois au printemps soit en automne, en plantant ceux-ci sur des lignes éloignées de 50 centimètres et laissant entre eux un espace de 25 centimètres.

La récolte des racines a lieu quand elles ont un an ou deux ans. Les premières sont bien moins grosses que les secondes.

La racine est mangée après avoir été râpée. Elle remplace la moutarde. Son odeur est très forte quand on la coupe transversalement. On rend sa saveur moins âcre, moins piquante, en l'imbibant d'huile d'olive ou d'œillette. Son principe caustique est volatil.

Le raifort est cultivé en Égypte sous le nom de *fougulah*. Il a des propriétés excitantes. Au Japon, où ses racines servent d'épices, on les nomme *Wasabi*.

Le raifort dont il est question ici est cultivé en Allemagne dans presque tous les jardins, comme plante condimentaire. Il ne doit pas être confondu avec le *raifort champêtre,* qui appartient aussi à la famille des Crucifères, mais qu'on classe parmi les *radis* ou le genre *raphanus*. Le raifort champêtre est bisannuel avec des feuilles lyrées et hérissées de poils, alors que le raifort cranson est vivace avec des feuilles lisses et entières.

TABLE ALPHABÉTIQUE
DES MATIÈRES

—————————

(Les plantes formant chapitre sont en **lettres grasses**; les noms
scientifiques des plantes sont en *italiques*.)

FIN DE LA TABLE ALPHABÉTIQUE DES MATIÈRES.

LIBRAIRIE AGRICOLE

DE LA

MAISON RUSTIQUE

RUE JACOB, 26, A PARIS

☞ *La* **Librairie agricole de la Maison Rustique** *envoie franco, à toute personne qui en fait la demande, son catalogue le plus récent.*

Un numéro spécimen AVEC PLANCHE COLORIÉE *du* Journal d'agriculture pratique *ou de la* Revue horticole *est adressé à toute personne qui en fait la demande accompagnée de 30 centimes en timbres-poste pour chaque journal.*

(Voir l'*Avis important* à la page suivante.)

DIVISION DU CATALOGUE

Série C. n° 36. — Janvier 1894.

AVIS IMPORTANT

La Librairie agricole, ne pouvant ouvrir un compte à toutes les personnes qui s'adressent à elle, est forcée de n'exécuter que les commandes accompagnées de leur paiement.

Toute commande de livres doit donc être accompagnée du montant de sa valeur et des **frais de port**.

Envois par la poste. — Si l'envoi doit se faire par la poste, ajouter pour les frais de port 0 fr. 25 au montant de toute commande inférieure à 2 fr. 50, et 10 0/0 du montant de la commande au-dessus de 2 fr. 50.

Envois par colis postaux. — Si l'envoi peut se faire par colis postal, le prix d'un colis postal de 3 kilogr. étant de 0 fr. 60 pour l'expédition en gare, et de 0 fr. 85 pour l'expédition à domicile, calculer le montant des frais de port à raison d'un colis postal par commande de 20 francs.

Nos clients peuvent payer leurs commandes par l'envoi de mandats-poste dont le talon sert de quittance, bons de poste, chèques ou mandats sur Paris, à l'ordre du *Directeur de la Librairie agricole de la Maison rustique.* (Les très petites sommes ou les appoints peuvent être envoyés en timbres-poste.)

On ne reçoit que les lettres affranchies.

Conditions spéciales offertes aux abonnés
du Journal d'Agriculture pratique et de la Revue horticole.

Les abonnés du *Journal d'Agriculture pratique* et de la *Revue horticole* ont droit à une remise de 10 °/₀ *sur tous les livres qui figurent au présent catalogue,* lorsqu'ils viennent les prendre directement à la Librairie agricole, rue Jacob, 26, à Paris.

Au lieu de la remise de 10 °/₀ ci-dessus spécifiée, les abonnés ont droit à *l'envoi franco,* quand les livres doivent leur être remis à domicile ; mais ce droit à *l'envoi franco,* est réservé aux abonnés de France ; il ne s'applique à l'étranger que si l'expédition peut se faire par la poste, et reste comprise dans *l'Union postale.*

La commande doit toujours être accompagnée du montant de sa valeur.

I. — MAISON RUSTIQUE DU XIXᵉ SIÈCLE. — TRAITÉS GÉNÉRAUX D'AGRICULTURE.

Maison rustique du XIXᵉ siècle, cinq volumes grand in-8° à deux colonnes comprenant ensemble 2,700 pages, avec 2,500 gravures, publiée sous la direction de MM. Bailly, Bixio et Malpeyre.

Tome Iᵉʳ. — Agriculture proprement dite.

Climat.	Desséchement.	Récoltes.	Plantes-racines.
Sol et sous-sol.	Labours.	Voies de communica-	Plantes fourragères.
Amendements.	Ensemencements.	tion, clôtures.	Maladies des végé-
Engrais.	Arrosements.	Céréales.	taux. — Animaux
Défrichement.	Irrigations.	Légumineuses.	et insectes nuisibles.

Tome II. — Cultures industrielles ; animaux domestiques.

Cultures industrielles.		*Animaux domestiques.*	
Plantes oléagineuses.	Houblon.	Pharmacie vétéri-	Cheval, âne, mulet.
— textiles.	Mûrier.	naire. — Maladies.	Races bovines.
— économiques.	Arbres : olivier.	Anatomie.	— ovines.
— médicinales.	— noyer.	Physiologie.	— porcines.
— aromatiques.	— de bordures.	Élevage et engraisse-	Basse-cour.
— tinctoriales.	— de vergers.	ment.	Chiens.

Tome III. — Arts agricoles.

Lait, beurre, fro-	Laine.	Sucre de betterave.	Résines.
mages ; fruitières.	Vers à soie.	Lin, chanvre.	Meunerie.
Incubation artifi-	Abeilles.	Fécule.	Boulangerie.
cielle ; élevage.	Vins, eaux-de-vie.	Huiles.	Sels.
Conservation des	Cidres, vinaigres.	Charbon, tourbe.	Chaux, cendres.
viandes ; salaisons.	Bière.	Potasse, soude.	Arts divers.

Tome IV. — Forêts, étangs ; législation, administration.

Pépinières.	Droits de propriété.	Choix d'un domaine.	Personnel, attelages
Culture des forêts.	Distinction des biens.	Estimation.	mobilier.
Exploitation.	Bail, cheptel.	Acquisition.	Bétail, engrais.
Estimation.	Biens communaux.	Location.	Systèmes de culture
Pêche, Étangs.	Police rurale.	Améliorations.	Ventes et achats.
Empoissonnement.	Des peines.	Capital.	Comptabilité.

Tome V. — Horticulture.

Terrain, engrais.	Semis, greffes, taille.	Jardin fruitier.	Plans de jardins.
Outils de jardinage.	Pépinières.	— fleuriste.	Calendriers du jardi-
Couches, bâches.	Arbres à fruits.	— potager.	nier, du forestier,
Orangerie et serres.	Légumes.	Culture forcée.	du magnanier.

Il n'y a pas d'agriculteur éclairé, pas de propriétaire qui ne consulte assidûment la *Maison rustique du dix-neuvième siècle*, qui est encore l'expression la plus complète de la science agricole.

Prix des 5 volumes (ouvrage complet), brochés, 39 fr. 50. — Reliés, 52 fr

Chaque volume se vend séparément, broché, 8 fr. — Relié, 10 fr. 50

BORIE (Victor). — **Les Travaux des champs** (*Bibl. du Cultiv.*).
In-18 de 188 pages et 121 grav. 1.25

—— **Les Jeudis de M. Dulaurier,** Cours élémentaire d'agriculture. 2 vol. in-18 de 216 pages et 67 grav. 1.50

DOMBASLE (de). — **Traité d'agriculture.** 4 vol. in-8° ensemble
de 1,702 pages. . . . .   20. »

Tome Ier. *Économie générale.* 1 vol. in-8° de 410 pages.
— II. *Pratique agricole*, 1re *partie* : améliorations du sol,
engrais et amendements, assolements, instru-
ments ; 1 vol. in-8° de 456 p. et 19 grav.
— III. *Pratique agricole*, 2e *partie* : cultures préparatoires, céréales, fourrages, racines, prairies ;
récolte et conservation des produits. 1 vol. in-8°
de 400 pages et 6 grav.
— IV. *Le Bétail.* 1 vol. in-8° de 436 pages.
Chaque volume se vend séparément . . . .   5. »

—— **Calendrier du bon cultivateur.** 11e édition. 1 vol. in-12
de 912 pages et 39 gravures. 4.75

La première partie de l'ouvrage, aujourd'hui classique, de l'illustre agronome Mathieu de Dombasle, renferme l'indication, mois par mois, de tous
les travaux à faire aux champs, à la ferme, au jardin et dans les
forêts. — Dans la seconde partie l'auteur traite des conditions nécessaires pour la bonne conduite des entreprises d'améliorations agricoles :
conditions matérielles et morales ; administration du personnel ; irrigations ; engrais et amendements ; assolement ; amélioration du bétail
à cornes ; instruments perfectionnés d'agriculture.

—— **Abrégé du Calendrier,** ou manuel de l'agriculteur praticien. (*Bibl. du Cultiv.*). In-12 de 280 pages 1 25

—— **Extrait de l'Abrégé du Calendrier.** In-12 de 98 pages.   ».60

FRUCHIER (Dr J.-A.). — **Traité d'agriculture théorique et
pratique,** plus spécialement appliqué aux conditions agricoles du midi de la France. 1 vol. in-8° de 816 pag. et 140 gr.
suivi d'un dictionnaire des plantes cultivées, des animaux
domestiques, et de leurs principaux produits. . . . . .   8. »

GASPARIN (Comte de). — **Cours d'agriculture.** 6 vol. in-8° de
plus de 4,000 pages et 235 grav. 39.50

Tome Ier. Terrains agricoles, propriétés physiques des terres,
valeur des terrains, amendements, engrais.
— II. Météorologie agricole, constructions rurales.
— III. Mécanique agricole, agriculture générale, cultures
spéciales, céréales et plantes légumineuses.
— IV. Plantes-racines, plantes oléagineuses, tinctoriales,
textiles, fourragères ; vigne et arbres fruitiers.
— V. Assolements, systèmes de culture, organisation et
administration de l'entreprise agricole.
— VI. Principes de l'agronomie ; nutrition et habitation des
plantes, appendices sur les machines.

Chaque volume se vend séparément . . . .   7. »

GIRARDIN ET DU BREUIL. — **Traité élémentaire d'agriculture.** 2 vol. in-18 de 1500 pages et 955 fig . . . . 16. »

> Tome Ier. — Agronomie; le sol, assainissement, irrigations, labours; amendements et engrais; défrichements; arts agricoles; plantes alimentaires cultivées pour leur semence; céréales, plantes légumineuses.
>
> Tome II. — Plantes fourragères à racines alimentaires; prairies artificielles et prairies naturelles; plantes textiles, tinctoriales, économiques; plantes potagères de grande culture, assolements, notions sommaires d'économie agricole; organisation d'un domaine, exploitation.

GRANDEAU. — **Cours d'agriculture de l'École forestière :**

Tome Ier. — **La Nutrition de la plante,** un beau volume grand in-8° de 624 pages, 39 fig. et 1 planche; prix : cartonné à l'anglaise . . . . 12. »
> *Le tome Ier seul a paru.*

JOIGNEAUX (P.). — **Le Livre de la ferme et des maisons de campagne,** publié sous la direction de M. P. Joigneaux, avec la collaboration d'un grand nombre de savants et de praticiens, formant une véritable encyclopédie : nouvelle édition entièrement refondue et augmentée. 2 vol. in-4° de 2,116 pages à 2 colonnes avec 1,829 figures dans le texte.

> Tome Ier. — *Agriculture proprement dite :* Terrains et engrais; labours, roulages, binages; méthodes de culture et instruments; assolements et cultures spéciales; céréales, légumineuses, racines, fourrages, plantes industrielles, plantes nuisibles. — *Zootechnie générale :* élevage des bestiaux; chevaux, ânes, mulets, bœufs et vaches laitières, laitages et laiteries; moutons, porcs; basses-cours et colombiers; abeilles et vers à soie; pisciculture; animaux et insectes nuisibles.
>
> Tome II. — *Arboriculture et horticulture :* Généralités, pépinières, semis; vignes, vendanges et vinification; eaux-de-vie et vinaigres; jardin fruitier, poirier, pommier, pêcher, cerisier, etc.; vergers; culture potagère; fleurs; parcs et jardins paysagers; arbres et arbustes d'ornement, sylviculture. — *Connaissances utiles :* Hygiène de l'homme et du bétail; comptabilité, droit civil, pêche et chasse; recettes diverses.

> Prix des deux volumes : brochés. . . . . 32. »
> Les mêmes, reliés, 40 fr.

—— **Les Champs et les Prés** (*Bibl. du Cult.*), entretiens sur l'agriculture : Sols et sous-sols; labourage, engrais; semis, plantation et récoltes; plantes racines, légumineuses, fourragères, oléagineuses, textiles; prairies naturelles. In-18 de 154 pages. 1.25

—— **Traité des graines** de la grande et de la petite culture, importance et choix des bonnes graines; durée des facultés germinatives; fixation des variétés; porte-graines de la grande culture, du potager, du parterre et des arbres. (*Bibl. du Cult.*). In-18 de 168 pages. 1.25

—— **Petite École d'agriculture** (*Bibl. des écoles primaires*). L'outillage agricole de l'enfant. — Le fumier, le drainage, les labours, les grains, les semis, les soins d'entretien. — Le jardin fruitier. — L'herbier de l'enfant. — Les insectes utiles et nuisibles. — A l'œuvre pour la récolte. — Petit bétail et petite volaille. — Des petites industries. Un vol. in-18 de 124 pages et 42 gravures, cartonné toile. 1.25

LAURENÇON. — **Traité d'agriculture élémentaire et pratique** (*Bibl. des écoles primaires*). 2 vol. in-18, ensemble de 248 pages et 44 grav. 1.50

LENOIR. — **Notions usuelles d'agriculture**, manuel théorique et pratique à l'usage des instituteurs et des jeunes praticiens. 1 vol. in-8° de 160 pages. . . . . 2. »

MILLET-ROBINET (Mme). — **Maison rustique des enfants.** In-4° imprimé avec luxe, de 320 pages, 120 grav. dans le texte, dessins de Bayard, O. de Penne, Lambert, etc., et 20 planches hors texte . . . . 8. »
Richement relié . . . . 13. »

MOLL ET GAYOT. — **Encyclopédie pratique de l'agriculteur,** publiée sous la direction de MM. *Moll,* ancien professeur d'agriculture au Conservatoire des arts et métiers, et *Eug. Gayot,* ancien directeur de l'administration des Haras, avec la collaboration d'un grand nombre de savants. 13 vol. in-8° à 2 col., contenant de nombreuses grav. insérées dans le texte. 90. »

OLIVIER DE SERRES. — **Le Théâtre d'agriculture et mesnage des champs,** d'Olivier de Serres, seigneur du Pradel, dans lequel est représenté tout ce qui est requis et nécessaire pour bien dresser, gouverner, enrichir et embellir la maison rustique, édition conforme au texte original, augmentée de notes et d'un vocabulaire, publiée par la Société d'agriculture du département de la Seine. 2 forts vol. gr. in-4° ensemble de 1856 pages. . . . . 50. »

Tome I. — Du devoir du Mesnager, c'est à dire de bien cognoistre et choisir les Terres ; du Labourage des Terres à grains ; de la Culture de la Vigne ; du Bestail à quatre pieds, et des Pasturages.

Tome II. — De la Conduicte du Poulailler, du Colombier, du Rucher et des Vers à Soye ; des Jardinages pour avoir des Herbes et Fruicts potagers, des Fleurs odorantes, des Herbes médicinales et des Fruits des Arbres ; de l'eau et du bois ; de l'usage des Aliments.

La Société centrale d'agriculture de Paris, en publiant cette nouvelle édition du *Théâtre d'agriculture* ne voulut pas que le style fût changé; elle voulut, au contraire, qu'il conservât son originalité, son langage pur et naïf et qu'il fût publié tel qu'Olivier de Serres l'avait livré à l'impression dans les éditions corrigées par lui. Ce livre remarquable à tant de titres est resté l'un des chefs-d'œuvre de la littérature agricole.

RICHARD (du Cantal). — **Vocabulaire agricole et horticole** à l'usage des élèves des collèges et des écoles primaires (*Bibl. des écoles primaires*). 2ᵉ éd. 1 vol. in-18 de 466 pages avec figures. 3.50

SCHWERZ. — **Préceptes d'agriculture pratique**, traduction par MM. de Schauenburg et J. Laverrière (1839-1847), ouvrage ayant obtenu la grande médaille d'or de la Société centrale d'agriculture de France. 4 vol. in-8° ensemble de 1142 pages. 19.50

Chaque volume se vend séparément aux prix suivants.

1re *Partie.* — Préceptes généraux, climat et sol, amendements, engrais animaux, végétaux et minéraux, litières et fumiers, valeurs comparatives et application des engrais. 1 vol. in-8°, 330 pages . . . .   5. »

2e *Partie.* — Culture des plantes à grains farineux, céréales et plantes à cosses ; froment, épeautre, seigle, orge, avoine, maïs et millet. — Pois, vesces, lentilles, fèves, haricots, sarrazin. — Assolements, labours, quantité de semence, récolte et son rendement, paille, son rapport avec le grain, ses propriétés comme fourrage. 1 vol. in-8°, 472 pages. . . . . .   6.

3e *Partie.* — Culture des plantes fourragères, trèfle, luzerne, esparcette; fourragères supplétives. — Navets, betteraves, choux-raves, carottes, pommes de terre, topinambours, choux, leur récolte, leur conservation et leurs différents emplois économiques dans l'alimentation des chevaux et du bétail. 1 vol. in-8°, 408 pages. . . . .   5. »

4° *Partie.* — Culture des plantes économiques, oléagineuses, textiles et tinctoriales, trad. par M. Laverrière. Lin, chanvre, colza, navette, pavot, tabac. — Gaude, pastel, garance, etc. 1 vol. in-8° 232 pages.   3.50

—— **Manuel de l'agriculteur commençant** (*Bibl. du Cult.*), traduit par Villeroy. In-18 de 332 pages. 1.25

—— **Assolements et culture des plantes de l'Alsace** (1839), ouvrage traduit par V. Rendu, couronné par la Société centrale d'agriculture. 1 vol. in-8° de 312 pages. . .   3. »

TEISSERENC DE BORT (Edmond). — **Petit Questionnaire agricole** à l'usage des écoles primaires des pays de pâturage (*Bibl. des écoles primaires*). In-18 de 192 pages et 16 grav.   1.25

THOÜIN. — **Cours de culture** comprenant la grande et la petite culture des terres, celle des jardins, les semis et plantations, la taille, la greffe des arbres fruitiers, la conduite des arbres forestiers et d'ornement, un traité de la culture de la vigne et des considérations sur la naturalisation des végétaux (1845), publié par Oscar Leclerc. 3 vol. in-8° ensemble de 1618 pages et un atlas de 65 planches représentant les instruments d'agriculture et de jardinage, les greffes, taillis, bontures, les haies, clôtures, etc. . . . .   18. »

VIDALIN (Félix). — **Agriculture du centre de la France** : Les agents naturels de la végétation; le sol et les engrais; les champs, les prés, les bois; le bétail; conseils d'hygiène. 2 vol. in-18 cart. de 300 pages avec fig. . . . .   3. »

II. — ÉCONOMIE RURALE. — SYSTÈMES DE CULTURE ET COMPTABILITÉ. — MÉLANGES D'AGRICULTURE.

(Voyages, annales, congrès, enquêtes. — Études agricoles appliquées à des régions particulières et monographies d'exploitations rurales.)

Maison rustique du XIXe siècle, tome IV (*voir page* 3).

Almanach du Cultivateur, publié chaque année au mois de septembre, et comprenant toutes les nouveautés agricoles. 192 pages in-32 et nomb. grav . . . .   ». 50

Annales de l'Institut agronomique de Versailles.

1re Partie : Rapports sur l'administration, par Lecouteux ; sur l'alimentation du bétail, par Baudement ; sur les insectes du colza, par Focillon ; etc., etc. In-4° de 272 p. et 3 pl. .   3. »

2e Partie : Recherches sur l'alucite des céréales, par Doyère. In-4° de 146 pages. . . . .   2. »

BORIE (Victor). — **Étude sur le crédit agricole et le crédit foncier** en France et à l'étranger. 1 v. in-8° de 304 p.   5. »

« J'ai voulu, dit l'auteur dans sa préface, utiliser au profit de l'agriculture, à laquelle j'ai consacré la meilleure partie de ma vie, l'expérience que j'ai pu acquérir en me trouvant mêlé pendant près de dix ans, aux grandes opérations financières de notre temps. » Tous ceux qui s'intéressent à la question depuis si longtemps à l'étude, du crédit agricole, liront avec profit l'ouvrage de M. Victor Borie.

CHAMBRELENT. — **Les Landes de Gascogne** : Assainissement ; dessèchement des marais, mise en culture ; exploitation et débouchés des produits agricoles. In-8° de 116 p. et 2 pl. . .   4. »

DESBOIS. — **Le Barême agricole** pour l'évaluation des terres, des prés, des vignes et le prix de leur fermage, des récoltes en grains, vins, huiles, foin, paille, du rendement des grains en farine et en huile, etc. Broch. in-4° de 108 p. ou tableaux. .   2. »

DOMBASLE (de). — **Annales agricoles de Roville** (1829-1837), 8 vol. in-8° avec une table alphabétique et raisonnée des matières contenues dans les huit volumes, et un supplément.

Extrait de la table générale des matières : Administration d'un établissement agricole ; inventaires ; comptabilité. — Bail de Roville. — Améliorations foncières ; défrichements, labours, irrigations, amendements, écobuage ; façons du sol, hersages, binages, etc., systèmes de culture. — Chimie agricole et physiologie végétale ; nutrition des plantes ; engrais, fumiers. — Animaux de trait, attelages ; bétail ; bœufs et vaches, bêtes à laine, chevaux, porcs, etc.; engraissement. — Céréales, froment, seigle, orge, avoine, maïs ; betteraves, carottes, navets, pommes de terre, fèves, gesses, trèfle, luzerne, sainfoin, ray-grass, chanvre, colza, houblon, vigne, tabac, forêts et plantations. — Bâtiments de la ferme et instruments aratoires.

Prix de l'ouvrage complet, 9 vol. cartonnés. . . . . .   45. »

——   **Économie générale,** personnel, bâtiments, etc. (tome Ier du *Traité d'agriculture,* voir page 4). 1 vol. in-8°, 410 pages. . . . .   5. »

—— **Économie politique et agricole,** études sur le commerce international dans ses rapports avec la richesse des peuples, et sur l'organisation du travail. In-18 de 196 pages.   1.50

—— **Écoles d'arts et métiers.** In-18 de 104 pages . . . .   1. »

DREUILLE (de). — **Du Métayage et des moyens de le remplacer.** 1 vol. in-18 de 104 pages. . . . .   1. »

DUBOST et PACOUT.— **Comptabilité de la ferme**; notions générales, inventaire, comptabilité-matières, comptabilité-espèces, compte moral, produit brut et bénéfices. (*Bibl. du Cultiv.*). 1 vol. in-18 de 124 pages ou tableaux. 1.25

—— **Registres pour la comptabilité de la ferme**, cinq registres in-folio pot avec instructions pratiques. . . . .   10. »

Livre d'inventaire. — Livre de magasin de la ferme. — Livre de magasin à l'usage de la fermière. — Livre de caisse de la ferme. — Livre de caisse de la fermière.

Chaque volume se vend séparément . . . .   2. »

DUBRIEUX. — **Monographie du paysan du Gers**; sol, industrie, population, mœurs, caractères, statistique, histoire de la famille, aliments, hygiène, habitation, moyens d'existence, étude sur le régime des successions. 1 vol. in-18 de 260 pages.   3.50

F.*** P.***. — **Des Réunions territoriales**, étude sur le morcellement en Lorraine. In-8° de 48 pages. . . . . . .   ».75

FONTENAY (L. de). — **Voyage agricole en Russie.** 1 vol. in-18 de 570 pages. 3.50

FRANÇOIS. — **Manuel de l'expert des dommages causés par la grêle**; effets de la grêle sur les différentes natures de récoltes; maladies et insectes dont les dégâts ne doivent pas être confondus avec ceux de la grêle; des expertises. (*Bibl. du Cultiv.*). 1 vol. in-18 de 108 pages. 1.25

GASPARIN (Comte de). — **Cours d'agriculture, tome V** : assolements, systèmes de cultures, organisation et administration de l'entreprise agricole, etc. (voir page 4).

—— **Fermage**, guide des propriétaires des biens affermés; estimation, baux, etc. (*Bibl. du Cultiv.*). In-18 de 216 pages . . .   1.25

—— **Métayage**, contrats, effets, améliorations, culture des métairies (*Bibl. du Cultiv.*). In-18 de 164 pages 1.25

IMBART-LATOUR. — **De la Crise agricole** relative à la vente et à la consommation du bétail en France, notamment en ce qui concerne le Nivernais. Br. in-8° de 62 pages 1.50

LAVERGNE (Léonce de). — **Économie rurale de la France depuis 1789.** 4e édition. 1 vol. in-18 de 490 pages.. . .   3.50

—— **Essai sur l'économie rurale de l'Angleterre, de l'Écosse et de l'Irlande.** 5e éd. 1 vol. in-8° de 474 pages. .   8.50

—— **L'Agriculture et la Population.** 1 vol. in-18 de 472 pages.   3.50

LAVERGNE (Bernard). — **Agriculture des terrains pauvres** : assainissement des terrains humides; prairies naturelles et artificielles; reboisements; vigne; économie agricole, engrais, bestiaux, comptabilité; 2e édit. 1 vol. in-18 de 302 pages. .   3. »

LE CONTE. — **L'Agriculture dans ses rapports avec le pain et la viande**, écarts entre les cours du blé et des animaux et ceux du pain et de la viande, leurs causes, remèdes à apporter. Broch. in-8° de 132 pages . . . . 2. »

LECOUTEUX (Éd.). — **Cours d'économie rurale**, professé à l'Institut national agronomique. 2e éd. 2 vol. in-18, 984 p. 7. »

Tome Ier. *Les milieux économiques :* Les richesses sociales et leur valeur ; les agents directs de la production, la population, la propriété, la terre, le capital ; l'État et ses institutions ; les débouchés et le régime commercial ; l'œuvre économique du dix-neuvième siècle.

Tome II. *Les entreprises agricoles et les systèmes de culture :* l'entrepreneur et ses moyens d'action, le domaine, le capital d'exploitation, le travail, les engrais ; les produits agricoles ; les systèmes de culture ; administration et comptabilité agricoles.

—— **Principes de la culture améliorante.** 1 vol. in-18 de 412 pages 3, 50

Principes généraux de la culture améliorante. — Culture de temporisation ; culture intensive. — Défoncements, défrichements, irrigations, dessèchements et drainage. — Labours, emblavures, récoltes. — Prairies et pâturages. — Amendements, fumiers de ferme et engrais chimiques. — Assolements et rotations.

—— **L'agriculture à grands rendements**, 1 vol. in-18 de 368 pages 3.50

Lois naturelles et lois économiques de l'agriculture. — Les récoltes moyennes et maxima. — Défoncements. — Sous-solages et labours. — Les fumures maxima. — Production et prix de revient du fumier et des purins. — Fumures vertes ou engrais végétaux. — Sélection des semences. — Le capital enculture intensive, etc.

LEFOUR. — **Comptabilité et géométrie agricoles** (*Bibl. du Cultiv.*). In-18 de 214 pages et 104 grav. 1.25

LESCURE (J.). — **L'agriculture algérienne**, un vol. in-18 de 370 pages et 26 figures 3.50

Considérations générales — Assolement, labour et engrais. — Plantes fourragères : légumineuses et graminées, à racines et à tubercules. — Céréales. — Plantes industrielles. — La vigne. — Moyens de lutter contre la sécheresse. — Le bétail : le bœuf, le mouton, la chèvre, etc. — Le cheval, le chameau, :tc. — De la basse-cour. — Le jardin potager. — Le verger. — L'olivier. — L'eucalyptus. — Sericulture et apiculture. — Calendrier agricole général, etc..

LULLIN DE CHATEAUVIEUX. — **Voyages agronomiques en France.** 2 vol. in-8°, ensemble de 1,032 pages. . . . . 12. »

MALÉZIEUX. — **Études agricoles sur la Grande-Bretagne**, climat, plantes, opérations agricoles. — Cheval, bœuf, mouton, porc, volaille. 1 vol. in-8°, 642 pages et 14 pl. 7.50

MÉHEUST. — **Économie rurale de la Bretagne.** In-18 de 220 p. 2.50

NICOLLE. — **Assolements et systèmes de culture :** De la fertilité et des exigences des récoltes ; assolements de trois ans et sidération ; assolements qui conviennent aux différents sols et climats ; 1 vol. in-18 de 446 pages. 3.50

—— **La Culture pratique dans l'Ouest** ; assolements ; céréales ; plantes sarclées ; légumineuses ; la prairie ; le bétail. 1 v. in-16 de 192 pages. 2.50

NOAILLES, DUC D'AYEN (J. de). — **L'Agriculture et l'industrie devant la législation douanière** (1881). Broch. in-8° de 80 pages 1.50

PICHAT. — **Pratique des semailles à la volée,** 1 vol. n-8° 110 pages et 16 fig. . . . . 2. »

PICHAT-et-CASANOVA. — **Examen de la question agricole en Dombes.** In-8° de 72 pages avec tableaux. 1.50

POIRSON (Ch.). — **De la production de la viande** et de ses conséquences dans l'économie rurale. In-8° de 36 pages. . 1. »

RIEFFEL. — **Manuel du propriétaire de métairies,** principalement dans l'ouest de la France. Considérations générales, conventions, comptabilité, capitaux, bestiaux, assolements. — Pratique du métayage, avec indication, mois par mois, des travaux à exécuter. 1 vol. in-18 de 300 pages. 3.50

RIONDET. — **Agriculture de la France méridionale,** ce qu'elle a été, ce qu'elle est, et pourrait être. In-18 de 384 p. 3.50

SAINTOIN-LEROY. — Cours complet de comptabilité agricole.

1° *Manuel de comptabilité agricole pratique*, en partie simple et en partie double, troisième édition, avec modèle des écritures d'une exploitation rurale pour une année entière. 1 vol. gr. in-8° de 192 p. et tableaux. 3. »

2° *Comptabilité simplifiée, agricole et commerciale*, mise à la portée de la moyenne et de la petite culture. 1 vol. gr. in-8° de 96 pages et tableaux. 2. »

Registres pour la tenue de la comptabilité.

Registre-Mémorial de l'agriculteur (comptabilité-matières), réunion de tous les tableaux nécessaires à la constatation de tous les faits d'une exploitation rurale. 1 vol. gr. in-4° oblong. . . . . 3. »

Livre de caisse (comptabilité-espèces), registre en tableaux. Gr. in-4° obl. 2.50

Journal, registre en blanc réglé. 1 vol. gr. in-4° oblong 2.50

Grand-Livre, registre en blanc réglé et folioté. 1 vol. gr. in-4° oblong. 3. »

Registre unique du cultivateur pour l'application, dans les écoles, de la comptabilité simplifiée. 1 vol. petit in-4° oblong, de 25 pages . . . ».60

TOURDONNET (Cte de). — **Traité pratique du métayage;** Partage des fruits, apports mutuels, charges domaniales, comptabilité et baux; améliorations domaniales; développement du métayage. 1 vol. in-18 de 372 pages. 3.50

TROGUINDY (Cte de). — **Mémoire sur le domaine du Brohet-Beffou,** plans, climat, cultures, matériel, bétail, comptabilité, etc. 1 vol. in-4° de 150 pages avec plans. . . . . 4. »

TUROT (Paul). — **L'Enquête agricole de 1866-1870 résumée,** ouvrage honoré d'une médaille d'or par la société nationale d'agriculture. 1 vol. grand in-8° de 520 pages. 8. »

WAGNER (J. Ph.). — **Mathématiques et Comptabilité agricoles.** 2° édition. 1 vol. in-8° de 740 pages et 568 fig. 5. »

Arithmétique élémentaire appliquée à l'agriculture et à la vie usuelle. — Arithmétique agricole : renseignements et problèmes divers relatifs à la culture du sol, aux engrais, semailles et plantations, à l'alimentation et à l'élevage du bétail, à l'économie rurale. — Cours théorique et pratique de comptabilité agricole. — Géométrie pratique appliquée au calcul des surfaces, à l'arpentage, au nivellement, au levé des plans, au cubage, jaugeage, etc. — Éléments de mécanique et d'hydraulique agricoles, irrigations et drainage.

La 1re partie de cet ouvrage : **Arithmétique élémentaire appliquée à l'agriculture,** spécialement destinée aux écoles rurales, se vend séparément. 1 vol. in-8° de 202 pages et 33 figures. 1.25

III. — CHIMIE ET PHYSIOLOGIE AGRICOLES.
SOLS, ENGRAIS ET AMENDEMENTS.
PHYSIQUE, MÉTÉOROLOGIE.

Maison rustique du XIX° siècle, tome Ier (*voir page* 3).

DÉCUGIS. — **Les Tourteaux de graines oléagineuses**; fabrication, formes, analyse chimique, conservation et usages; — applications des tourteaux comme engrais, choix, classification emploi; — applications comme aliments, valeur alimentaire, rations; — applications diverses. Ouvrage médaillé par la Société nationale d'agriculture. 1 vol. in-8° de 554 pages. . 8. »

DEHÉRAIN (P.P.). — **Traité de chimie agricole.** *Du développement des végétaux :* de la germination ; assimilation du carbone, de l'azote ; composition minérale des végétaux; nutrition minérale des plantes ; accroissement et maturation, etc. — *La terre arable :* formation, constitution chimique. — *Amendements et Engrais :* Minéraux, végétaux, d'origine minérale ; leur prix et leur valeur 1 vol. in-8° de 916 pages et 54 grav. 16.»

DOMBASLE (de). — **Améliorations du sol, engrais et amendements.** (Tome II du *Traité d'agriculture*, voir page 4.)

GAIN. — **Manuel juridique de l'acheteur et du marchand d'engrais et d'amendements.** 1 vol. in-12 de 372 p. 3.50
Commentaires des lois et règlements concernant la répression de la fraude dans le commerce des engrais; produits ou engrais protégés par la loi; contrats donnant lieu à l'action pénale; fraudes prévues et punies; pénalité, compétence, prescription, échantillonnage, etc.

GASPARIN (comte de). — **Cours d'agriculture, tomes I, II, et IV** : terrains agricoles, engrais et amendements, météorologie, nutrition des plantes, etc. (voir page 4).

GAUCHERON. — **Mes Veillées au village,** entretiens d'un Beauceron sur l'agriculture et la chimie agricole, les amendements et les engrais. 1 vol. in-18 de 244 pages. . . . . . . 2. »

GRANDEAU (Louis). — **Chimie et physiologie appliquées à la sylviculture** (Annales de la station agronomique de l'Est, travaux de 1868 à 1878). 1 vol. grand in-8° de 414 pag. 9. »

—— **La Nutrition de la plante :** les doctrines agricoles, l'atmosphère et la plante (tome Ier du *Cours d'agriculture de l'École forestière*), un beau vol. grand in-8° de 624 pages, 39 figures et une planche, cartonné à l'anglaise. . . . 12. »

—— **La fumure des champs et des jardins.** Instruction pratique sur l'emploi des engrais commerciaux , nitrates, phosphates, sels potassiques. Céréales ; culture maraîchère et potagère; plantes; vignes et arbres fruitiers. 1 vol. in-16 de 167 pages 1.50

JOULIE. — **Guide pour l'achat et l'emploi des engrais chimiques** (6me édit., *épuisée.* — *La* 7me *est en préparation.*)

LEFOUR. — **Sol et Engrais** (*Bibl. du Cult.*). In-18 de 175 p 54 grav. 1.25

LÉVY. — **Amélioration du fumier de ferme** (*Bibl. du Cult.*) par l'association des engrais chimiques et la création de nitrières artificielles. In-18 de 152 pages. 1.25

MARCHAND (Eug.). — **Le Blé à Rothamsted,** résumé des expériences de MM. Lawes et Gilbert, et discussion des résultats. Br. gr. in-8° de 48 pages ou tableaux. 2.50

MARCHAND (Eug.). — **Le Blé, l'Avoine et l'Orge à Rotham-sted**, résumé des expériences de MM. Lawes et Gilbert et discussion des résultats, 2e partie : origine, utilisation et déperdition de l'azote. Br. in-8° de 48 pag. on tableaux. . 2.50

MARGUERITE-DELACHARLÓNNY. — **Le Fer dans la végétation :** Expériences du docteur Griffiths; amélioration des plantes par le fer; doses nécessaires. Br. in-18 de 80 pages . . . . . 1. »

—— **Le Sulfate de fer** en horticulture, son emploi comme engrais, pour la destruction des mousses et contre la chlorose; doses à employer. Br. in-18 de 80 pages. . . . . . . 1. »

MARIÉ-DAVY. — **Météorologie et physique agricoles.** 1 vol. in-18 de 400 pages et 53 grav. 3.50
L'atmosphère, sa composition, ses propriétés; températures de l'air, du sol, des végétaux. — Vents et tempêtes; eau atmosphérique, orages, pluies. — Physique agricole, action des vents, de la chaleur, de la lumière et de l'eau sur la végétation; régime des eaux courantes; limites des cultures; régions agricoles; pronostics du temps.

MASURE. — **Leçons élémentaires d'agriculture**, à l'usage des agriculteurs praticiens.
Deuxième partie : Vie aérienne et vie souterraine des plantes de grande culture. 1 vol. in-18 de 477 pages et 20 grav. 3.50

MAUROY (de). — **Utilité, composition, emploi des engrais chimiques** (*Bibl. du Cultiv.*); leur application aux prairies naturelles et artificielles, aux céréales et aux plantes racines. 2e édition, 1 vol. in-18 de 140 pages. 1.25

MULLER (Dr P.-E.). **Recherches sur les formes naturelles de l'Humus et leur influence sur la végétation et le sol**, traduit de l'allemand, par Henry Grandeau. 1 vol. in-8° de 252 pages et 7 tableaux. . . . . . 10. »

MUSSA (Louis). — **Pratique des engrais chimiques**, suivant le système Georges Ville (*Bibl. du Cult.*). In-18 de 144 pages. 1.25

NICOLLE (F.). — **Les engrais chimiques** et la culture du chanvre. Br. in-16 de 30 pages 0.40

PAGEOT (G).. — **Manuel pratique des engrais chimiques** à l'usage des cultiv. dans les terres légères. Br. in-8° de 56 p. 0.50

PETERMANN. — **La Composition moyenne des principales plantes cultivées.** Tableau colorié . . . . . 3. »

PIERRE (Isidore). — **Chimie agricole** ou l'agriculture considérée dans ses rapports principaux avec la chimie. 2 vol. in-18 ensemble de 778 pages et 25 figures . . . . 7. »
Chaque volume se vend séparément.
Tome Ier. — *L'atmosphère, l'eau, le sol et les plantes* : L'air, sa constitution, ses altérations, etc.; l'eau atmosphérique; composition chimique des plantes, cendres; composition chimique et analyse des sols, irrigations et amendements; théorie chimique des assolements. . . 3. 50
Tome II. — *Les engrais* : Considérations générales; engrais organiques d'origine végétale, engrais verts, pailles, etc.; engrais d'origine animale, urines, déjections, excréments; engrais mixtes, litières et fumiers; engrais d'animaux divers; composts, boues, etc.; engrais minéraux ou salins, sels ammoniacaux, nitrates, phosphates, etc. 3. 50

RISLER. — **Géologie agricole**, 2 vol. gr. in-8°, et une carte géologique 17.50
Les 2 vol. et la carte se vendent séparément.
TOME Ier. — Utilité de la géologie pour l'étude des terres arables. — Terres formées par la décomposition des roches : granite, gneiss, etc. — Terres formées par la décomposition des roches volcaniques : trachytes, basaltes, laves, etc. — Terrains de transition. — Terrains houillers, permiens, pénéens. — Le trias. — Terrains jurassiques. 1 vol. av. in-8° de 400 pages 7 50

Томе II. — Terrains infracrétacés des montagnes du Jura, du sud et du nord de la France, de l'Angleterre, etc. — Terrains crétacés de la France, de l'Angleterre, de la Belgique et de l'Allemagne. — Terrains tertiaires. 1 vol. gr. in-8° de 24 pages et 11 planches. . . 7.50

Carte géologique et statistique des gisements de phosphate de chaux exploités en France. 2.50

Risler. — **Météorologie agricole**, observations faites à Calèves (Suisse) de 1867 à 1876. Br. gr. in-8° de 22 pages et 3 fig. 1. »

—— **Recherches sur l'évaporation du sol et des plantes.** Br. in-8° de 72 pages et 3 fig. . . . . 1. »

Ronna (A.). — **Chimie appliquée à l'agriculture, travaux et expériences du Dr A. Woelcker**; sols, plantes, engrais, recherches culturales; expériences d'alimentation du bétail; etc. 2 vol. gr. in-8°, ensemble de 1008 pages. . 16. »

Eaux d'égout de la ville de Reims, irrigation ou épuration chimique. Broch. grand in-8° de 76 pages ou tableaux. 2. »

Sacc. — **Chimie du sol** (*Bibl. du Cult.*). In-18 de 148 pages. . . 1.25

—— **Chimie des végétaux** (*Bibl. du Cult.*). In-18 de 220 pages. 1.25

—— **Chimie des animaux** (*Bibl. du Cult.*). In-18 de 154 pages. 1.25

Stockhardt. — **Chimie usuelle**, appliquée à l'agriculture et aux arts, traduite par Brustlein. In-18 de 524 p. et 225 gr. 4.50

Chimie inorganique. — Réactions chimiques; l'eau et la chaleur. —Métalloïdes : oxygène, hydrogène, azote, carbone, soufre, phosphore, chlore, etc. — Acides : azotique, carbonique, sulfurique, phosphorique, etc. — Métaux : potassium, sodium, calcium, etc.; fer et ses combinaisons, zinc, étain, plomb, cuivre, etc., etc. — *Chimie organique.* — Matières végétales : cellulose, amidon et fécule, sucres, alcools, éthers; huiles, beurres, savons; matières colorantes, etc. — Matières animales : œufs (albumine), lait (beurre, caséine), sang (fibrine), chair musculaire, peau, os (phosphate de chaux), urines, etc.

Ville (Georges). — **Les Engrais chimiques.** Entretiens agricoles donnés au champ d'expériences de Vincennes.

Tome Ier. — *Les engrais chimiques : Les principes et la théorie.* In-18 de 408 pages et 2 planches. 3.50

Tome II. — *Les engrais chimiques : Les cultures spéciales.* In-18 de 408 pages et 2 planches. 3.50

Tome III. — *Les engrais chimiques, le fumier et le bétail : La pratique fécondée par la théorie.* In-18 de 420 pages et 2 planches. . 3.50

—— **Les Engrais chimiques.** Conférences données à Bruxelles; la betterave; la doctrine des engrais chimiques; l'analyse de la terre par les végétaux. 2e édition. 1 vol. in-18 de 172 pages. 2. »

—— **La Production végétale et les engrais chimiques.** Conférences faites au champ d'expériences de Vincennes, 3e édition. 1 vol. gr. in-8° de 478 pages, 9 fig. et 3 planches. 8. »

—— **Le Propriétaire devant sa ferme délaissée.** Conférences données à Bruxelles, 4e édit.: la production agricole, les engrais, l'aménagement des forces et leur résultat, la sidération. 1 vol. in-18 de 226 pages . . . . 2. »

—— **L'École des Engrais chimiques**, premières notions de l'emploi des agents de fertilité. In-18, 148 pag. et 1 planche . 1. »

Wagner (Paul). — **La fumure rationnelle des plantes agricoles**, traduit de l'allemand par Pierre de Malliard; dosage des engrais. Br. in-8° de 70 pages et 15 planches. . 1.50

IV. — CULTURES SPÉCIALES.

(Céréales, plantes fourragères, vigne, etc., etc.; maladies des plantes, insectes nuisibles.)

Maison rustique du XIXᵉ siècle, tomes I et II *(voir page 3).*

BORIT. — **Viticulture de l'Anjou.** 1 vol. in-18 de 140 pages.   1.50

COLLIGNON D'ANCY. — **Mode de culture et d'échalassement de la vigne** (1847). In-8° de 200 p. et 3 planches.   . . .   3. »

COURTIN. — **Utilisation et effets de l'eau sur les prés;** utilité de l'irrigation, systèmes divers, ensemencement et entretien du pré, engrais. Br. in-8°, 78 pages et 16 fig. . .   2. »

DAUREL (Joseph). — **Éléments de viticulture avec description des cépages les plus répandus;** greffons et greffage, producteurs directs américains, plantation, taille, engrais et amendements; maladies et traitements, description des cépages : vignes européennes, vignes américaines et hybrides. 2ᵉ édition. 1 vol. in-8° de 154 pages. 2.50

—— **Quelques Mots sur les vignes américaines,** leur greffage, les producteurs directs dans la région du Sud-Ouest, les maladies cryptogamiques et leur traitement. 5ᵉ édition. 1 vol. in-18 de 136 pages 1.50

DÉJERNON. — **Les Vignes et les vins de l'Algérie.**
Tome Iᵉʳ — *L'Algérie agricole et viticole; compte d'un hectare algérien complanté en vignes.* — Physiologie de la vigne; climats, terrains, situation, exposition, engrais et amendements; moyens de reproduction de la vigne; monographie de dix-sept cépages et leur façon de se conduire en Algérie. 1 vol. in-8° de 320 pages . . . . .   5. »
Tome II *(épuisé).*

DOMBASLE (de). — **Pratique agricole,** culture des plantes, récolte et conservation des produits, etc. (tome III du *Traité d'agriculture,* voir page 4), 1 vol. in-8° de 400 pages. . . .   5. »

DOYÈRE. — **Recherches sur l'alucite des céréales;** histoire naturelle de l'alucite, origine, nature et étendue de ses ravages, moyens de destruction (2ᵉ livraison des *Annales de l'Institut agronomique de Versailles*). In-4° de 146 pages. .   2. »

GASPARIN (cᵗᵉ de). — **Cours d'agriculture, tomes III et IV :** cultures spéciales, céréales, plantes légumineuses, plantes-racines, tinctoriales, textiles, fourragères, etc. (voir page 3).

GRAFTIAU (Firmin). — **Note sur la production de la graine de betterave à sucre,** 2ᵉ éd. brochure in-18 de 48 p.   1. »

GUYOT (Jules). — **Culture de la vigne et vinification.** 2ᵉ éd. 1 vol. in-18 de 426 pages et 80 grav. 3.50
Principes de la culture de la vigne; cultures en lignes basses et sur souche, taille; engrais et amendements; cépages : façons à donner à la vigne; création des vignobles, conduite de la vigne depuis sa plantation jusqu'à sa pleine production. — Vinification; principes généraux, vendanges, égrappage, foulage, pressurage, cuves et cuvaison, soutirage, collage. — Classification des vins : vins rouges, vins rosés, vins de macération, vins artificiels, sucrage des vins, vins de liqueur, vins mousseux, marcs, maladie des vins, dégustation. — Coup d'œil sur la création d'un vendangeoir.

Guyot (Jules). — **Viticulture de la Charente-Inférieure.**
1 vol. in-4° de 60 pages. 2.50

—— **Viticulture de l'est de la France.** 1 vol. in-4° de 204
pages et 46 grav. 3.50

Heuzé (Gust.). — **La Pratique de l'agriculture,** 2 vol. in-18.
Tome Ier. — Les agents de la production, agents atmosphériques, sol et sous-sol ; les opérations culturales, labours, hersages, roulages, poutrage, défrichements ; les applications des engrais ; les semailles. 1 vol. in-18 de 340 pages et 141 fig. 3.50
Tome II. — Cultures d'entretien, fenaison, moisson, nettoyage et conservation des produits, organisation et direction du domaine. . 3.50

—— **Plantes fourragères,** 2 vol. in-18
Tome Ier. — Les plantes à racines et à tubercules, et les plantes cultivées pour leurs feuilles : betteraves, carottes, panais, raves, navets, rutabagas, pommes de terre, topinambours, choux à vaches, 5e édit. 1 vol. in-18 de 324 pag. et 89 fig. 3.50
Tome II. — Les Prairies artificielles : luzerne, sainfoin, raygrass, trèfle, lupuline, vesce, gesse, jarosse, serradelle, moha de Hongrie, sorgho, maïs, etc. ; fourrages mélangés, feuilles d'arbres, plantes diverses proposées et non encore acceptées ; météorisation ; calendrier aide-mémoire. 5e édition. 1 vol. in-18 de 396 pages et 53 figures. . . 3.50

—— **Les Pâturages, les prairies naturelles et les herbages.** 1 vol. in-18 de 372 pag. et 47 fig. 3.50
Pâturages permanents et temporaires, consommation des pâturages. Classification des prairies naturelles, influence du climat et du terrain, flore des prairies, création, entretien et irrigation des prairies, fenaison, valeur alimentaire des produits, rendement et défrichement des prairies. Création des herbages, clôtures et abreuvoirs, soins d'entretien. Usages locaux relatifs à la location des herbages.

—— **Les plantes industrielles,** 4 vol. in-18. 3e édition.
Tome Ier. — Plantes textiles ou filamenteuses de sparterie, de vannerie et à carder. 1 vol. in-18 de 364 pages et 50 figures . . . 3.50
Tome II. — Plantes oléagineuses, tinctoriales, saponaires, tannifères et salifères. 1 vol. in-18 de 432 pages et 69 figures. 3.50
T. III. IV. (En préparation).

—— **Culture du pavot ;** variétés, engrais, semailles, cultures d'entretien, récolte et emploi ; nature et propriété du tourteau. In-18 de 44 pages et 12 fig. D.75

Hooibrenk. — **Fécondation artificielle des céréales.** Broch. in-8° de 24 pages. D.50

Joulie. — **La Production fourragère** par les engrais ; prairies et herbages : classification usuelle et composition chimique des fourrages ; flore des prairies et des herbages, exigences de la production du foin, valeur alimentaire du foin ; composition des terres de prairies, eaux météoriques et d'irrigation ; formation, entretien, régénération, défrichement des prairies et herbages. 1 vol. in-8° de 320 pages ou tableaux. 3.50

Jullien. — **Topographie en 1866 de tous les vignobles français et étrangers :** position géographique, genre et qualité des produits de chaque cru ; lieux où se font les chargements et le principal commerce des vins ; nom et capacité des tonneaux et des mesures en usage, moyens de transport ordinairement employés. Ouvrage couronné par. 'Institut. 1 vol in-8° de 580 pages. 7.50

LA LAURENCIE (c^{te} de). — **Pratique de plantation et greffage des vignes américaines** (*Bibl. du Cult.*). Ouvrage orné de 26 figures dessinées par l'auteur, in-18 de 180 pages et 31 gravures 1.25

LECOUTEUX. — **Le Blé,** sa culture intensive et extensive, commerce, prix de revient, tarifs et législation des céréales. 1 vol. in-18 de 422 pages et 60 figures 3.50

—— **Le Maïs, et les autres fourrages verts,** culture et ensilage ; les fourrages verts et l'alimentation du bétail, théorie, pratique, conséquences agricoles et économiques de l'ensilage. 1 vol. in-18 de 320 pages et 15 figures. . . . 3.50

LENOIR (B. A.). — **Traité de la culture de la vigne, et de la vinification.** Préceptes généraux de culture, théorie de la fermentation, et application à la fabrication des vins rouges et blancs, des vins de liqueur naturels, artificiels, des vins mousseux; soins à donner aux vins, etc. 1 vol. in-8° de 618 pages et 8 planches. 7.50

MARTIN (Léon). — **Reconstitution des vignobles** par les riparias géants glabres, et les jacquez fructifères : semis, bouturage, greffage, engrais, insecticides. Br. in-8° de 68 pages. 1.50

MOUILLEFERT. — **Les Vignobles et les vins de France et de l'étranger,** territoire, climat et cépages des pays vignobles avec la description, culture et vinification des principaux crus. 1 vol. in-8° de de 560 pages avec 7 cartes coloriées (répartition des vignes dans le monde, régions viticoles de France, cartes des vignobles de la Gironde, des Charentes, du Beaujolais et du Mâconnais, de la Bourgogne, de la Champagne) et 117 fig. . . . . 10. »

La viticulture en France : le midi, le Bordelais, les Charentes, la Bourgogne, la Champagne, et autres régions de France. — Classification des vins de France. — Vignobles et vins étrangers : Espagne, Baléares, Canaries, Portugal, Madère, Açores ; Italie, Suisse, Alsace-Lorraine, Allemagne, Autriche, Hongrie, Serbie et Roumanie, Russie, Grèce, Turquie d'Europe, Bulgarie, Crète, Turquie d'Asie, pays d'Orient, cap de Bonne-Espérance, Australie, Nouvelle-Zélande, Amérique. Classification des vins étrangers.

—— **La Truffe** : histoire naturelle, production, récolte; qualités et emplois. Brochure in-18 de 88 pages et 18 fig . . . . . 1. »

MUHLBERG ET KRAFT. — **Le Puceron lanigère** : sa nature, les moyens de le découvrir et de le combattre. 1 brochure in-8° de 64 pages avec une planche coloriée, représentant dans tous leurs détails l'insecte et ses ravages. . . . . 2. »

NANOT. — **Culture du pommier à cidre, fabrication du cidre, et modes divers d'utilisation des pommes et des marcs** : généralités ; culture dans la pépinière, semis, repiquages, etc. ; culture en plein champ, plantation, soins, maladies; récolte des pommes. — Fabrication du cidre, de l'eau-de-vie et du vinaigre ; cidres mousseux ; maladies du cidre. — Conservation des pommes ; marmelade, gelée, etc. 1 vol. in-18 de 324 pages et 50 figures 3.50

ODART (Comte). — **Ampélographie universelle** ou Traité des cépages les plus estimés dans tous les vignobles de quelque renom ; considérations préliminaires sur le choix des cépages, la variation des espèces, les systèmes de classification ; plan et division de l'ouvrage ; étude des diverses régions. 6° éd. 1 vol. in-8° de 650 pages. 7.50

PAILLIEUX (A.). — **Le Soya**, sa composition chimique, ses variétés, sa culture, ses usages. 1 vol. grand in-8° de 128 p. 2.50

PATRIGEON (Dr G.). — **Le Mildiou**, son histoire naturelle, son traitement, suivi d'une description comparative de l'**érinose de la vigne** : caractères extérieurs, développement, effets du mildiou ; traitements, bouillie bordelaise, solution simple de sulfate et d'acétate de cuivre, ammoniure de cuivre ; examen comparatif, description, avantages des principaux pulvérisateurs ; l'Érinose, caractères, effets et traitements. 1 vol. in-18 de 216 pages avec 38 fig. et 4 planches coloriées. 3.50

—— **Un Nouveau Parasite** de la vigne, le *lopus albomarginatus* : Description et mœurs du lopus à ses différentes phases, dégâts. 1 brochure in-18 de 92 pages et 12 fig. . . . . . . 1. »

PRUDHOMME PÈRE. — **Guide pratique pour la reconstitution des vignes phylloxérées** : Sulfurage des vignes ; engrais pour les vignes, cépages étrangers. Br. in-18, 28 p. . 1. »

ROBERT (G.), — **Résumé sur les campagnols et les mulots**, ravages, caractères zoologiques ; caractères distinctifs ; mœurs comparées ; Moyens de destruction ; action administrative. 1 Br. in-8°, 56 pages 8 fig. . . . . 1. »

ROYER. — **La Ramie**, utilisation industrielle, culture et récolte, prix de revient. Broch. in-18 de 80 pages. . . . . . 1. »

SCHAUENBURG. — **Culture du houblon en France** (1836). Broch. in-8° de 84 pages et 4 pages. . . . . 2. »

SOL (Paul). — **Étude pratique sur l'Anthracnose**, instructions sur les procédés suivis pour la guérison du charbon de la vigne. Broch. in-8° de 16 pages . . . . ».60

STEBLER ET SCHRŒTER. — **Les Meilleures Plantes fourragères**, figurées en planches coloriées et décrites d'après les rubriques suivantes :

Dénomination, historique, valeur agricole, description botanique, variétés, habitat, exigences relatives au climat et au sol, engrais, végétation, récolte, mode d'exploitation et rendement, qualités, impuretés et falsifications des semences ; semis ; maladies.

Ce remarquable ouvrage, publié au nom du département fédéral suisse de l'agriculture, renferme l'étude approfondie des trente meilleures plantes fourragères. Chaque plante est en outre figurée en une planche coloriée, d'une exécution très soignée, représentant le port de la plante et sa description botanique complète.

2 beaux vol. grand in-4°, ensemble de 200 pages, avec 30 planches coloriées et de nombreuses figures noires . . . . 12. »

VERMOREL, BARBUT, ETC., ETC. — **Agenda viticole et agricole**, publié chaque année, destiné à inscrire les notes journalières, avec un Recueil des renseignements les plus utiles. Carnet de poche, cartonné toile, tranches rouges, de 300 pages. 2.50

VIAS. — **Culture de la vigne en chaintres**, plantation, labours, fumure, taille, ébourgeonnement, conduite; transformation en chaintres des vieilles vignes, rendement, frais de culture (*nouvelle édition en préparation*). 2.50

VILLE (Georges). — **La Betterave et la Législation des sucres** (1868). Grand in-8º de 48 pages et 2 planches . . 1.25

V. — ANIMAUX DOMESTIQUES.

(Économie du bétail, races, élevage, maladies, etc.)

Maison rustique du XIXᵉ siècle, tome II *(voir page 2).*

AUJOLLET. — **La Vache et ses produits**, veau, viande, lait, fumier, travail (*Bibl. du cultiv.*). 1 vol. in-18 de 252 pages et 20 fig. 1.25

BARDONNET DES MARTELS. — **Traité des maniements** ou de l'appréciation des animaux domestiques, des épreuves, et des moyens de contention et de gouverne qu'on emploie sur les espèces chevaline, bovine, ovine et porcine, suivi de la coupe des animaux de boucherie en France et en Angleterre. 1 vol. in-18 de 463 pages et 67 fig. 4.50

BÉNION. — **Traité des maladies du cheval**, notions usuelles de pharmacie et de médecine vétérinaires; description et traitement des maladies. 1 vol. in-18 de 340 pages et 25 grav. . 3.50

BERNARDIN (Léon). — **La Bergerie de Rambouillet et les mérinos.** 1 vol. in-8º de 140 pages . . . . 3. »

BONNEVAL (cᵗᵉ de). — **Les Haras français**, de 1806 à 1833, production, amélioration, élevage. 1 vol. in-8º de 308 pages . 5. »

BOBIE (Victor). — **Les Animaux de la ferme, espèce bovine**; races françaises : flamande, normande, bretonne, parthenaise, charollaise, limousine, comtoise, garonnaise, etc.; races étrangères : Durham, Hereford, Angus, Schwitz, Fribourg, Hollandaise, etc. 1 très beau vol., grand in-4º, imprimé avec luxe, de 336 pages avec 65 gravures dans le texte et 46 planches coloriées d'après les aquarelles d'Ol. de Penne, représentant tous les types de la race bovine. Cartonné. . . 85. »

Richement relié, 100 fr.

DAMPIERRE (de). — **Races bovines** (*Bibl. du Cult.*). 2ᵉ éd. In-18 de 192 pages et 28 grav. 1 25

DOMBASLE (de). — **Le Bétail** (tome IV du *Traité d'agriculture,* voir page 4). 1 vol. in-8º de 436 pages . . . . 5. »

GAYOT. — **Les Chevaux de trait français** : Origines et familles; trait léger et gros trait; l'étalon et la jument; le boulonnais, le percheron, le breton, l'ardennais, le franc-comtois, le poitevin mulassier; élevage, alimentation, travail. 1 vol. in-18 de 360 pages et 2 fig. 3.50

GAYOT. — **Mouches et Vers**; la mouche domestique, la mouche bleue et la mouche dorée ; les moucherons et les terribles, les parasites ; les vers ; ascarides, trichines, tœnias et cysticerques. In-18 de 248 pages et 33 grav. 3.50

—— **Le Léporide et le lapin Saint-Pierre.** Broch. gr. in-8° de 72 pages. 2.50

—— **Achat du cheval**, ou choix raisonné des chevaux d'après leur conformation et leurs aptitudes (*Bibl. du Cult.*). In-18 de 180 pages et 25 grav. 1.25

—— **Poules et Œufs** (*Bibl. du Cult.*). In-18 de 216 p. et 40 gr. .   1.25

—— **Lapins, lièvres et léporides.** (*Bibl. du Cult.*). In-18 de 180 pages et 15 grav. 1.25

GEOFFROY SAINT-HILAIRE. — **Acclimatation et domestication des animaux utiles.** 4ᵉ éd. 1 beau vol. in-8° de 534 pages et 47 grav. . . . .   9. »

GRANDEAU ET LECLERCQ. — **Études expérimentales sur l'alimentation du cheval de trait,** mémoires présentés à la Compagnie générale des voitures à Paris.

1ᵉʳ et 2ᵉ mémoires. — Historique des expériences sur l'alimentation du cheval. — Plan général des expériences entreprises dans les laboratoires de la Compagnie générale des voitures. — Description des laboratoires, du manège et des stalles d'expériences. — Méthodes suivies. — Travail au pas. — Travail au trot. — Rations et coefficients de digestibilité. — Camionnage. — Variations du poids des chevaux. — Valeur dynamique des aliments. 1 fort vol. in-4° de 203 pages ou tableaux avec figures et 18 planches in-folio hors texte. . . . . .   25. »

3ᵉ mémoire. — Expériences d'alimentation au foin, expériences au pas, au trot, avec la voiture; discussion des résultats. 1 vol. gr. in-8° de 118 pages et 11 planches hors texte 7.50

4ᵉ mémoire. — Expériences d'alimentation avec l'avoine et avec un mélange de paille et d'avoine. 1 vol. gr. in-8° de 130 pages ou tableaux.   5. »

5ᵉ mémoire. — Expériences d'alimentation avec le maïs. 1 vol. gr. in-8° de 180 pages ou tableaux . . . .   6. »

GROLLIER. — **Les Tribus du Durham français** : origine, histoire, mérite. 1 vol. in-18 oblong, cartonné de 192 pages. . .   10. »

HAVS (Charles du). — **Le Merlerault**, ses herbages, ses éleveurs, ses chevaux. 1 vol. in-18 de 182 pages. . . . . . .   3. »

—— **Le Cheval percheron** (*Bibl. du Cult.*). In-18 de 176 pages.   1.25

HEUZÉ (Gustave). — **Le Porc**, historique, caractères, races; élevage et engraissement; abatage et utilisation, études économiques; 2ᵉ éd. 1 vol. in-18 de 322 pages et 50 grav. 3.50

HUARD DU PLESSIS. — **La Chèvre** (*Bibl. du Cult.*). In-18 de 164 pages et 42 grav. 1.25

JACQUE (Ch.). — **Le Poulailler**, monographie des poules indigènes et exotiques, 6ᵉ éd. texte et dessins par Jacque. In-18, 360 pages et 117 grav. 3.50

LEFOUR. — **Le Mouton.** 1 vol. in-18 de 392 pages et 76 grav. .   3.50

—— **Animaux domestiques**, zootechnie générale (*Bibl. du Cult.*). In-18 de 154 pages et 53 grav. 1.25

—— **Cheval, Ane et Mulet** (*Bibl. du Cult.*). In-18 de 180 pages et 136 grav. 1.25

LÉOUZON. — **Manuel de la porcherie** (*Bibl. du Cult.*). In-18 de 168 pages et 88 grav. 1 25

—— **La Race Durham laitière.** In-8º de 68 pages et 1 grav.   1.50

LE PELLETIER. — **Manuel des vices rédhibitoires des animaux domestiques**, commentaire théorique et pratique de la loi du 2 août 1884, avec un *formulaire complet de tous actes et formalités*, comprenant en outre les règles à suivre. 2ᵉ édition. 1 vol. in-18 de 356 pages. 3.50

LEROY. — **Aviculture** : outillage spécial; éclosion; animaux nuisibles; reproduction en volière, hygiène des volières; repeuplement des chasses; faisans, perdrix, cailles, etc., etc. 1 vol. in-18 de 422 pages et 51 fig. . . . .   3. »

—— **La Poule pratique,** par un praticien : races de parquet, races de ferme; hygiène et nourriture des poules; exploitation de la volaille, couveuses naturelles et artificielles, incubation, éclosion, élevage. 1 vol. in-18 de 320 pages et 57 fig. . . .   3. »

MAGNE. — **Choix des vaches laitières** (*Bibl. du Cult.*). In-18 de 144 pages et 39 grav. 1.25

MALÉZIEUX. — **Manuel de la fille de basse-cour,** contenant des instructions pour élever, nourrir, engraisser et soigner tous les animaux de la basse-cour, poules, dindons, pintades, oies, canards, pigeons, lapins, vaches et cochons. 1 vol. in-18 de 332 pages, avec 39 fig. . . . .   3. »

MILLET-ROBINET (Mᵐᵉ). — **Basse-cour, Pigeons et Lapins** (*Bibl. du Cult.*). In-18 de 180 pages et 26 grav. 1.25

PELLETAN. — **Pigeons, Dindons, Oies et Canards** (*Bibl. du Cult.*). 1 vol. in-18 de 180 pages et 20 grav. 1.25

ROCHE (Ed.). — **Les Martyrs du travail, le cheval, l'âne, le mulet et le bœuf,** notions de médecine vétérinaire; protection et conservation; conseils au charretier et à l'agriculteur. — Maladies du mouton, de la chèvre, du lapin, du chien, du chat, et des oiseaux. — Étude générale des amis et ennemis de l'homme, quadrupèdes, mammifères, oiseaux, etc. 1 vol. in-18 de 360 pages orné de 224 figures. . .   2 »

ROULLIER-ARNOULT. — **Instructions pratiques sur l'incubation et l'élevage artificiels des volailles,** poules, dindons, oies et canards (*Bibl. du Cult.*). 4ᵉ édition. 1 vol. in-18 de 172 pages et 49 figures. 1.25

****

Sanson (André). — **Traité de zootechnie, ou Économie du bétail,** nouvelle édition. 5 vol. in-18, ensemble de 2,016 pages et 236 gravures 17.50

> Tome Ier. — Objet de la zootechnie; fonctions physiologiques et économiques du bétail; appareils de la locomotion, de la digestion, de la respiration, de la circulation, de la dépuration urinaire, de l'innervation, des sens, et de la génération.
>
> Tome II. — Lois de l'hérédité, de la classification zoologique, de l'extension des races; méthodes de reproduction, de gymnastique fonctionnelle, d'exploitation, d'encouragement, de classification.
>
> Tome III. — Fonctions économiques des équidés; races chevalines brachycéphales et dolichocéphales; populations métisses; races asines; mulets et bardots; production des équidés; institutions hippiques; production et exploitation de la force motrice.
>
> Tome IV. — Fonctions économiques des bovidés; races bovines dolichocéphales et brachycéphales; populations métisses; production des jeunes bovidés; production du lait, de la force motrice et de la viande.
>
> Tome V. — Fonctions économiques des ovidés; races ovines brachycéphales et dolichocéphales; races caprines; production des jeunes ovidés; production du lait et de la viande. — Races porcines; production des jeunes suidés; production de la chair de porc.

Chaque volume se vend séparément. 3.50

—— **Alimentation raisonnée** des animaux moteurs et comestibles : digestion, aliments, boissons ; alimentation des bovidés, équidés, ovidés, suidés ; tables de la composition chimique des aliments. (*Bibl. du Cult.*). 1 vol. in-18 de 180 pages ou tableaux et 3 fig. 1.25

—— **Notions usuelles de médecine vétérinaire** (*Bibl. du Cult.*). In-18 de 174 pages et 13 grav. 1.25

—— **Les Moutons** (*Bibl. du Cult.*). In-18 de 168 p. et 56 grav. 1.25

—— **La Maréchalerie**, ou ferrure des animaux domestiques (*Bibl. du Cult.*). In-18 de 164 pages et 34 fig. 1.25

Serres (E.). — **Guide hygiénique et chirurgical pour la castration et le bistournage** du cheval, du taureau, de la vache, du bélier, du verrat, etc., etc. 1 vol. in-18 de 560 pages et 20 figures. 3.50

Teisserenc de Bort (Edmond). — **Considérations sur la pureté et les qualités de la race bovine du Limousin.** Broch. in-8° de 28 pages et 5 fig. . . . . ».50

Vial (A. A.). — **Connaissance pratique du cheval,** traité d'hippologie à l'usage des sportsmen, officiers de cavalerie, vétérinaires, marchands de chevaux, éleveurs, cultivateurs, etc. 4e édition. 1 vol. in-18 de 372 pages et 72 fig. 3.50

Vial. — **Engraissement du bœuf** (*Bibl. du Cult.*). In-18 de 180 pages et 12 grav. 1.25

Villeroy. — **Manuel de l'éleveur de bêtes à cornes** (*Bibl. du Cult.*). In-18 de 308 pages et 65 grav. 1.25

VI. — INDUSTRIES AGRICOLES.

(Abeilles et vers à soie; vins, cidre et boissons diverses; laiterie; arts agricoles divers.)

Maison rustique du XIXe siècle, tome III *(voir page 3).*

ANDERSON, CHAPTAL, ETC. — **L'Art de faire le beurre et les meilleurs fromages**, par Anderson, Desmarets, Chaptal, etc. (3e édition). Manière de préparer le lait et la crème, de faire le beurre, de le saler, de le colorer et de le conserver; et de fabriquer toutes espèces de fromages. 1 vol. in-8°, 360 pages et 10 planches 4.50

BERTRAND. — **Conduite du rucher** calendrier de l'apiculteur mobiliste : reines, ouvrières, mâles, pondeuses; maladies des abeilles; essaimage, récolte du miel; animaux nuisibles, outillage de l'apiculteur; ruches et ruchers; hydromel, eau-de-vie et vinaigre de miel. 6e édit. 1 vol. in-16 de 300 p., 84 fig. et 1 pl. 2.50

BOISSY (l'abbé). — **Le Livre des abeilles**, ou manuel d'apiculture : reines, ouvrières, pondeuses, bourdons; multiplication des abeilles, essaimage; maladies des abeilles, remèdes; animaux nuisibles; ruches et ruchers, miellée; calendrier apicole. 5e édit. 1 vol. in-18 de 312 pages et 6 planches hors texte. 2.50

BOULLENOIS (de). — **Conseils aux nouveaux éducateurs de vers à soie**; observations préliminaires sur l'industrie de la soie; mûriers; plantation, taille, culture; de la magnanerie, mobilier et installation; des vers à soie, éducation, maladies; filature des cocons. 3e édit. In-8° de 248 pages. . 3.50

BRUNEL (L.) et B. POUSSIER. — **Étude sur le fromage de Géromé.** 1 vol. in-18 de 130 pages avec 40 fig. et 2 pl. 2. »

DEROSNE. — **Exposé sommaire de l'apiculture mobiliste;** description et emploi de la ruche-album; récolte du miel, outillage de l'apiculteur. 1 vol. in-18 de 180 pages et 3 pl. et supplément . . . . 2. »

DURIER. — **Étude sur la flacherie.** Broch. gr. in-8° de 32 pages. 1. »

FIGUIER (Louis). — **Le Raffinage du sucre en fabrique et ses nouveaux procédés** : procédé général; procédés par la strontiane et l'ébullition; procédé par l'osmose. Broch. de 60 pages gr. in-8° avec 8 fig. . . . . 2. »

GIRARD (Maurice). — **Les Insectes utiles, abeilles et vers à soie**, à l'exposition de 1867. In-8° de 39 pages. 1.50

GIRET et VINAS. — **Chauffage des vins**, en vue de les conserver, les muter et les vieillir. 2e éd. 1 vol. in-18 de 143 p. et 3 grav. 1.25

GIVELET (Henri). — **L'Ailante et son bombyx**; culture de l'ailante, éducation de son bombyx et valeur de la soie qu'on en tire. 1 vol. grand in-8° de 164 pages et 19 planches. . 5.

GUYOT (Jules). — **Culture de la vigne et vinification.** 2e éd. 1 vol. in-18 de 426 pages et 30 grav 3.50
    Principes de la culture de la vigne; culture en lignes basses et sur souche, taille, etc; engrais et amendements; cépages : façons à donner à la vigne; création des vignobles, conduite de la vigne depuis sa

plantation jusqu'à sa pleine production. — Vinification ; principes généraux, vendanges, égrappage, foulage, pressurage, cuves et cuvaison, soutirage, collage. — Classification des vins : vins rouges, vins rosés, vins de macération, vins artificiels, sucrage des vins, vins de liqueur, vins mousseux, marcs, maladies des vins, dégustation. — Coup d'œil sur la création d'un vendangeoir.

LANGSTROTH. — **L'Abeille et la Ruche**, ouvrage traduit, revu et complété par Ch. Dadant. 1 fort vol. in-16 de 646 pages orné de 183 fig., richement cartonné. 7.50

MARTIN (DE). — **Rapports sur l'œnotherme Terrel des chênes et sur les chaudières à échauder la vigne.** Broch. in-8° de 24 pages avec deux planches. . .   1.50

NANOT. — **Culture du pommier à cidre, fabrication du cidre et modes divers d'utilisation des pommes et des marcs.** (Voir page 17.) 1 vol. in-18 de 324 pages et 50 figures. 3.50

NANOT (J.) ET TRITSCHLER (L.). — **Traité pratique du séchage des fruits et des légumes.** 1 vol. in-18 de 300 pages avec préface et 27 figures 3.50

> La culture fruitière en France, en Allemagne, en Autriche, au Canada etc. La dessication des fruits ; production et consommation des fruits en France ; importations et exportations. — Considérations générales sur la dessication : les différents systèmes employés pour conserver les fruits ; la dessication, ses avantages, etc. — Appareils servant à sécher les fruits. — Dessication des pommes, des poires, des pêches, des abricots, des prunes, des cerises, du raisin, des figues, des châtaignes, des légumes.

PERSONNAT. — **Le Ver à soie du chêne** (bombyx Yama-maï), son histoire, sa description, ses mœurs, ses produits. 4e éd. In-8° de 132 pages, 2 grav. noires, et 3 planches coloriées.   3. »

POURIAU. — **La Laiterie**, art de traiter le lait, de fabriquer le beurre et les principaux fromages français et étrangers, 4e édit. 1 vol. in-18 de 736 pages, 385 figures et 4 planches.   6. »

SAGOT ET DELÉPINE. — **Les Abeilles** (*Bibl. du Cultiv.*), leur histoire, leur culture avec la ruche à cadres et greniers mobiles : notions sur les abeilles, description et fabrication de la ruche, manière de s'en servir habilement ; calendrier apicole indiquant ce qu'il faut faire mois par mois ; matériel de l'apiculteur, législation. 1 vol. in-18 de 180 pages et 15 fig. 1.25

SÉGUIN-ROLLAND. — **Soins à donner aux vins fins de la Côte-d'Or**, depuis la vendange jusqu'à leur mise en consommation. Broch. gr. in-8° de 20 pages et 7 grav. . . .   1. »

SOULLIÉ. — **Manuel de viniculture** par un vigneron algérien, ou conseils pratiques pour faire et conserver le vin : foulage, encuvage, plâtrage des vendanges ; soutirage du vin ; maladies et sophistication des vins. Br. in-32, de 138 pages. . .   1.25

SOURBÉ. — **Traité théorique et pratique d'apiculture mobiliste.** (Nouvelle édition en préparation.)

TOUAILLON (fils). — **La Meunerie, la boulangerie, la biscuiterie et les autres industries agricoles alimentaires** : vermicellerie, amidonnerie, décortication des légumineuses, féculerie, glucoserie, rizerie, huilerie, chocolaterie, conserves alimentaires, margarine et moutarde avec un chapitre sur le broyage des engrais. 1 vol. in-8° de 504 p.   7. »

VII. — GÉNIE RURAL. — DRAINAGE, IRRIGATIONS. — MACHINES ET CONSTRUCTIONS AGRICOLES.

Maison rustique du XIXᵉ siècle, tomes Iᵉʳ et IV (*voir page 3*).

AUBERJONOIS. — **Les Constructions agricoles du domaine de Beau-Cèdre,** album de 35 planches in-plano représentant le plan général et les plans, coupes et élévations des constructions du domaine, hangars, bâtiments avec détails, écuries et remises, vacherie, porcherie, laiterie, basse-cour, forge, buanderie, four, etc., avec notice explicative de 30 pages. . 20. »

BARRAL. — **Drainage des terres arables.** 3ᵉ éd. 2 vol. in-18 ensemble de 960 pages, 443 grav. et 9 planches . . . . . 7. »

> TOME Iᵉʳ. — Histoire du drainage. — Drainage sans tuyaux. — Des terres drainables. — Fabrication des tuyaux de drainage : choix des matériaux, préparation des terres, formes à donner aux tuyaux, étirage des tuyaux. — Description des machines a étirer les tuyaux. — Fabrication des tuiles, briques ordinaires et briques creuses. — Fours à cuire; cuisson.

> TOME II. — Exécution du drainage : levé du plan des terres à drainer, nivellement, exemples de drainage; saisons convenables pour l'exécution; tracé des drains, formes des tranchées; outils de drainage; ouverture des tranchées, règlement des pentes, pose des tuyaux et remplissage des tranchées. — Statistique du drainage. — Encouragement au drainage.

—— **Législation du drainage, des irrigations et autres améliorations foncières permanentes.** 1 vol. in-18 de 664 pages, avec 18 grav. et 1 planche . . . . 7. »

> Situation par département, du drainage en France. — Du drainage dans les colonies. — Du drainage en Belgique, dans la Grande-Bretagne, en Suisse, en Italie, en Allemagne, en Danemark, en Russie, aux États-Unis. — Législation anglaise sur le drainage et les autres améliorations agricoles permanentes. — Législation belge, allemande. — Législation française : lois, arrêtés et circulaires relatives au drainage.

BERTIN. — **Des Chemins vicinaux** (1853). In-8° de 111 pages. 1. »

—— **Code des irrigations.** 1 vol. in-8° de 182 pages . . . . 3. »

BOUCHARD-HUZARD. — **Traité des constructions rurales.**

> Épuisé (*une nouvelle édition, entièrement refondue, est en préparation*).

DUMUR ET CUGNET. — **Les Bâtiments agricoles ;** conditions générales qu'ils doivent remplir; locaux divers considérés dans leurs détails; plans et devis de bâtiments d'exploitation pour une propriété de 20 hectares. *Mémoires couronnés par la Société d'agriculture de Lausanne.* 1 vol. in-8° de 232 pages avec un atlas de 115 figures donnant, à l'échelle, les plans, coupes et élévations des bâtiments et des détails . . . 10. »

DUPLESSIS. — **Traité de nivellement,** comprenant les principes généraux, la description et l'usage des instruments, les opérations et les applications. 1 vol. gr. in-8° de 364 p. et 112 fig. 8. »

DUPLESSIS. — **Traité du levé des plans et de l'arpentage.**
2e éd. 1 vol. in-8° de 136 pages et 102 figures. . . . .   4. D

GASPARIN (comte de). — **Cours d'agriculture, tomes II,
III et VI,** constructions rurales, mécanique agricole, machines, etc. (voir page 4).

GRANDVOINNET (J. A.). — **Traité élémentaire des constructions rurales.** (*Bibl. du Cult.*) : Principes généraux
de construction : terrassement, maçonnerie, charpenterie,
couverture, menuiserie, serrurerie, plomberie, peinture et
vitrerie. — Bâtiments ruraux : habitations, écuries, bouve-
ries, bergeries, porcheries, poulaillers, granges, fenils, greniers,
laiteries, etc. 2 vol. in-18 ensemble de 308 pag. et 306 fig.   2.50

—— **Les Bergeries ;** considérations générales sur les habitations
du mouton ; parcs temporaires ou mobiles ; parcs permanents
ou refuges ; abris plantés ; bergeries couvertes, conditions d'é-
tablissement, détails de constructions, dispositions d'ensemble ;
matériel meublant. 1 vol. in-18 de 314 pages et 169 fig. .   5. D

LEFOUR. — **Culture générale et instruments aratoires**
(*Bibl. du Cultiv.*). In-18 de 174 pages et 135 grav. 1.25

—— **Comptabilité et géométrie agricoles** (*Bibl. du Cult.*).
In-18 de 214 pages et 104 gravures 1.25

PIGNANT (P.). — **Principes d'assainissement des habitations** des villes et de la banlieue ; travaux divers d'assainissement, épuration et utilisation agricole des eaux d'égout.
1 vol. gr. in-8° de 528 pages avec atlas de 36 pl. in-folio.   30. D

RINGELMANN (Maximilien). — **L'Electricité dans la ferme ;**
notions préliminaires ; production de l'énergie électrique ; la
ligne électrique ; l'éclairage électrique ; transmission de la
puissance ; emmagasinement de l'énergie électrique ; résumé
et conclusions. Broch. gr. in-8° de 64 pages avec 60 figures.   3. D

VIDALIN (F.). — **Pratique des irrigations** en France et en
Algérie (*Bibl. du Cult.*). In-18 de 180 pages et 22 grav. . . .   1.25

VILLEROY ET MULLER. — **Manuel des irrigations ;** action de
l'eau sur le sol ; préparation du sol des prés arrosés, fossés
et rigoles ; des prés et de leur entretien ; jouissance de l'eau
en commun. 1 vol. in-18 de 263 pages et 123 grav. . . .   3.50

VIII. — BOTANIQUE. — HORTICULTURE.

Maison rustique du XIXe **siècle, tome V** (*voir page* 3).

Almanach du jardinier, publié chaque année comprenant
les nouveautés horticoles. 192 pages in-32 avec gravures. . .   D.50

Le Bon Jardinier, almanach horticole pour 1893 (136e édition) par Poiteau, Vilmorin, Decaisne, Naudin, Neumann,
Pepin, Carrière, Heuzé, etc. — *Ouvrage couronné par la Société nationale d'horticulture de France.*

1re *partie*. — Calendrier du jardinier, ou indication mois par mois des travaux à faire dans les jardins. Aide-mémoire, et vocabulaire des principaux termes de jardinage et de botanique. — Principes généraux de culture : notions de botanique et de physiologie végétale, chimie et physique horticoles, climats ; abris pour la conservation des plantes, outils, façons du sol ; multiplication des plantes, semis, marcottes, boutures, greffes ; taille des arbres, maladies des plantes et insectes nuisibles. — Arbres fruitiers : des jardins fruitiers et du verger ; description et culture des meilleures sortes de fruits. — Plantes potagères, description et culture. — Propriétés et culture des principales plantes médicinales. — Grande culture : plantes à fourrage, céréales et plantes économiques.

2e *partie : Plantes et arbres d'ornement*. — Caractères des familles naturelles. — Description et culture des plantes et arbres d'ornement de pleine terre et de serre, classés par ordre alphabétique. — Les listes des variétés recommandées ont été revues avec le plus grand soin ; variétés anciennes les plus méritantes, et variétés nouvelles. — Classement des végétaux de pleine terre suivant leur emploi dans les jardins. — Création et entretien des gazons.

(La 1re édition du *Bon Jardinier* remonte à 1754 : une édition nouvelle a été publiée régulièrement chaque année depuis 1755, à trois exceptions près : 1815, 1871, 1888. — L'édition de 1889 (la 133e) a été entièrement revue.)

Un vol. in-18 de 1700 pages . . . . 7. »
Cartonné, 8 fr. — Cartonné en 2 vol., 9 fr.

Gravures du Bon Jardinier. (*La* 24e *édition, qui sera entièrement refondue, est en préparation.*)

AMÉ (G.). — **Le Jardin d'essai du Hamma** à Mustapha près d'Alger, description des familles, groupes et genres les mieux représentés au jardin, brochure in-8° de 64 pages et 7 pl. . 2. »

ANDRÉ (Ed.).— **L'Art des jardins**, traité général de la composition des parcs et jardins : Historique depuis l'antiquité ; Jardins paysagers ; esthétique. Principes généraux ; division et classifications ; la pratique ; travaux d'exécution ; exemples de parcs et jardins classés suivant leur destination ; constructions et accessoires d'utilité et d'ornement. 1 vol. gr. in-8° de 900 pages, avec 11 pl. en chromolith. et 500 fig. 35. »

—— **Bromeliaceæ Andreanæ**, description et histoire des Broméliacées récoltées dans la Colombie, l'Ecuador et le Venezuela, par Ed. André; 143 espèces et variétés, dont 91 nouvelles. 1 vol. gr. in-4° de 130 pages, illustré de 39 planches figurant toutes les espèces nouvelles . . . . 25. »

—— **L'École nationale d'Horticulture de Versailles**, broch. gr. in-8° de 64 pag., ornée d'un plan colorié et 12 fig. 2. »

AUDOT. — **Traité de la composition et de l'ornementation des jardins**. 6e éd. représentant en plus de 600 fig. des plans de jardins, modèles de décoration, machines pour élever les eaux, etc. 2 vol. in-4° oblong avec 168 planches gravées. 25. »

BALTET (Ch.). — **L'Art de greffer** arbres et arbustes fruitiers, arbres forestiers et d'ornement, reconstitution du vignoble, 5e édition, augmentée de la greffe des végétaux exotiques et des plantes herbacées. Définition, but, et conditions de succès du greffage. — Outils, ligatures, engluements. — Choix des sujets et des greffons. — Procédés de greffage.

— Liste par ordre alphabétique des arbres, arbrisseaux et arbustes, avec indication du mode de greffage à appliquer à chacun d'eux. 5ᵉ édit. 1 vol. in-18 de 504 p. et 192 fig. . . . 4. »

BALTET (Ch.).— **Traité de la culture fruitière**, commerciale et bourgeoise : Fruits de dessert, de cuisine, de pressoir, de séchage, de confiserie, de distillation; choix des meilleurs fruits pour chaque saison ; plantations de vergers et de jardins fruitiers ; taille et entretien des arbres ; animaux nuisibles et maladies ; récolte des fruits, leur emballage et leur emploi. 2ᵉ éd. 1 vol. in-18 de 640 pages et 350 fig. . . . . . . 6. »

—— **L'Horticulture française**, ses progrès et ses conquêtes depuis 1789, conférences de l'exposition universelle internationale de 1889 ; broch. in-8º de 64 pages. 3.50
— Le même de 157 pages et 110 dessins, plans, etc. . . 5. »

—— **De l'action du froid sur les végétaux** pendant l'hiver 1879-1880, ses effets dans les jardins, pépinières, parcs, forêts et vignes. 1 vol. in-8º de 340 pages. . . . . . . 5. »

BELLAIR (G.). — **Traité d'Horticulture pratique.** Culture maraîchère ; le marais et le potager, légumes racines, légumes herbacés, légumes fruits, légumes condiments ; arboriculture fruitière, de la taille en général ; cultures spéciales, poirier, pommier, pêcher, etc., etc. Animaux nuisibles et maladies ; multiplication des végétaux ; floriculture ; arbres et arbustes d'ornement. 1 vol. in-18 de 750 pages et 310 fig. . . . 6. »

BONCENNE.—**Cours élémentaire d'horticulture** (*Bibl. des écoles primaires*). 2 vol. in-12 ensemble de 310 pages et 85 grav. . 1.50

BUTRET (Baron de). — **Taille raisonnée des arbres fruitiers** et autres opérations relatives à leur culture, 21ᵉ éd. augmentée des différentes espèces de greffes et de la conservation des fruits. 1 vol. in-18 de 148 pages avec 4 pl. . 2. »

CARRIÈRE. — **Encyclopédie horticole** ; vocabulaire raisonné de tous les termes employés en botanique et en horticulture 1 vol. in-18 de 550 pages. 3.50

—— **Semis et mise à fruit des arbres fruitiers** (*Bibl. du Jard.*). 1 vol. in-18 de 158 pages. 1.25

—— **Pommiers microcarpes ou pommiers d'ornement**, à fleurs doubles, de la Chine, baccifères, de Sibérie, etc. (*Bibl. du Jard.*) 1 vol. in-18 de 180 pages et 18 figures . . 1.25

—— **Les Pépinières** (*Bibl. du Jard.*). In-18 de 134 p. et 29 grav. 1.25

—— **Production et fixation des variétés dans les végétaux.** 1 vol. in-8º de 72 pages avec 13 grav. et 2 pl. col. . 2. »

—— **Les Arbres et la Civilisation.** In-8º de 416 pages. . . 5. »

—— **Variétés de pêchers et de brugnonniers**, description et classification. Grand in-8º de 104 pages et 1 planche. . . 2. »

—— **Du sulfatage horticole et industriel**, 1 vol. in-18 de 104 pages. 1.25

CATROS-GÉRAND ET Joseph DAUREL. — **Manuel pratique des jardins et des champs**, pour le sud-ouest de la France, 3ᵉ édition, 1 fort volume in-18 de 688 pages, avec gravures. 3.50

DAUREL (Joseph). — **Des Plantes maraîchères de grande culture** et de la culture intercalaire dans les vignes, broch. in-8º de 24 pages. 0.50

DECAISNE ET NAUDIN: —**Manuel de l'amateur des jardins**, traité général d'horticulture. 4 vol. petit in-8° ensemble de plus de 3.000 pages, comprenant plus de 800 fig. . . . . . 30. »

    Chaque volume se vend séparément 7.50

DELCHEVALERIE. — **Les Orchidées**, culture, propagation, nomenclature (*Bibl. du Jard.*). In-18 de 134 pages et 32 grav. . 1.25

—— **Plantes de serre chaude et tempérée ;** construction des serres, culture, multiplication, etc. (*Bibl. du Jard.*). In-18 de 156 pages et 9 grav. 1.25

DUPUIS. — **Arbrisseaux et Arbustes d'ornement de pleine terre** (*Bibl. du Jard.*). In-18 de 122 pages et 25 grav. . . 1.25

—— **Arbres d'ornement de pleine terre** (*Bibl. du Jard.*). In-18 de 162 pages et 40 grav. 1.25

—— **Conifères de pleine terre** (*Bibl. du Jard.*). In-18 de 156 pages et 47 grav. 1.25

DUVILLERS. — **Parcs et Jardins**, ouvrage récompensé de 21 médailles ou diplômes, 2 vol. grand in-folio, sur beau papier ensemble de 160 pag. de texte avec 80 planches imprimées avec luxe représentant les plans de squares et jardins publics, de parcs particuliers, jardins paysagers, fruitiers, potagers, écoles pratiques, etc.

    Prix des 2 vol. avec pl. en noir 200; en couleur. . . 260. »

    Chaque partie, comprenant 80 pag. de texte et 40 pl. se vend séparément : avec pl. en noir 100; en couleur . . . . 130. »

DYBOWSKI. — **Traité de la culture potagère**, petite et grande culture; procédés employés par les spécialistes. 1 vol. in-18 de 492 pages et 144 figures. . . . . 5. »

ECORCHARD (Dr).— **Nouvelle Théorie élémentaire de la botanique**, suivie d'une analyse des familles des plantes qui croissent en France, ou y sont cultivées, et d'un dictionnaire des termes de botanique. 1 vol. in-18 de 520 p. et 210 grav. . 6. »

FORNEY. — **La Taille des arbres fruitiers**, avec une étude sur les bons fruits. Nouvelle édition entièrement refondue.

    Tome Ier. — Principes généraux, étude de l'arbre, multiplication, plantation, taille ; le poirier et le pommier : conduite des productions fruitières, charpente et formes, restauration, maladies et insectes nuisibles ; choix des poires et des pommes ; les arbres du verger. 1 vol. in-18 de 320 pages et 169 figures dessinées par l'auteur. 3.50

    Tome II. — Le pêcher, taille, restauration, maladies et insectes, choix des pêches ; — l'abricotier, le prunier, le cerisier ; — la vigne, taille, formes pour le vignoble, formes pour l'espalier, treille à la Thomery ; maladies et insectes ; choix des meilleures variétés ; — le figuier, le framboisier, le groseiller ; — les espèces non soumises à une taille régulière ; amandier, cognassier, néflier, noyer, noisetier ; récolte et conservation des fruits, 1 vol. in-18 de 360 pages et 183 fig. 3.50

HARDY. — **Traité de la taille des arbres fruitiers**, 9e éd. 1 vol. grand in-8° de 436 pages et 140 figures. 5.50

    Notions sur le développement des arbres ; la plantation. — But, époque de la taille, formes à donner aux arbres, pyramide, vase, buisson, espalier, etc. — Taille du Poirier, Pommier, Pêcher, Cerisier, Abricotier, Prunier. — Culture de la Vigne dans les jardins, treille à la Thomery. — Du verger. — Culture du Figuier, Groseillier, Framboisier, Cognassier, Noisetier. — De la greffe : principes généraux ; greffes en fente, par scion et en couronne ; greffes en approche ; greffes en écusson ; du marcottage et de la bouture. — Récolte, conservation et emballage des fruits. — Maladies des arbres fruitiers et animaux nuisibles. — Engrais, labour, chaulage, arrosements. — Nomenclature des principales variétés de fruits.

HÉRINCQ, JACQUES ET DUCHARTRE. — **Manuel général des plantes, arbres et arbustes,** classés selon la méthode de Candolle ; description et culture de 25.000 plantes indigènes d'Europe ou cultivées dans les serres. 4 vol. grand in-18 jésus à 2 colonnes, ensemble de 3.200 pages, cartonnés. . . 36. »

> C'est un recueil à la fois scientifique et pratique. La botanique et la culture ont été réunies dans cet ouvrage. Les espèces et variétés anciennes et nouvelles y sont décrites avec la plus scrupuleuse exactitude ; leur culture et leur entretien y sont traités avec le même soin. Ce livre convient également aux savants et aux praticiens.

JOIGNEAUX. — **Conférences sur le jardinage et la culture des arbres fruitiers ;** légumes, semis et travaux d'entretien ; arbres fruitiers, taille et soins d'entretien ; récolte et conservation des produits (*Bibl. du Jard.*). In-18 de 144 p. 1.25

—— **Traité des graines** de la grande et de la petite culture (Voir page 40). 1 vol. in-18 de 168 pages. 1.25

—— **Les Cultures maraîchères de Paris** pendant le siège (du 11 octobre 1870 au 28 janvier 1871). Br. in-8° de 80 pag. 1. »

LA BLANCHÈRE (de). — **La Plante dans les appartements :** soins généraux et particuliers aux diverses plantes d'appartement : balcons, terrasses, fenêtres, jardinières, corbeilles, suspensions, serres de salon. 1 vol. in-18 de 208 pages et 91 fig. 3. »

LACHAUME. — **Le Rosier,** culture et multiplication ; considérations générales sur la culture ; semis, boutures, marcottes, greffes ; taille et entretien du rosier ; variétés ; insectes nuisibles. (*Bibl. du Jard.*). In-18 de 180 p. et 34 grav. . . 1.25

—— **Le Champignon de couche,** sa culture bourgeoise et commerciale, récolte et conservation (*Bibl. du Jard.*). In-18 de 108 pages et 8 grav. 1.25

LAUMAILLE. — **Culture et soins à donner aux plantes en appartement** : noms, description et arrosage mensuel des plantes. Br. in-8° de 59 pages. . . . . 1. »

LE BRETON (Mme). — **A travers champs ;** botanique populaire pour tous, histoire des principales familles végétales, 2e édition, revue par M. Decaisne. 1 beau vol. in-8° de 550 pages et 746 figures. . . . . 7. »

LEMAIRE. — **Les Cactées,** histoire, patrie, organes de végétation, culture, etc. (*Bibl. du Jard.*). In-18 de 140 pages et 11 grav. 1.25

—— **Plantes grasses autres que Cactées** (*Bibl. du Jard.*). In-18 de 136 pages et 13 grav. 1.25

LE MAOUT ET DECAISNE. — **Flore élémentaire des jardins et des champs,** avec les clefs analytiques conduisant promptement à la détermination des familles et des genres. Des herborisations et de l'herbier ; de l'emploi des clefs analytiques ; séries des familles ; synopsis de la clef analytique des familles ; description des familles, genres et espèces ; vocabulaire des termes techniques. 1 v. gr. in-18 de 940 pages, cart. 9. »

LOISEL. — **Asperge,** culture naturelle et artificielle (*Bibl. du Jard.*). In-18 de 108 pages et 8 grav. 1.25

—— **Melon,** nouvelle méthode de le cultiver sous cloches, sur buttes et sur couches (*Bibl. du Jard.*). In-18 de 108 pages et 7 grav. 1.25

MAFFRE. — **Culture des jardins maraîchers du midi de la France,** contenant la culture de chaque espèce de légumes, les travaux journaliers d'exploitation d'un jardin maraîcher, le choix et la récolte des graines, et tout ce qui concerne les cultures hâtives, salades, melons, fraises, etc. (1844). 1 vol. in-8° de 475 pages. 5.50

MOREAU et DAVERNE. — **Manuel pratique de la culture maraîchère de Paris,** 4ᵉ édition. Histoire de la culture maraîchère de Paris; statistique; outils et instruments; exposition, mois par mois, des travaux à exécuter et des produits à récolter; culture des primeurs, dite culture forcée, pour les divers légumes, salades, melons, fraises, etc., ouvrage ayant obtenu la grande médaille d'or de la Société centrale d'horticulture de France. 1 vol. in-8° de 376 pages. 5. »

MOUILLEFERT. — **Arboretum de l'école nationale d'agriculture de Grignon,** catalogue des arbres qui y sont cultivés. Broch. in-8° de 104 pages. . . . . 2. »

NAUDIN. — **Le Potager;** établissement du potager; terrains, travail des terres, instruments; principes généraux de culture; cultures naturelles, de primeurs et forcées; culture des divers légumes (*Bibl. du Jard.*). In-18 de 180 pages et 34 grav. . 1.25

NAUDIN ET MULLER. — **Manuel de l'Acclimateur,** ou choix des plantes recommandées pour l'agriculture, l'industrie et la médecine : acclimatation des plantes, genre des plantes déjà utilisées ou qui peuvent l'être; énumération des plantes, leurs usages, leur culture. 1 vol. in-8° de 572 pages et 1 fig. 7. »

NICHOLSON (G.). — **Dictionnaire pratique d'Horticulture et de Jardinage,** traduit, mis à jour et adapté à notre climat, à nos usages, par S. Mottet, illustré de plus de 3500 figures et de 80 pl. chromolithographiques hors texte. Est publié par livraisons de 48 pages contenant chacune une pl. chrom. Il paraîtra une livraison par mois, l'ouvrage complet en 80 livraisons, à. 1.50
Souscription à l'ouvrage complet, en payant d'avance . . . 90. »
Les livraisons 1 à 19 sont en vente.
Le tome premier comprenant 16 livraisons avec 14 pl. chromolith., broché . . . . 24 »

NOISETTE. — **Manuel complet du jardinier** (1860). 5 vol. in-8°, cartonnés, ensemble de 2.500 pages et 25 planches. . . . 25. »

OUVRAY (E.). **Manuel d'arboriculture fruitière,** appendice sur la vigne : traitement des maladies cryptogamiques, phylloxéra; reconstitution des vignobles par les plants américains, 1 vol. in-18 de 248 p. 83 fig. 2.25

PAILLIEUX ET BOIS. — **Le Potager d'un curieux** : histoire, culture et usages de 200 plantes comestibles, peu connues ou inconnues. 2ᵉ édition entièrement refaite. 1 vol. in-8° de 604 pages 54 fig. . . . . 10. »

PONCE (J.). — **La Culture maraîchère pratique des environs de Paris** ; composition d'un jardin maraîcher ; engrais, travaux préparatoires ; soins généraux ; soins spéciaux à donner aux divers légumes ; cultures spéciales des ananas, champignons et fraisiers ; calendrier du maraîcher, tableau des semis et plantations. 1 vol. in-18 de 320 pages et 15 pl. . 2.50

PRÉCLAIRE. — **Traité théorique et pratique d'arboriculture.** 1 vol. in-8° de 182 pages et un atlas in-4° de 15 planches. 5 »

PUVIS. — **Arbres fruitiers**, taille et mise à fruit (*Bibl. du Jard.*). In-18 de 168 pages 1.25

RAFARIN. — **Traité du chauffage des serres.** 1 vol. in-8° de 76 pages et 25 grav. 3.50

SAINT-BRIAC (J. de). — **L'Arbre fruitier des jardins.** *L'arbre inculte :* la terre végétale, développement de l'arbre inculte, fructification. — *L'arbre cultivé :* préparation du sol, plantation des arbres, formes à leur donner, multiplication des arbres, greffe, soins à donner aux arbres et aux fruits ; maladies ; animaux nuisibles. 1 vol. in-18 de 172 pages et 20 fig. 2. »

VALETTE. — **Notice sur la culture des fraisiers** ; préparation du terrain, plantation, multiplication, cueillette et emballage des fraises ; culture forcée ; ennemis des fraisiers. 1 vol. in-18 de 88 pages. 1.25

VAUVEL. — **Culture de l'Asperge à la charrue**, culture forcée au thermosiphon et au fumier. Broch. in-18 de 108 pag. 1. »

VIALON (P.). — **Le Maraîcher bourgeois** ; outillage, qualités des terres, culture des divers légumes (*Bibl. du jardinier*). In-18 de 128 pages 1.25

VILMORIN-ANDRIEUX. — **Les Fleurs de pleine terre.** (*Nouvelle édition en préparation.*)

———— **Les Plantes potagères**, description et culture des principaux légumes des climats tempérés. 1 beau vol. grand in-8° de 750 pages avec 760 fig. environ. 2ᵉ édition. . . . . . 12. »

IX. — EAUX ET FORÊTS. — CHASSE ET PÊCHE.

Maison rustique du XIXᵉ siècle, tome IV (*voir page* 3).

ARBOIS DE JUBAINVILLE (d'). — **Observations sur la vente des forêts de l'État** (1865). Br. in-8° de 12 pages. . . ».50

BAUDRAIN (Victor). — **Des dégâts causés aux champs par les lapins** : Responsabilité des propriétaires et locataires de chasse, existence du dommage, preuve, procédure ; arrêts et jugements. 1 vol. in-8° de 124 pages. 2.50

Bel (Jules). — **Les champignons supérieurs du Tarn**, avec 32 planches coloriées. Description des champigons; tableau des familles décrites; table alphabétique des noms vulgaires et des noms scientifiques. Empoisonnements par les champignons etc. 1 vol. in-8° de 200 p. . . . . 8. »

Bouchon-Brandely. — **Traité de pisciculture pratique et d'aquiculture** en France et dans les pays voisins, ouvrage publié avec l'encouragement du ministère de l'agriculture. 1 beau vol. grand in-8° de 500 pages avec 40 gravures et 20 planches hors texte. . . . . 20. »

Brocchi (P.). — **Traité d'ostréiculture**, organisation et classification des mollusques, étude anatomique de l'huître, les centres de production, d'élevage et d'engraissement; législation; maladies et ennemis des huîtres, pratique ostréicole actuelle, 1 vol. in-18 de 300 pages 3.50

Brus (Marc de). — **Les Chasses aux braconniers** : renards, blaireaux, lacets, pièges, élevage du gibier, conseils aux chasseurs. 1 vol. in-18 de 168 pages et 5 fig. . . . . 2. »

Chambray (marquis de). — **Traité des arbres résineux conifères à grandes dimensions** : Influence de la latitude et de l'altitude sur la végétation des arbres résineux conifères; reproduction et exploitation; insectes nuisibles. 1 vol. gr. in-8°, de 445 pages et 7 planches hors texte, en noir . . 12. »
Le même avec planches coloriées . . . . 25. »

Dastugue. — **Chasse et pêche**, traité pratique; 1 vol. in-18 de 328 pages et nombreuses figures. . . . . 3. »

> Lièvre, lapin, renard, loup; chasse au chien courant et au chien d'arrêt. — Caille, perdrix rouge, perdrix grise. — Oiseaux de passage : bécasse, grive, alouette, canard sauvage, etc. — Chasses amusantes et utiles : corbeau, geai, pie. — Fusils cartouches, règles du tir. — Conseils à un jeune chasseur. — Pêche : barbeaux, gonjons, carpes, etc., etc. Appâts et amorces; calendrier du pêcheur.

Doussard. — **Manuel du naturaliste préparateur**, manière d'empailler oiseaux et quadrupèdes. In-8° de 52 pag. et 8 fig. 1.50

Grandeau. — **Chimie et physiologie appliquées à la sylviculture** (Annales de la station agronomique de l'Est, travaux de 1868 à 1878). 1 vol. grand in-8° de 414 pages. . 9. »

Gurnaud. — **Traité forestier pratique**, manuel du propriétaire de bois : culture, taillis, sapinières, futaies, qualités des bois, cubage, estimation, emplois et usages des bois; aménagement et exécution des coupes; comptabilité forestière; administration et surveillance; vente, marchés, tables de cubage, tables diverses. 3e édition augmentée de nombreux développements techniques, de calculs d'accroissement et de modèles remplis pour la comptabilité. 1 vol. in-18 de 260 pages ou tableaux. 3.50

—— **La Sylviculture française** : méthodes forestières, comparaison de la méthode allemande et de la méthode française; exposé d'une méthode nouvelle. Broch. in-8° de 94 pages. . 1. »

—— **La Sylviculture française et la méthode du contrôle** : 1 vol. gr. in-8° de 124 pages. . . . . 3. »

—— **La Méthode du Contrôle à l'Exposition universelle de 1889.** Broch. in-8° de 16 pages. 0.75

HENNON. — **Géodésie pratique des forêts** à l'usage des agents forestiers, des propriétaires, régisseurs, agents-voyers etc., Instruments propres au levé des plans de forêts, triangulation; problèmes divers; Assiette et réarpentage des coupes; Aménagement; Cartes forestières; Cubage des bois en grume et équarris. 1 vol. in-8° de 172 pages et 8 planches . . 4.50

KOLTZ. — **Traité de pisciculture pratique** : nomenclature des poissons; fécondation artificielle, frayères; incubation et éclosion, appareils, élevage des jeunes poissons; maladies; transport des œufs et des poissons; frais d'établissement et d'exploitation. 1 vol. in-18 de 186 pages, avec 60 fig. . . 2.50

LEVAVASSEUR. — **Traité pratique du boisement et reboisement** des montagnes et terrains incultes. In-8° de 56 p. 1.25

MARTINET. — **Considérations et recherches sur l'élagage des essences forestières.** In-12 de 180 pag. et 41 fig. 1.50

—— **Le Pin sylvestre** et sa culture en Sologne. Broch. in-8° de 48 pages. . . . . 1. »

MORANGE (Amédée). — **Le Guide de l'élagueur** dans les parcs et les forêts (*Bibl. du Jard.*). In-18 de 144 pages et 20 fig. 1.25

MORTILLET (H. de). — **Vade mecum du mycophage** pour les 12 mois de l'année, publié sous et les auspices de la société horticole Dauphinoise. Broch. in-8° de 64 p · 1.50

NANOT (Jules). — **Établissement et entretien des plantations d'alignement, et élagage des arbres :** étude et choix des essences, plantation, élagage, restauration, transplantation des arbres, maladies et insectes nuisibles. 1 vol. in-18 de 350 pages et 82 fig. 3.50

NOEL (Arthur). — **Essai sur les repeuplements artificiels et la restauration des vides et clairières des forêts,** flore forestière, principes généraux de repeuplement, graines des principales essences, plants et pépinières, semis forestiers, plantations forestières; repeuplements, rédaction des projets, devis, etc. Ouvrage couronné par la Société des Agriculteurs de France. 1 vol. in-8° de 382 pages. 6. »

NOIROT. — **Traité de culture des forêts** ou de l'application des sciences agricoles et industrielles à l'économie forestière. 2e édition (1839); croissance des arbres, méthodes d'aménagement des taillis et des futaies, choix des essences, réglage des coupes, élagage, pratique des semis et plantations, exploitation, cubage, etc. 1 vol. in-8°, 484 pages. 7.50

ROUSSET (Antonin). — **Culture et exploitation des arbres,** application des conditions climatériques, et des principes de la physiologie végétale aux conditions normales d'existence, de propagation, de culture et d'exploitation des arbres isolés ou en massifs. 1 vol. in-8° de 448 pages. . . . . . . 7. »

—— **Études de maître Pierre sur l'agriculture et les forêts.** 1 vol. in-18 de 29 pages. . . . . 1. »

THOMAS. — **Traité général de la culture et de l'exploitation des bois** (1840); désignation et qualités des arbres forestiers, bois durs, blancs et résineux; pépinières, semis, plantations, aménagements, coupes; conservation des bois; maladies des arbres; exploitation des bois : sciages, charpente, merrain, etc., etc.; charbonnage; cubage et mesurage; flottage, etc. 2 vol. in-8°, ensemble de 1,076 pages. . . . 10. »

X. — DROIT USUEL. — ÉCONOMIE DOMESTIQUE. — HYGIÈNE. — CUISINE.

AUDOT (L.-E.). — **La Cuisinière de la campagne et de la ville.** 1 vol. in-12 de 676 pages avec 300 grav. . . . . 3. »

COQUEUGNIOT. — **L'Avocat des propriétaires et locataires,** avec les modèles de tous actes, la solution des questions usuelles et les principaux usages locaux. 1 vol. in-8° de 420 pages. 4. »

—— **L'Avocat des Commerçants et des Industriels,** des voyageurs et des représentants de commerce, avec nombreux modèles d'actes et de livres de commerce. 1 v. in-8° de 592 p. 4 ».

CUNISSET-CARNOT. — **L'Avocat de tout le monde,** guide pratique contenant le résumé des cinq codes. 1 vol. in-8° de 450 p. 4. »

EMION (Victor). — **La Taxe du pain.** In-8° de 168 pages . . . . 4. »

GEORGE (Dr H.). — **Traité d'hygiène rurale,** suivi des premiers secours en cas d'accidents, comprenant :

L'alimentation : préparation et cuisson des aliments; us tensiles; assaisonnements. — Viande de boucherie, de Porc, de Cheval; Gibier, Volaille, Poissons; Œufs, Lait, Fromage, Beurre. — Aliments farineux, Légumes verts, Fruits. — L'eau potable; ses caractères, Eaux de source, de puits, de pluie, de rivières ou de fleuves; eaux impures; leur purification. — Les boissons fermentées : Piquette, Cidre, Bière, Vin. — Les boissons alcooliques et aromatiques. — Le régime alimentaire : les repas, les fonctions du ventre; l'obésité.

L'air : sa pureté; la chaleur atmosphérique; l'électricité atmosphérique; la sécheresse et l'humidité; le froid; la lumière et l'éclairage.

Le travail : l'exercice musculaire; les fonctions cérébrales.

Les maladies contagieuses : peste, fièvre jaune, choléra, fièvre typhoïde, dysenterie, etc., etc.

Les accidents : empoisonnements, asphyxies, blessures, congestion, apoplexie, syncope, morts subites.

Un vol. in-18 de 432 pages et 12 figures 3.50

MAUGRAS. — **L'Avocat de la famille,** guide des droits et obligations légales de la famille. 1 vol. in-8° de 476 pages. 4. »

—— **L'avocat des communes et des administrés de la commune,** guide pratique traitant de la législation et de l'administration communales, des attributions du maire, etc.; avec répertoire des questions usuelles d'administration et de polices municipales, 1 vol. in-8° de 466 pages . . . . 4. »

MILLET-ROBINET (Mme). — **Maison rustique des dames,** 14e éd.

Tenue du ménage : Devoirs et travaux de la maîtresse de maison. — Des domestiques. — De l'ordre à établir; Comptabilité; Recettes et dépenses. — La maison et son mobilier, son entretien; linge, blanchissage, chauffage, éclairage. — Cave et vins, boulangerie et pain. — Provisions du ménage; confitures; conserves.

Manuel de cuisine : Manière d'ordonner un repas. — Potages, jus, sauces, garnitures. — Viandes, gibier, poisson, légumes. — Purées et pâtes. — Entremets, pâtisserie, etc.

Médecine domestique : Petite pharmacie, médicaments. — Ce qu'il faut faire avant l'arrivée du médecin dans les indispositions les plus fréquentes, empoisonnements, asphyxie.

Jardin : Disposition générale du jardin. — Jardin fruitier, potager, fleuriste. — Calendrier horticole.

Ferme : La ferme et son mobilier. — Nourriture des gens de la ferme. — Basse-cour, vacherie, laiterie et fromagerie; bergerie et porcherie. — Abeilles et vers à soie.

2 vol. in-18 comprenant ensemble 1.400 pages avec 225 fig. 7.75

Les 2 vol. reliés, **11 fr.** — Reliés, tranches dorées, **13 fr.**

Ces 2 vol. ne se vendent pas séparément.

MILLET-ROBINET (Mme). — **Économie domestique**, notions élémentaires sur les travaux d'une maîtresse de maison ; lessive ; provisions et conserves ; confitures, liqueurs et fruits à l'eau-de-vie ; utilisation du porc ; etc. (*Bibl. du Cultiv.*). In-18 de 228 pages et 77 gravures 1.25

MILLET-ROBINET (Mme) et le Dr ÉMILE ALLIX. — **Le Livre des jeunes mères**, la nourrice et le nourrisson : (4e *Édition*).

Le devoir maternel.

Le berceau et la layette : berceau en fer et en osier ; sa garniture. — Layette ; méthodes diverses ; description, composition, entretien ; planche de patrons.

La grossesse : durée, signes, hygiène, choix de l'accoucheur.

L'accouchement : disposition des lits et de la chambre ; l'accouchement et la délivrance, soins à la mère et au nouveau-né après l'accouchement.

Les maux de sein : inflammation, abcès, gerçures et crevasses.

L'allaitement : allaitement maternel, le lait et la tétée, hygiène de la nourrice. — Allaitement mercenaire, nourrices sur lieu et nourrices de campagne, choix, surveillance. — Allaitement artificiel, modes divers, biberons, règlement de l'allaitement artificiel. — Allaitement mixte.

Se rage et dentition : les nouveaux aliments ; précautions à prendre pour le nourrisson et la nourrice ; marche de la dentition.

Hygiène du nourrisson : toilette, soins de propreté, bains, sorties, exercices, hochets, etc.

L'enfant en état de santé, comment il vit, agit et se développe : respiration, circulation, digestion, sensations et mouvements ; développement physique.

Maladies de l'enfant : angines, indigestion, diarrhée, constipation, vers, croup, bronchites, coqueluche, scarlatine, rougeole, variole, convulsions, etc., etc. Maladies de la peau, des oreilles, des yeux ; blessures, plaies, brûlures, etc.

Éducation morale de l'enfant.

La protection de l'enfance : crèches sociétés de protection.

Un vol. in-18 de 392 pages avec 48 figures et une planche de patrons pour la layette. 3.75

Le volume relié, 5 fr.

PENNETIER (Dr G.). — **Leçons sur les matières premières organiques** : matières alimentaires, lait, œufs, viandes, féculents ; épices et aromates ; fibres textiles ; matières tinctoriales et tannantes ; gommes, gommes-résines, baumes, essences, etc. ; matières oléagineuses ; substances médicinales ; dépouilles et débris d'animaux ; tabacs.

Chacune des matières premières organiques fait l'objet d'une étude complète : origine, provenances, caractères, composition chimique, sortes commerciales, altérations, falsifications et moyens de les reconnaître, importance commerciale et usages de chaque produit.

1 vol. gr. in-8° de 1,018 pages et 344 fig. . . . . . . 18. »

ENSEIGNEMENT PRIMAIRE AGRICOLE

Agriculture (*Petite école d'*), par P. Joigneaux. 1 vol. in-18 de 124 pages et 42 grav. cartonné toile. 1.25

Agriculture (*Traité élémentaire et pratique d'*), par Laurençon. 2 vol. in-12 de 248 pages et 44 grav. 1.50

Agriculture du centre de la France, par Félix Vidalin. 2 vol. in-18 cartonnés de 300 pages avec grav. . . . . 3. »

Arithmétique agricole, par Lefour. In-12 de 128 pages. . . ».75

Devoirs de l'homme envers les animaux, par J. Chalot. In-12 de 128 pages . . . . ».75

Histoire du grand Jacquet, métayer, par Méplain et Taisy. In-12, 144 pages. . . . . ».75

Horticulture (*Cours élémentaire*), par Boncenne. 2 vol. in-12 ensemble de 310 pages et 85 gravures. 1.50

Les Jeudis de M. Dulaurier, cours élémentaire d'agriculture par V. Borie. 2 vol. in-18.

      1re *année :* 108 pages et 16 grav. . . . . ».75

      2e *année :* 108 pages et 51 grav. . . . . ».75

Lectures et dictées d'agriculture, par G. Heuzé. In-12, 128 pages. . . . . ».75

Lectures choisies pour la campagne, par Halphen. In-18, 106 pages. . . . . ».50

Petit Questionnaire agricole à l'usage des écoles primaires des pays de pâturage, par Ed. Teisserenc de Bort. 1 vol. in-18 de 192 pages et 16 gravures. 1.25

Vocabulaire agricole et horticole à l'usage des élèves des collèges et des écoles primaires, par A. Richard (du Cantal), 2e édition. 1 vol. in-18 de 466 pages avec gravures 3.50

BIBLIOTHÈQUE AGRICOLE ET HORTICOLE
56 VOLUMES A 3 FR. 50

Agriculture de la France méridionale, par Biondet. 484 pag.

Agriculture Algérienne, par J. Lescure. 360 pages, 26 grav.

Agriculture (L') à grands rendements, par E. Lecouteux. 368 pag.

Assolements et systèmes de culture, par F. Nicolle. 446 p.

Blé (Le), sa culture, commerce, prix de revient tarifs et législation, par Ed. Lecouteux. 1 vol. in-18 de 422 pages et 60 fig.

Castration et le bistournage (Guide pour la), par M. E. Serres. 1 vol. in-18 de 560 pages et 20 figures.

Chevaux de trait français (les), par Gayot. In-18 de 360 p., 2 fig.

Chimie agricole, ou l'agriculture considérée dans ses rapports principaux avec la chimie, par Isidore Pierre. 6e édit. 2 vol. in-18 de 778 pages et 25 figures.

Tome Ier. L'atmosphère, l'eau, le sol et les plantes. } Ces deux vol. se
— II. Les engrais. } vendent séparément.

Cidre (Culture du pommier à), fabrication du cidre et utilisation des pommes et marcs, par J. Nanot. In-18 de 324 pages et 50 fig.

Connaissance pratique du cheval, traité d'hippologie, par A. A. Vial. 1 vol. in-18 de 372 pages et 72 figures.

Culture améliorante (Principes de la), par Ed. Lecouteux. In-18 de 432 pages.

Économie rurale (Cours d'), par Ed. Lecouteux. 2 vol. de 1060 pag.

Tome Ier. Les milieux économiques. } Ces 2 vol. ne se vendent
— II. Les entreprises agricoles et les systèmes } pas séparément.
de culture.

Économie rurale de la France depuis 1789, par L. de Lavergne. 490 pages.

Encyclopédie horticole, par Carrière. 550 pages.

Engrais chimiques (Guide pour l'achat et l'emploi des), par H. Joulie. In-8º de 488 p. ou tableaux (*nouvelle édition en préparation*).

Hygiène rurale (Traité d') suivi des premiers secours en cas d'accidents, par le Dr H. George, 1 vol. in-18 de 432 pages et 12 figures.

Irrigations (Manuel des), par Villeroy et Muller. 263 p. et 123 grav.

Leçons élémentaires d'agriculture, par Masure. 2 vol.

Tome II. Vie aérienne et vie souterraine des plantes de grande culture, 477 pages, 20 grav.

Maïs (le) **et les autres fourrages verts,** culture et ensilage, par Ed. Lecouteux, in-18 de 320 pages et 15 figures.

Maladies du cheval (Traité des), par Bénion. In-18 de 340 pages et 25 figures.

Manuel juridique de l'acheteur et du marchand d'engrais et d'amendements, par G. Gain: in-12 de 372 pages.

Métayage (Traité pratique du), par le Comte de Tourdonnet. 1 vol. in-18 de 372 pages.

Météorologie et physique agricoles, par Marié-Davy. 400 pag., 53 gravures.

Mildiou (le), suivi d'une description de l'Érinose, par Patrigeon, 216 pages, 4 pl. col. et 38 fig.

Mouches et Vers, par Eug. Gayot. 248 pages, 33 grav.

Mouton (le), par Lefour. 392 pages, 76 grav.

Ostréiculture (Traité d'), par P. Brocchi. In-18 de 300 pages.

Pâturages, prairies naturelles et herbages, par G. Heuzé, 1 vol. in-18 de 372 pages et 47 figures.

Plantations d'alignement (Établissement et entretien des), par Jules Nanot. In-18 de 350 pages et 82 fig.

Plantes fourragères, par Gustave Heuzé. 2 vol. in-18.

Tome Ier. Les plantes à racines et à tubercules, et les plantes cultivées pour leurs feuilles, in-18 de 324 pages et 89 fig.
Tome II. Les prairies artificielles, in-18, 396 pages et 53 fig. } Ces 2 vol. se vendent séparément.

Plantes industrielles, par Gustave Heuzé. 3e édition 4 vol.

Tome Ier. Plantes textiles ou filamenteuses de sparterie, de vannerie et à carder. 364 pages et 50 figures.
Tome II. Plantes oléagineuses, tinctoriales, saponaires, tannifères et salifères.
Tomes III et IV, en préparation. } Se vendent séparément.

Porc (le), par Gustave Heuzé. 2e éd. 322 pages et 50 grav.

Poulailler (le), par Ch. Jacque. 350 pages et 117 grav.

Pratique de l'agriculture (la) par G. Heuzé, 2. vol.

Tome Ier. — Agents de la production, labours, hersages, roulages, application des engrais, semailles.
Tome II. — Cultures d'entretien, fenaison, moisson, nettoyage et conservation des produits, direction du domaine. } Ces 2 vol. se vendent séparément.

Production fourragère par les engrais (la), **prairies et herbages**, par H. Joulie, in 8o de 320 pages ou tableaux.

Séchage des fruits et des légumes (traité pratique du), par J. Nanot et L. Tritschler. 300 pages et 27 figures.

Taille des arbres fruitiers, par Forney, 2 vol.

Tome Ier. — Principes généraux; le poirier et le pommier; les arbres de verger, 320 pages, 169 fig.
Tome II. — Pêcher, prunier et autres fruits à noyau; vignes, figuier et petits fruits, 360 pages, 183 fig. } Ces 2 vol. se vendent séparément.

Traité forestier pratique, par Gurnaud, 3e éd., in-18 de 260 p.

Vers à soie (Conseils aux nouveaux éducateurs), par de Boullenois. 3e édit., in-8o de 248 pages.

Vices rédhibitoires des animaux domestiques (Manuel des), par E. Le Pelletier. In-18 de 296 pages.

Vigne (Culture de la) **et vinification**, par J. Guyot. 2e éd. 426 pages, 30 grav.

Voyage agricole en Russie, par L. de Fontenay. 1 vol. in-18 de 570 pages.

Zootechnie (Traité de) ou Économie du bétail, par A. Sanson. 2e éd. 5 v. ensemble de 2.016 pages et 236 gravures.

1re partie. Zoologie et zootechnie générales	Tome Ier. Organisation, fonctions physiologiques et hygiène des animaux domestiques agricoles. — II. Lois naturelles et méthodes zootechniques.	Ces 5 vol. se vendent séparément
2e partie. Zoologie et zootechnie spéciales.	— III. Chevaux, ânes, mulets. — IV. Bœufs et buffles. — V. Moutons, chèvres et porcs.	

BIBLIOTHÈQUE DU CULTIVATEUR
44 VOLUMES IN-18 A 1 FR. 25

Abeilles (les), par l'abbé Sagot, édition revue par l'abbé Delépine. 180 pages et 15 fig.

Agriculteur commençant (Manuel de l'), par Schwerz. 332 p.

Alimentation raisonnée des animaux moteurs et comestibles, par Sanson. 180 pages et 3 fig.

Animaux domestiques, par Lefour. 154 pages et 33 gravures.

Basse-cour, Pigeons et Lapins, par Mme Millet-Robinet. 5e édition. 180 pages, 26 grav.

Bêtes à cornes (Manuel de l'éleveur de), par Villeroy. 308 p. et 65 gr.

Calendrier du bon cultivateur (abrégé), par Mathieu de Dombasle. 304 pages et 25 grav.

Champs et les Prés (les), par Joigneaux. 154 pages.

Cheval (Achat du), par Gayot. 180 pages et 25 grav.

Cheval, Ane et Mulet, par Lefour. 180 pages et 135 grav.

Cheval percheron, par du Hays. 176 pages.

Chèvre (la), par Huard du Plessis. 164 pages et 42 grav.

Chimie du sol, par le Dr Sacc. 148 pages.

Chimie des végétaux, par le Dr Sacc. 220 pages.

Chimie des animaux, par le Dr Sacc. 154 pages.

Comptabilité et géométrie agricoles, par Lefour. 214 pages et 104 grav.

Comptabilité de la ferme, par Dubost et Pacout. 124 pages.

Constructions rurales (Traité élémentaire des), par J.-A. Grandvoinnet. 2 vol. ensemble de 308 pages et 306 figures.
    Tome Ier. Principes généraux de construction. } Ces 2 vol. ne se ven-
    Tome IIe. Bâtiments ruraux. } dent pas séparément.

Culture générale et instruments aratoires, par Lefour. 174 pages et 135 grav.

Économie domestique, par Mme Millet-Robinet. 228 p. et 77 gr.

Engrais chimiques (utilité, composition et emploi), par de Mauroy. 140 pages.

Engrais chimiques (Pratique des), par L. Mussa. 144 pages.

Engraissement du bœuf, par Vial. 180 pages et 12 grav.

Fermage (estimation, baux, etc.), par de Gasparin. 3e éd. 216 pages.

Fumier de ferme (Amélioration du), par Lévy, 152 pages.

Graines de la grande et de la petite culture (Traité des), par P. Joigneaux. 168 pages.

Grêle (Manuel de l'expert des dommages causés par la), par François. 108 pages.

Incubation et élevage artificiels des volailles, instructions pratiques, par Roullier-Arnoult. 2e édition. 172 pages, et 49 figure

Irrigations (Pratique des), par Vidalin. 180 pages, 22 grav.

Lapins, lièvres et léporides, par Eug. Gayot. 180 pages et 15 gravures.

Maréchalerie, ou ferrure des animaux domestiques, par A. Sanson. 164 pages, 34 figures.

Médecine vétérinaire (Notions usuelles de), par Sanson. 174 pages et 13 grav.

Métayage, par de Gasparin. 2ᵉ édition. 164 pages.

Moutons (les), par A. Sanson. 168 pages et 56 grav.

Pigeons, Dindons, Oies et Canards, par Pelletan. 180 p. et 20 gr.

Plantation et greffage des vignes américaines (Pratique de), par le Cᵗᵉ de La Laurencie, 180 pages et 31 grav.

Porcherie (Manuel de la), par L. Léouzon. 168 pages et 38 grav.

Poules et Œufs, par E. Gayot. 216 pages et 40 grav.

Races bovines, par Dampierre. 2ᵉ édit. 192 pages et 28 grav.

Sol et Engrais, par Lefour. 176 pages et 54 grav.

Travaux des champs, par Victor Borie. 188 pages et 121 grav.

Vache (la) **et ses produits,** par Aujollet, 252 pages et 20 fig.

Vaches laitières (Choix des), par Magne. 144 pages et 39 grav.

BIBLIOTHÈQUE DU JARDINIER

19 VOLUMES IN-18 A 1 FR. 25

Arbres fruitiers. Taille et mise à fruit, par Puvis. 167 pages.

Arbres fruitiers. Semis et mise à fruit, par Carrière, 158 pages.

Arbres d'ornement de pleine terre, par Dupuis. 162 p., 40 gr.

Arbrisseaux et Arbustes d'ornement de pleine terre, par Dupuis. 122 pages et 25 grav.

Asperge. Culture, par Loisel. 108 pages et 8 grav.

Cactées, par Ch.-Lemaire. 140 pages, 11 grav.

Champignon de couche (le), par J. Lachaume. 108 pages et 7 grav.

Conférences sur le jardinage et la culture des arbres fruitiers, par Joigneaux. 144 pages.

Conifères de pleine terre, par Dupuis. 156 pages et 47 grav.

Élagueur (Guide de l') dans les parcs et les forêts, par Morange. 144 pages et 20 fig.

Maraîcher bourgeois (le), par P. Vialon. 128 pages.

Melon, Nouvelle méthode de le cultiver, par Loisel. 108 pag. et 7 gr.

Orchidées (les), par Delchevalerie. 134 pages, 32 grav.

Pépinières (les), par Carrière. 134 pages et 29 grav.

Plantes grasses autres que Cactées, par Ch. Lemaire. 136 p., 13 gr.

Plantes de serre chaude et tempérée, par Delchevalerie. 156 pages, 9 grav.

Pommiers d'ornements, par Carrière, 180 pag. 18 gr.

Potager (le), jardin du cultivateur, par Naudin. 180 pag. 34 grav.

Rosier (le), par Lachaume, 180 pages et 34 grav.

58ᵉ ANNÉE.

58ᵉ ANNÉE.

JOURNAL
D'AGRICULTURE PRATIQUE

MONITEUR DES COMICES, DES PROPRIÉTAIRES, ET DES FERMIERS

Fondé en 1837 par Alexandre Bixio

PARAIT TOUS LES JEUDIS PAR LIVRAISON GRAND IN-8° DE 48 PAGES
IL PUBLIE UNE PLANCHE COLORIÉE PAR MOIS
ET FORME CHAQUE ANNÉE DEUX BEAUX VOLUMES IN-8° DE 1,900 PAGES

AVEC 12 MAGNIFIQUES PLANCHES COLORIÉES

ET DE NOMBREUSES GRAVURES

Rédacteur en chef : L. GRANDEAU

Membre du Conseil supérieur de l'agriculture
Inspecteur général des Stations agronomiques
Professeur suppléant au Conservatoire national des arts et métiers
Doyen honoraire de la Faculté des sciences de Nancy. — Professeur honoraire
de l'École nationale forestière
Directeur de la Station agronomique de l'Est
Membre honoraire de la Société royale d'agriculture d'Angleterre, de la Société
impériale libre de Moscou, de l'Académie royale agricole
de Suède, de Turin, etc.

Secrétaire de la rédaction : A. DE CÉRIS.

Directeur-Gérant : L. BOURGUIGNON.

PRINCIPAUX COLLABORATEURS : MM. Duchartre, Naudin, Pasteur, membres de
l'Institut ;
MM. Gaston Bazille, de Dampierre, Gatellier, Gayot, Aimé Girard, Grandvoinnet, Heuzé, Eug. Marie, Lavallard, Müntz, Prillieux, Risler, membres de
la Société nationale d'agriculture.
MM. Bouscasse, de Brévans, Brocchi, Chazely, Convert, Destremx, Victor
Emion, Gagnaire, Dʳ George, A.-C. Girard, Grandeau, Grollier, P. Joigneaux,
P. de Laffitte, Laverrière, Léouzon, A. Lesne, Marchand, Marié-Davy, Mil-
lardet, Mouillefert, J. Nanot, Dʳ Patrigeon, Poillon, Ringelmann, Sabatier,
G. Ville, Zolla et un nombre considérable d'agriculteurs, de savants, d'éco-
nomistes et d'agronomes de toutes les parties de la France et de l'étranger.

Fondé en 1837 par Alexandre Bixio, le *Journal d'Agriculture pratique* compte aujourd'hui **cinquante-sept ans** d'existence,
et son succès n'a fait que croître chaque année. Il a vu reconnaître ses
longs services par l'Académie des Sciences, qui lui a décerné le **Prix
Morogues**, comme à l'ouvrage ayant fait faire le plus de progrès à
l'agriculture.

Depuis le 1ᵉʳ janvier 1885, le *Journal d'agriculture pratique* donne
en **planches coloriées**, d'une exécution irréprochable, les por-
traits de nos animaux les plus remarquables de nos fermes et de nos

concours, reproduits d'après les modèles de l'un de nos peintres animaliers les plus justement en renom, M. Olivier de Penne, qui a bien voulu se charger des aquarelles.

Depuis la mort de M. Ed. Lecouteux, la rédaction en chef du *Journal d'agriculture pratique* est confiée à M. L. Grandeau, l'agronome universellement connu, que M. Ed. Lecouteux avait déjà choisi pour le suppléer dans sa chaire d'agriculture du Conservatoire national des arts et métiers.

Le journal publie des chroniques agricoles, des comptes rendus des séances de la Société nationale d'agriculture ; des articles de jurisprudence ; des articles consacrés à l'examen des questions de pratique pure, une revue mensuelle de météorologie et une revue étrangère.

L'économie rurale, l'économie du bétail, l'économie forestière, la culture de la vigne, de la betterave, de toutes les plantes industrielles, aussi bien que celle des céréales et des plantes fourragères ; la culture des eaux, l'apiculture, la mécanique agricole, l'architecture rurale ; les questions de chimie appliquée à l'agriculture ; en un mot toutes les branches de l'agriculture sont traitées avec l'importance qu'elles comportent.

La partie commerciale a reçu tous les développements qu'elle mérite. Des mercuriales hebdomadaires, et une revue de tous les marchés français et étrangers, tiennent le lecteur au courant des fluctuations des cours, pour tous les produits agricoles : céréales et farines, bétail, graines fourragères et oléagineuses, fourrages et pailles, chanvres et lins, houblons, etc. ; vins, alcools et eaux-de-vie ; sucres, amidons et fécules, engrais divers ; cuirs et peaux, suifs et saindoux, beurres, fromages et œufs, volailles et gibier, etc.

PRIX DE L'ABONNEMENT :

UN AN : 20 fr. — SIX MOIS : 10 fr. 50

Les abonnements partent du 1er janvier ou du 1er juillet

ABONNEMENT D'ESSAI D'UN MOIS : 2 FR.

ABONNEMENT D'UN AN POUR L'ÉTRANGER { Union postale...................... 20 fr.
Tous les autres pays.............. 25 fr. }

Prix du numéro..................... 50 centimes.
—   avec planche coloriée. 75 centimes.

La Librairie agricole possède encore quelques collections complètes du *Journal d'Agriculture pratique* (de 1837 à 1893).
Prix de la collection complète (de 1837 à 1893) : 96 vol. 940 fr.
Prix de la collection de 1885 à 1893 (nouvelle période avec planches coloriées) : 18 vol. . . . . 180 fr.

☞ Un numéro spécimen **avec planche coloriée** est envoyé à toute personne qui en fait la demande, accompagnée de 30 centimes en timbres-poste.

Bureaux du journal : 26, rue Jacob, à Paris.

44 Librairie agricole de la Maison rustique, 26, rue Jacob, Paris.

66ᵉ ANNÉE. — 66ᵉ ANNÉE.

REVUE
HORTICOLE

JOURNAL D'HORTICULTURE PRATIQUE

FONDÉ EN 1829 PAR LES AUTEURS DU BON JARDINIER

PARAISSANT LE 1ᵉʳ ET 16 DE CHAQUE MOIS
PAR LIVRAISON GRAND IN-8° DE 32 PAGES
AVEC UNE PLANCHE COLORIÉE ET DE NOMBREUSES FIGURES
ET FORMANT CHAQUE ANNÉE UN BEAU VOLUME IN-8° DE 580 PAGES

AVEC 24 MAGNIFIQUES PLANCHES COLORIÉES

D'APRÈS DES AQUARELLES DE MM. GODARD, P. DE LONGPRÉ, CLÉMENT, ETC.

ET DE NOMBREUSES GRAVURES

Rédacteurs en chef :
MM. E.-A. CARRIÈRE, ancien chef des pépinières au Muséum d'histoire naturelle,
ED. ANDRÉ, architecte-paysagiste ancien chef de service des plantations suburbaines de la Ville de Paris.

Administrateur : L. BOURGUIGNON.

PRINCIPAUX COLLABORATEURS : MM. Aurange, Dʳ Baillon, Bailly, Baltet, Batise, Bergman, Berthaud, Blanchard, Boisbunel, Boisselot, Bruno, Carrelet. Cᵗᵉ de Castillon, Catros-Gérand, Chargueraud, Chevallier (Charles), Christachi, Cornuault, Courtois (Jules), Daveau (Jules), Delabarrière, Delaville, Delchevalerie, De La Devansaye, Dubreuil, Dumas, Ermens, Franchet, Gagnaire, Giraud (Paul), Glady, Hardy, Hauguel, Heuzé (Gust.), Houllet, Jadoul, Jolibois, Joly (Ch.), Joret, Lambin, Dʳ Le Bèle, Lequet, Lesne, Maron, Martinet, Martius, Métaxas, Morel (Fr.), Nanot, Nardy, Naudin, Poisson, Pulliat, Rigault, Rivière, Rivoire, Rivoiron, Sahut, Sallier, Sisley, Thays, Thomayer, Truffaut, Vallerand, Verlot, Vilmorin, Weber.

La *Revue horticole*, fondée en 1829 par les auteurs du *Bon Jardinier*, et dont les soixante-cinq ans d'existence suffisent à affirmer le succès, est aujourd'hui le journal indispensable pour la bonne tenue des jardins, des parcs et des serres. Soins à donner au jardin potager, culture et conservation des légumes, taille des arbres fruitiers, choix des meilleures variétés, jardin fleuriste, jardin paysager, marcottes, boutures, greffes, outils et appareils de jardinage, culture forcée, serres, orangeries, plantes nouvelles; arbres et arbrisseaux d'utilité et d'agrément, toutes ces questions y sont traitées par les auteurs les plus compétents et les praticiens les plus habiles.

Des gravures de fleurs, fruits, outils, serres, etc., contribuent à la clarté des descriptions, et des planches coloriées d'une exécution remarquable, d'après les aquarelles d'éminents artistes tels que

MM. **Godard** et **Clément**, et Mᵐᵉ **Descamps-Sabouret**, donnent la figure des plantes nouvelles et des fruits nouveaux les plus intéressants, des insectes nuisibles, etc.

Une chronique très complète tient le lecteur au courant de tous les faits qui peuvent intéresser l'horticulture : comptes rendus d'expositions et de congrès, programmes des concours, listes des récompenses, séances de la société nationale d'horticulture de France, etc., etc.

Depuis le 1ᵉʳ janvier 1882, M. **Ed. André**, l'architecte paysagiste si justement apprécié, remplit, conjointement avec M. **E.-A. Carrière**, dont les longs services ont entouré le nom d'une juste popularité, les fonctions de rédacteur en chef de la *Revue horticole*. Cette direction nouvelle, résultant de la collaboration étroite de deux hommes si connus et si appréciés du public horticole, ne pouvait manquer d'être féconde pour les intérêts de l'horticulture française, soutenus par la *Revue horticole* depuis plus d'un demi-siècle.

A l'Exposition universelle de Paris en 1889, le jury a reconnu l'importance des services rendus par la *Revue horticole*, en lui décernant une **médaille d'or**. Déjà précédemment, en 1885, à l'Exposition internationale d'horticulture, la Revue avait obtenu la **grande médaille d'honneur**, fondée par le maréchal Vaillant, ancien président de la Société d'horticulture.

La *Revue horticole* continue donc son œuvre, dans des conditions qui sont de nature à en étendre la légitime influence. La plus grande partie de ce résultat est due d'ailleurs à la fidélité bienveillante de ses abonnés, fortifiés dans cette opinion que tous les efforts de la *Revue* ont pour but le progrès constant de l'horticulture française.

PRIX DE L'ABONNEMENT :

UN AN : 20 fr. — SIX MOIS : 10 fr. 50

Les abonnements partent du 1ᵉʳ janvier ou du 1ᵉʳ juillet

ABONNEMENT D'ESSAI D'UN MOIS : 2 FR.

| ABONNEMENT D'UN AN POUR L'ÉTRANGER. | Union postale...................... | 22 fr. |
| | Tous les autres pays.............. | 25 fr. |

Prix du numéro : Un franc.

La Librairie agricole ne possède pas de collection complète (1829 à 1890) de la *Revue horticole*; mais elle possède encore un très petit nombre de collections depuis 1861, c'est-à-dire depuis que la *Revue* est publiée dans le format actuel, avec planches coloriées, et quelques collections de 1882 à 1892, c'est-à-dire depuis la direction de MM. E. A. Carrière et Ed. André.

Prix de la collection de 1861 à 1893 : 32 vol. . . 640 francs.
Prix de la collection de 1882 à 1893 : 12 vol. . . 240 francs.

☞ Un numéro spécimen est adressé à toute personne qui en fait la demande accompagnée de 30 centimes en timbres-poste.

Bureaux du journal : 26, rue Jacob, à Paris.

BULLETIN D'ABONNEMENT.

Je soussigné (1) ————————————————

demeurant à (2) ————————————————

demande un abonnement de (3) ————————

à partir du (4) ————————————————

à (5) ————————————————————

Pour le paiement j'envoie ci-joint en (6) ————

la somme de (7) ————————————————

ou j'autorise l'administration à me faire présenter par la poste une quittance du montant de l'abonnement, augmentée des frais de recouvrement.

(SIGNATURE.)

(1) Nom et prénom.

(2) Adresse exacte avec indication du bureau de poste.

(3) Un an, 6 mois ou un mois pour essai,

(4) 1er janvier et 1er juillet pour les abonnements de six mois ou d'un an. Les abonnements d'essai peuvent être pris pour un mois quelconque.

(5) Indiquer s'il s'agit du *Journal d'agriculture pratique* ou de la *Revue horticole*.

(6) Mandat-poste ou chèque, pour les abonnements de six mois ou d'un an. — Timbres-poste pour les abonnements d'essai d'un mois.

(7) Un an . . . . 20 fr. »
   Six mois. . . . . . . 10 fr. 50
   Un mois d'essai. . . . . 2 fr. »

☞ **Adresser lettres et mandats à M. Bourguignon, administrateur du Journal d'agriculture pratique et de la Revue horticole, 26, rue Jacob, à Paris.**

TABLE ALPHABÉTIQUE DES NOMS D'AUTEURS.

Typographie Firmin-Didot et Cie. — Mesnil (Eure).

Paris. — Imprimerie L. MARETHEUX, 1, rue Cassette. — 2608.